「美食地質学」入門

和食と日本列島の素敵な関係

光文社新書

プロローグ

私はマグマ学者である。世界中の山や海底から採取してきた石の呟《つぶや》きに耳を傾けながら、太陽系唯一の「海惑星・地球」の進化や、地球上で最も火山や地震が密集する「日本列島」の歴史を調べてきた。

そんな私は、実は無類の食いしん坊でもある。今でも健啖家《けんたんか》に属するとは思うが、特に最近は自分で料理をする時でも、より美味しくいただけるよう工夫するようになった。また馴《な》染《じ》みの割烹やレストランでも、至福の味の極意を熱心に探るようになった。

そうこうしているうちに、私はあることに気がついた。素敵な食材や料理を育む背景には、必ずといってもいいほど地球や日本列島のダイナミックな営みがあるのだ。このことはある意味当然といえば当然なのだが、これらの変動現象と食が見事に結びつくと、その自然の営みや光景も目に浮かんで、さらに食を楽しむことができる。

そこで私は、本職のマグマ学に加えて、「美食地質学」なるものを考究することを始めた。まずはこの耳慣れない学問のスキームをお話ししておこう。

私たちが暮らす日本列島。周囲を海に囲まれた島国でありながら、国土の約75％を山地が占める山国でもある。また中緯度帯に位置してアジアモンスーンの影響を強く受けるため、気候は温暖湿潤。しかも列島は南北3000㎞にもおよぶために、亜熱帯から温帯、そして亜寒帯までの気候帯が分布している。さらには海流を見ても、暖流と寒流の双方が鬩《せめ》ぎ合っている。

このような豊かで変化に富む日本列島の自然は、海から、山から、そして四季折々に、様々な恵みをもたらしてくれる。その一つが多様な食材だろう。そしてこの地に暮らしてきた人々は、これらの豊かな恵みに感謝し、時として厳父の如き試練を私たちに与える自然に畏敬の念を抱きながら、食材の持ち味を最大限に生かす独自の食文化「和食」を育んできた。

このような日本列島と和食の素敵な関係を探ることが美食地質学の狙いの一つなのだが、ウォーミングアップ代わりに、和の食材の代表格でもある「鯛」について考えてみよう。

日本列島各地に暮らしていた縄文人は、貝塚の調査などから日々の生活に必須なタンパク質のおおよそ半分を魚介類からとっていたといわれている。そして日本各地の縄文遺跡からはマダイの骨も出土する。例えば、青森県の三内丸山遺跡からは、20㎝にも達する、バラバラになっていないマダイの骨が見つかっている。このころには、すでに三枚におろすという調理法が確立されていたようだ。

時代が降って万葉集には、宴会に招かれて、薬味を添えた醤酢《ひしおす》(酢醤油)で鯛の刺身をいただけると期待していたのに出されたのは野菜の吸い物だった、と嘆く歌がある。飛鳥時代には鯛はしっかりと日本人の舌を掴んでいたようだ。やがて鯛は縁起物として日本の食文化を特徴づけるようになる。体型が美しく、沿岸魚の中では比較的大型で、「めでたい」と語呂が一致し、さらに赤色には魔除けの効果があると信じられていた。正月料理や結婚式、それにお食い初めなどでは尾頭付きの真鯛の塩焼きが欠かせないし、七福神の一人で豊漁と商売繁盛を司る「えびす様(えべっさん)」は鯛を抱えている。

「エビでタイを釣る」「腐ってもタイ」などといわれるように、高級魚の代表格であるマダイは、日本列島全域の沿岸に生息する。そして、北海道道南の乙部町や函館、太宰治の小説にも登場する津軽・深浦、皇室にも献上されている三浦半島・佐島、瀬戸内海、それに玄界灘など、日本各地にマダイの名産地がある。

その中で、なんといっても圧倒的なブランド力を誇るのが、兵庫県明石海峡周辺の6漁協で水揚げされる「明石鯛」だろう。鯛より鮪《まぐろ》が好まれる東京の寿司屋や割烹でも、最近では明石鯛を見かけることが多くなった。

明石鯛の最大の魅力は、淡白な白身が有する「旨味」だ。この旨味については、のちにきちんと述べることにするが、明石海峡の高速潮流に揉まれる魚は筋肉質となり、この筋肉を動かす物質が旨味成分の元となる。一方でこの旨味をさらに引き出すには、一本釣り、活け〆、神経〆、それに熟成などの技が必要だ。そして、これらのプロセスには明瞭な科学的な裏づけがある。かの魯山人《ろさんじん》も言うように、料理とはまさに「理《ことわり》を料《はか》る」ものなのだ。

「川のように流れる」と表現される明石海峡の潮流は、さらに明石鯛を美味にする地形を造り出す。明石海峡の西側にある「鹿の瀬」と呼ばれる浅瀬だ。これは高速潮流が巻き上げた砂が堆積したもので、粗い砂地では酸素が砂の隙間にまで行き渡るために、甲殻類が湧くように生息している。そして、このエビやカニは、マダイの大好物なのである。赤色色素のアスタキサンチンを含む甲殻類をたっぷり食べたマダイは鮮やかな桜色となり、また身も飴色を呈する。さらには、明石鯛をはじめとする上物のマダイを特徴づけるブルーのアイシャドウや斑点は、甲殻類に含まれるグアニン(プリン体)からなる虹色素胞由来だという。

もちろん明石のほかにも上質なマダイが上がる場所はある。特に瀬戸内海は天然マダイの一大産地だ。明石のライバルともいわれる鳴門、明石とともにタコでも名声を馳せる岡山県・下津井、それに広島県・尾道も浜焼きで知られる。明石も含めてこれらの瀬戸内鯛の名産地は例外なく、海峡または「瀬戸」と呼ばれる場所にあたる。

一方で、瀬戸内海には「灘《なだ》」と呼ばれる比較的海が広がる地域もある。すなわち、瀬戸内海は、瀬戸と灘が規則的に繰り返す内海なのだ。この特徴的な地形のせいで、瀬戸内海の潮の流れは、瀬戸でダムのように堰《せ》き止められ、瀬戸の両側の海面には段差が生じる。その結果、瀬戸で高速潮流が発生するのだ。

これで特徴的な自然、特に地形が、上質なマダイを育んでいることはご理解いただけたであろう。しかしこれで終わっていたのでは、まだまだ鯛に申し訳ない。なぜこんな地形ができあがったのか？　それを理解することで、ますます鯛を美味しく味わえること請け合いである（後述、117ページ）。

さあ、日本の美味しい和食と日本列島の変動との密接な関係を紐解く「美食地質学の旅」に出ることにしよう！

「美食地質学」入門

和食と日本列島の素敵な関係

目次

目次

第3章―火山の恵みと試練

第4章　プレート運動が引き起こす大地変動の恵み――103

第5章 未来の日本列島の姿と大変動の贈りもの――165

第6章 日本列島の大移動がもたらした幸福を巡る旅——213

第1章

旅立ちの前に

この美食地質学の旅は、日本各地の美味いものを訪ねて、その食材や料理を育んだ日本列島の営みを知り、もっと和食を楽しむことが狙いである。そのためには、旅立ちの前に少し予備知識を持っておいた方が良さそうだ。ただ、あまり詳しく説明していると出発が遅れてしまうので、要点を掻《か》い摘《つま》んでお話しすることにしよう。

惑星地球の誕生

私たちが暮らす惑星「地球」は、今から約46億年前に誕生した。太陽系ガス円盤の中で比較的重い岩石や金属などの「微惑星物質」が集まったのだ。その後、微惑星（直径数㎞の天体）や惑星との衝突・合体を繰り返して成長。この衝突のエネルギーによって熱くなった原始地球には、岩石が融けたドロドロのマグマの海、「マグマオーシャン」が広がっていた。

やがて衝突が下火になると、火の玉地球は冷えて、マグマが冷え固まった岩盤が表面を覆うようになった。また、大気中の水蒸気が雨となって降り注いで、地表には「海」が誕生した。水には岩石の強度を下げる働きがあるために、地球表面の岩盤には無数の割れ目ができて、その中で大きく成長した大断層に沿って重い岩盤が地球内部へ落下するようになった。

SiO₂(%)	40	50	60	70
密度	大 ←			小
火山岩	コマチアイト	玄武岩	安山岩	流紋岩
深成岩	カンラン岩	ハンレイ岩	閃緑岩	花崗岩

図表１－１　岩石の分類と性質

太陽系惑星の中で唯一、地球だけで作動する「プレートテクトニクス」の始まりである。この大事件が起きたのは約40億年前のことだ。

プレートテクトニクスが働くことで、地球はほかの惑星と大きく異なる様相を呈するようになった。「大陸」の出現だ。地球と同じような誕生プロセスを経た水星、金星、火星などの地球型惑星は、のっぺりと平坦な表面をしている。一方で地球には、海と呼ばれる低地と陸が成す高地が存在する。つまり、凸凹なのだ。低地の地盤（海洋地殻）はほかの地球型惑星の地盤と同じく、やや重い玄武岩やハンレイ岩（図表１－１）からできているのだが、高地すなわち大陸の地殻の平均組成は、ずっと軽い安山岩または閃緑《せんりょく》岩と同じだ。しかも、大陸地殻は海洋地殻と比べるとずっと分厚い。

このように性質の異なる地殻が重いカンラン岩（図表１－１）からなるマントルの上に乗っている。マントルは高温であるために地球時間では液体のように流れる性質を持つので、軽くて分厚い大陸地殻は海洋地殻よりもずっと浮き上がることになる。こうして地球の表面は凸凹になったのだ。そして、この安山岩質の大陸地殻は、日本列島のように海洋プレートが地球内部へと落下する「沈み込み帯」のマグマ活動で造られる。つまり地球は、表面に水が存在し得たために「海惑星」となり、その結果プレートテクトニクスが作動して「陸惑星」となったのである。

世界一の「変動帯」

確か1984年だったと思うが、イギリスにいた時に地震に遭遇した。私にとっては驚くほどの揺れではなかったが、近くのリバプールでは家屋の一部が崩れて、けが人も出た。多くの人は地震の経験がなく、自分で石やブロックを積んで家を建てることも珍しくない国である。というのもイギリスは、地球の表面を覆う十数枚の硬い岩盤（プレート）の中でも巨大なユーラシアプレートの内部にあるので、安定した土地柄なのだ。

一方で、4枚のプレートが鬩ぎ合う我が国では地震が頻発する。比較的大きなマグニチュード6以上の地震を見ると、我が国は世界中の地震の約10%が集中する世界一の「地震大

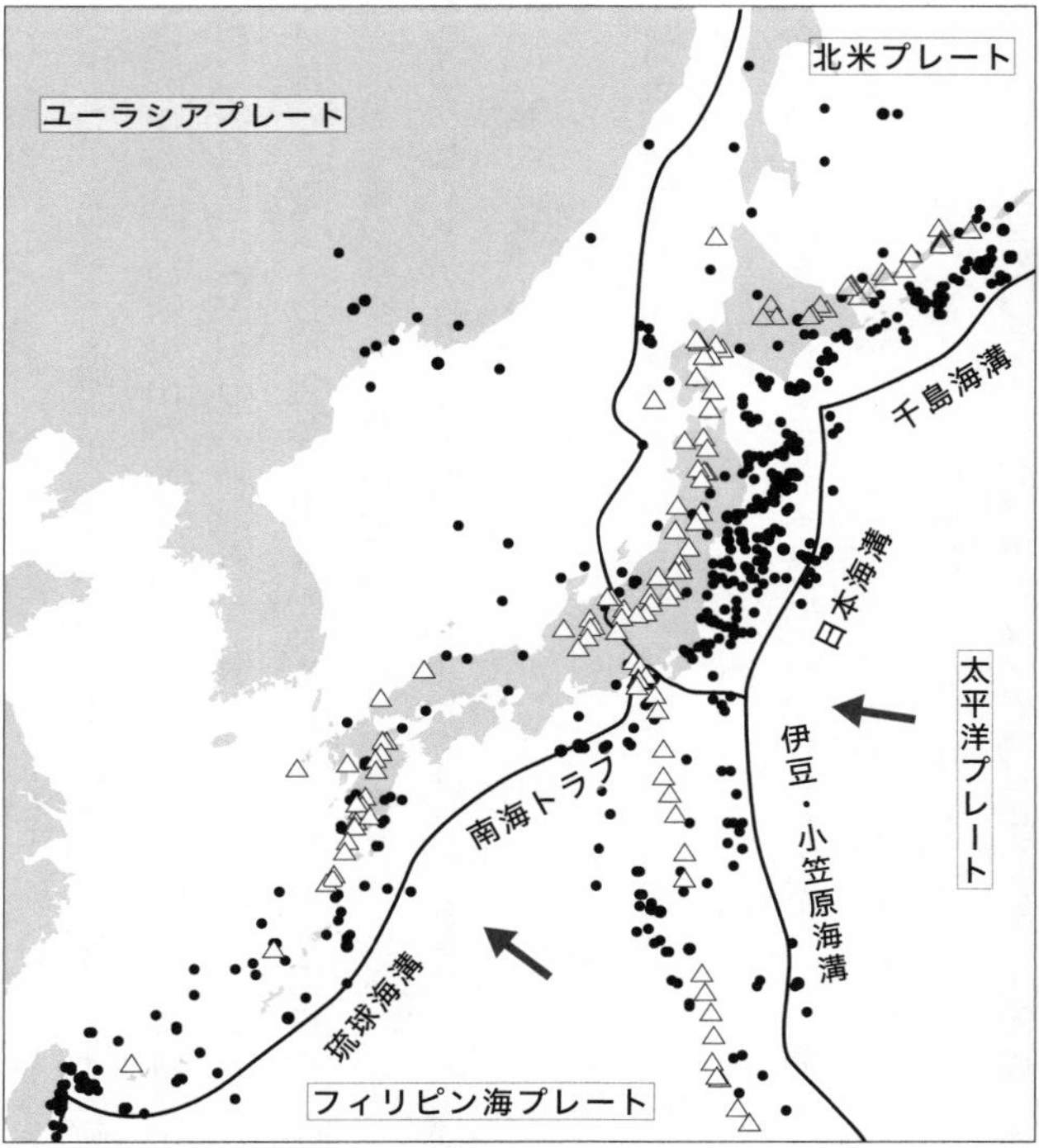

△ 活火山　● 1990〜2019年の間に発生したM6以上の地震

図表1-2　日本列島の地震と活火山の分布

出典）気象庁の震度データベースおよび活火山分布をもとに作成。

国」なのだ（図表1－2、前ページ）。またこの国には、111座の活火山が分布する（同図表）。活火山とは、おおよそ過去1万年の間に噴火した、または現在活動的な火山を指す。地球上には約1500の活火山があるといわれているので、日本にはその約7％が密集することになる。やはり、世界一の「火山大国」だ。

地質学では、このように地震や火山が集中するゾーンを「変動帯」と呼ぶ。地震を引き起こすような地殻変動が活発で、火山活動でも地形が変化するからだ。そして、かつては「造山帯」と呼ばれたことからも分かるように、変動帯は、地殻変動や火山活動によって山地が形成される場所である。

日本列島の形成史

古くから竜の姿に喩えられてきたように、日本列島は太平洋に弓形に迫《せ》り出している（図表1－3）。このような列島の形はどのようにして造られたのだろうか？

日本列島に残された「最古」の時計の針は約37億5000万年前を指す。この年代は、先に述べたように、地球でプレートテクトニクスが動き出して、大陸の「かけら」ができ始め

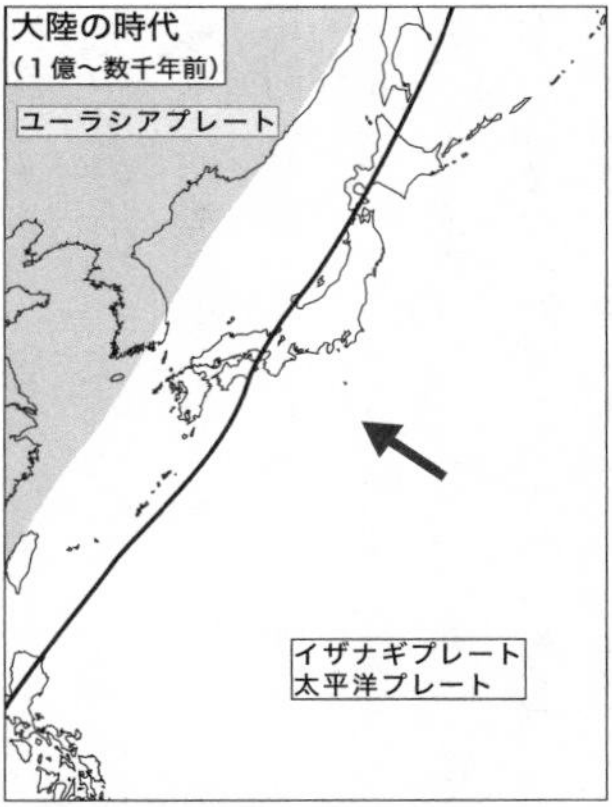

●付加体・花崗岩帯の形成

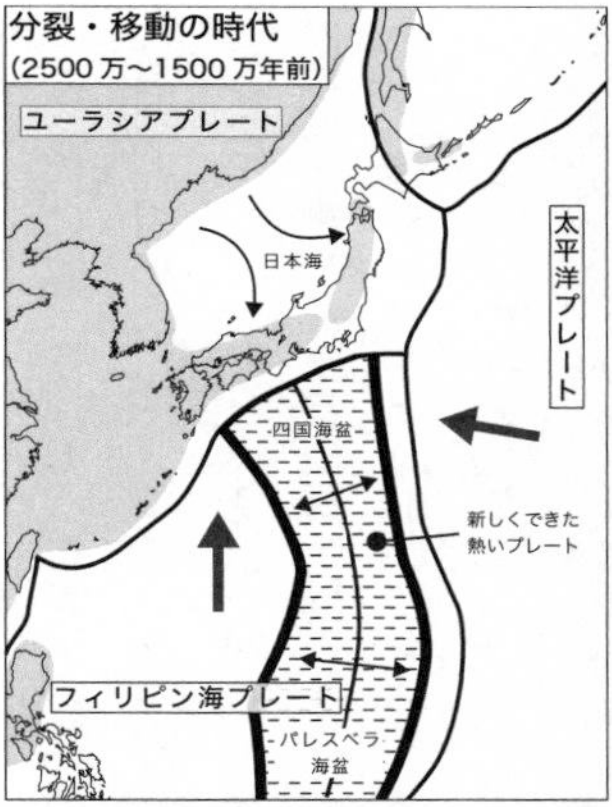

●アジア大陸東縁部の断裂
●日本列島の回転移動と日本海の拡大
●四国海盆、パレスベラ海盆の拡大
●伊豆・小笠原・マリアナ弧の東進

●フィリピン海プレートの方向転換
●東日本の圧縮
●西日本の横ずれ

図表１－３　現在の日本列島ができあがるまでの変遷　灰色の塗りつぶしは当時の大陸の形を示す。

た直後である。つまり、日本列島には、惑星地球誕生創成期のドラマが記録されているのだ。

その後の地球では、陸のかけらが合体して大陸が造られ、さらにこれが離合集散する「大陸移動」が繰り返されてきた。もっとも最近に存在した超大陸・ゴンドワナは、今から約2億年前に分裂を始めた。恐竜が闊歩《かっぽ》していた白亜紀と呼ばれる地質時代、今からおおよそ1億年前には、現在のアフリカ大陸と南アメリカ大陸の分裂が始まり大西洋が広がり出していたが、北アメリカとユーラシア大陸はまだ1つの大陸であった。この大陸の東縁部に、将来日本列島となる地塊が大陸の一部として存在していた。そこで、日本列島の進化史におけるこの段階を「大陸の時代」と呼ぶことにしよう（図表1－3）。

この時代には、今はもう地表からは消え去ったイザナギプレートがユーラシア大陸の下へと沈み込んでいた。そしてその後、数千万年前までは、沈み込むプレートが太平洋プレートへと変わりはしたが、基本的には同じような状況が続いて、「付加体」が成長していった。この付加体と呼ばれる地質帯は、沈み込むプレートの表層部の砂や泥、それにプレートに乗っかって移動してきた海山などがはぎ取られて陸へと掃き寄せられたものだ。またこの時代には、プレートの沈み込みによって、活発なマグマ活動が繰り返され、広大な花崗岩地帯が形成された。

分裂・移動の時代へ

今から約2500万年前、アジア大陸の東縁部で一大事件が勃発した。大地が裂けて、その片割れの地盤が太平洋へと動き始めたのだ。私たちの知る日本列島の誕生である。そして、迫り出した日本列島とアジア大陸の隙間には「日本海」が出現した（図表1－3）。

日本海がこのような大地動乱の結果誕生したことを最初に唱えたのは、かの寺田寅彦（1878－1935）である。随筆家・俳人として知られる寺田だが、同時に地球物理学や結晶学の分野で活躍した超一流の科学者でもあった。

ドイツのアルフレッド・ウェゲナー（1880－1930）が1912年に「大陸移動説」を発表すると、寺田は1927年に「日本海沿岸の島列に就《つい》て（原文英文）」という論文を世に問うた。彼は、日本海沿岸には太平洋側とは異なり、いくつかの島や海底台地が存在し、しかもこれらが列をなしていることに注目した。例えば、五島列島－壱岐《いき》－見島（山口県）－隠岐《おき》島－能登半島－佐渡島の列、対馬－竹島－大和堆《やまとたい》の列などである。そしてこのような島列は、日本列島がアジア大陸から分離して移動した過程で、陸の破片によって形成されたと考えたのだ。

寺田の「日本海拡大説」は、当時の日本の学界にとってはあまりにも先鋭的すぎたようだ。寺田説はウェゲナーの大陸移動説と呼応するように、学界から姿を消していった。しかし、1960年代になって、大陸移動説の復活とプレートテクトニクスへの発展を牽引した「古地磁気学」（岩石に残された過去の地球磁場の記録を解析する分野）によって、日本列島移動説が再び注目されるようになった。この辺りの経緯はまたのちほど述べることにしよう。

ともあれ、約2500万年前にアジア大陸から分裂した日本列島は、約1500万年前にはほぼ現在の位置まで漂移したのである。そしてこの時代には、日本列島の南の海域でも大激動が起きていた。もともと1つの火山列島であった現在の伊豆小笠原マリアナと九州パラオが分裂して、前者が東へと大移動したのだ。その結果、日本海の拡大と同じように四国海盆とパレスベラ海盆という新しい海底地盤がフィリピン海プレートの中に誕生したのである（図表1‐3）。

さらに、この新しく生まれたプレートの上に、アジア大陸から分裂してきた西南日本がのし上げられるという大事件が起きた。こうして、日本列島では地球上でもまれな大異変が引き起こされ、そのことが原因で素敵な食材がもたらされるようになった。この辺りのお話はのちの楽しみにとっておくことにしよう。

迎えた変動の時代

そしてついに日本列島は、世界一の変動帯へと進化していく。その引き金となった大事件が起きたのは、今から約300万年前。40億年におよぶ日本列島の歴史からするとつい最近のことだ。それまで北向きに動いていたフィリピン海プレートが、突如として45度方向転換をして、北西へと向きを変えたのだ。

「変えた」というよりはむしろ、「変えさせられた」と言った方が適切である。図表1−4（次ページ）をご覧いただこう。北向きに沈み込んでいたフィリピン海プレートは、日本海溝から西向きに沈み込む太平洋プレートと、日本列島の地下でぶつかってしまうのだ。しばらくの間はフィリピン海プレートがぐにゃりと変形することで釣り合いが取れていたようだが、やがてそれも限界に達した。そうなると、巨大な太平洋プレートに比べて小さなフィリピン海プレートは、自らの運動方向を変えて、少しでも軋轢《あつれき》が少なくなるようにせざるをえなかったのだ。

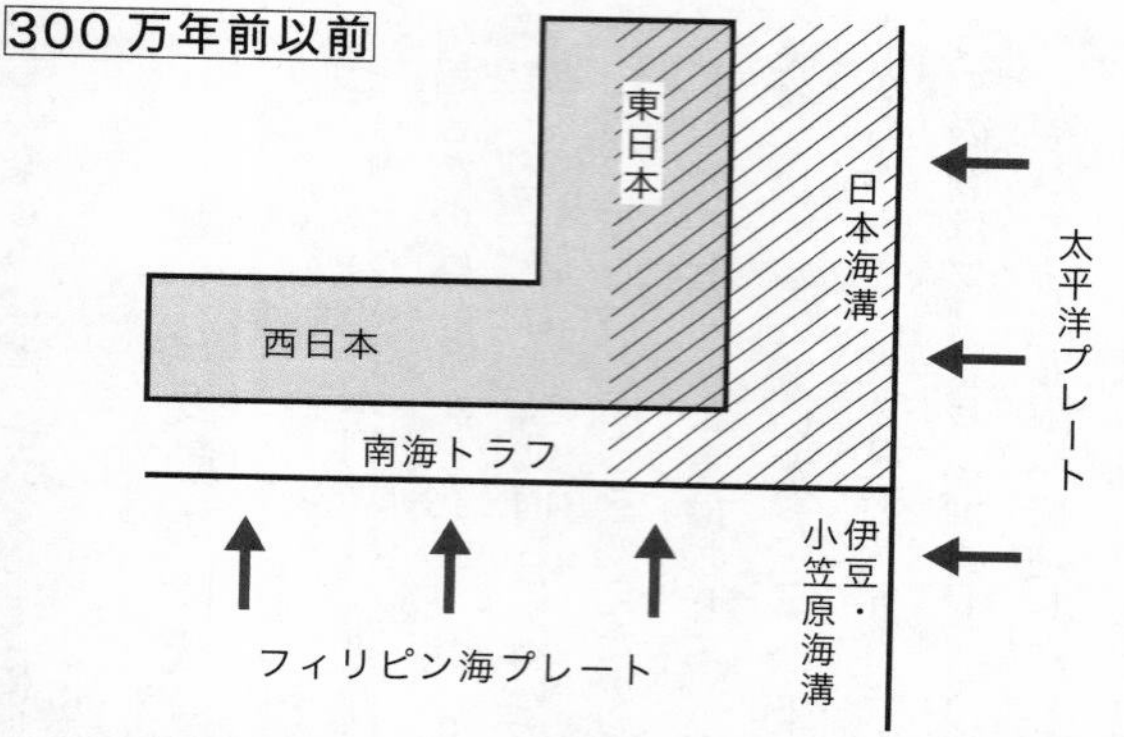

●フィリピン海プレートの東端が地下で太平洋プレートと衝突（斜線部）
●フィリピン海プレートが押し負け、北西方向に運動方向が変化

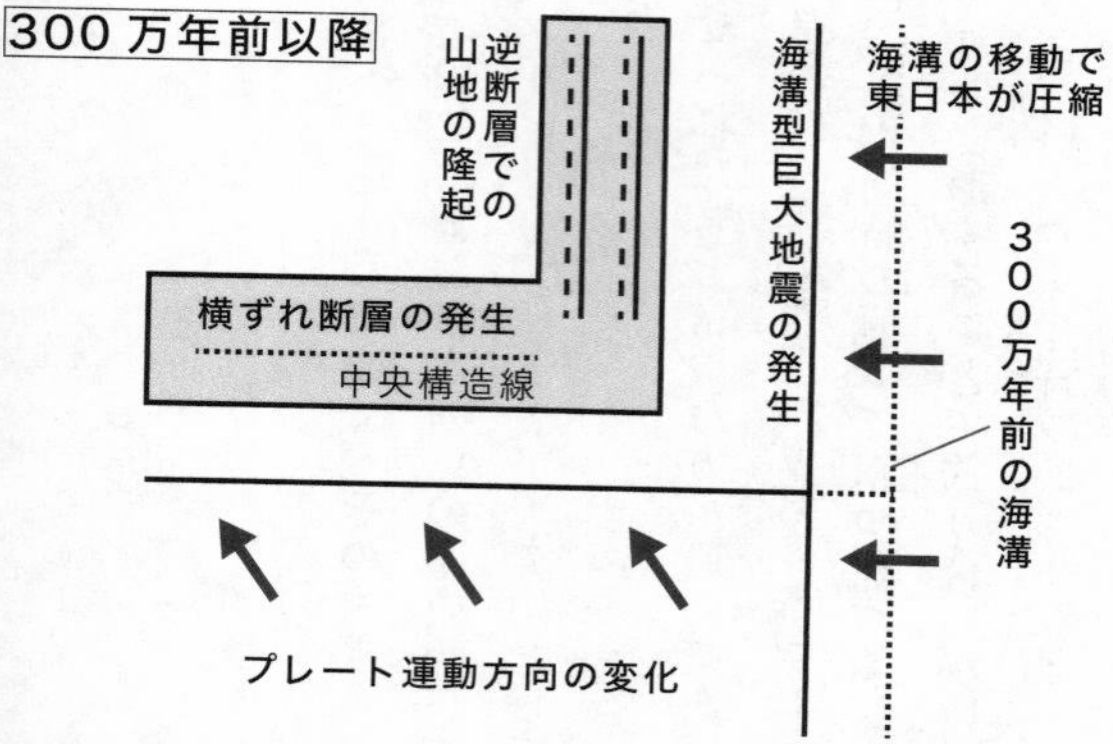

●日本海溝、伊豆・小笠原海溝が西進。東日本に強い圧縮力（海溝型巨大地震、逆断層）
●西日本にはフィリピン海プレートの斜め沈み込みにより、西向きの横ずれ力（横ずれ断層、中央構造線）

図表1－4　フィリピン海プレートの方向転換と日本列島

こうしてフィリピン海プレートには北向きに加えて西向きの運動成分が働き、この成分によって、ひとつながりの日本海溝と伊豆・小笠原海溝が西向きに移動するようになった。その結果、海溝がどんどんと押し寄せてくる東日本には、強烈な圧縮力が働くようになったのだ。海溝近くでは東北地方太平洋沖地震のような巨大地震が起きるようになり、陸域には逆断層（図表1－5）が発達して地塊が盛り上がり、山地が形成されるようになった。

一方で、西日本には西向きに引きずるような力が働くようになった。すると、今から約1億年ほど前にできあがった地層境界が、まるで古傷のように動き出した。日本列島で最大、東西に約1000km続く横ずれの大断層、「中央構造線」の発現だ（図表1－4、1－5）。この断層の動きは西日本の地盤に大きなシワを造り出し、それが、世界一豊

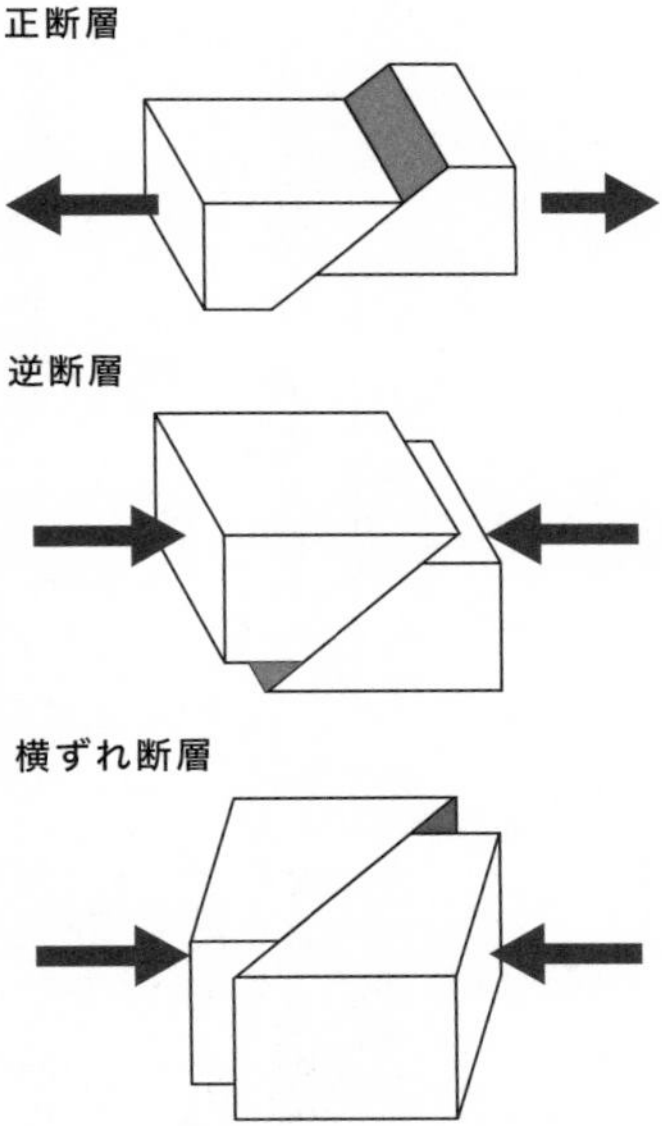

図表1－5　断層の種類

かな海、海の穀倉地帯とも呼ばれる瀬戸内海へと進化したのである。

＊　＊　＊

さあこれで旅の準備は整った。ではややに、美食地質学の旅へと出発しよう！

第2章

変動帯がもたらす日本の豊かな水

出汁 ―和食を支える水の秘密―

和食が、日本人の伝統的な食文化としてユネスコの「無形文化遺産」に登録されたのは2013年。和食の食文化が自然を尊重する日本人の心を表現したものであること、そしてこの食文化が伝統的な社会慣習として世代を超えて受け継がれてきたことが評価されたのだ。またこの取り組みでは、和食の特徴として、多様で新鮮な食材とその持ち味の尊重、栄養バランスに優れた健康的な食生活などが挙げられている。

そして、これら和食の特徴を支えているのが「出汁《だし》」であろう。出汁そのものは決して濃厚ではないのだが、ほかの食材の美味しさを究極にまで引き出す。また出汁を使うことでカロリーの高い油脂、バターなどを使わなくても美味しく調理できる。

実はこのような出汁文化と日本列島が変動帯であることは、密接に関係している。

和食の根幹ともいえる出汁が生まれた背景に、日本列島の水が大きく関わっていることはよく知られている。「和食　水」でググると多くの解説があり、その説明はおおよそ以下のようなものだ。

「日本のほとんどの地域の水は軟水と呼ばれる種類です。軟水は癖がなくまろやかな味わいなので、素材の味を生かした料理に適しています。」

しかし、なぜ軟水が和食に適していて、さらには、なぜ日本列島の水が軟水なのかはほとんど述べられていない。美食地質学の受講者には、このあたりをぜひご理解いただきたい。

水が引き出す出汁の旨味

和食の出汁の奥深さは、昆布と鰹《かつお》の旨味の相乗効果が作り出すといわれる。ここでいう「旨味」とは、「美味《うま》い」という感覚的な表現とは一線を画す科学的な用語である。

私たちの五感の一つである「味覚」は、そもそもは生体にとって必要不可欠な、あるいは有害な成分を識別する感覚だ。主に舌で感知される味覚には「甘味」「苦味」「酸味」「塩味」の4種類があることは古くから知られていた。舌の味細胞にある「受容体（レセプター）」がこれらの成分を検知するのだ。

旨味成分については、日本の科学者が昆布（グルタミン酸）、鰹節（イノシン酸）、椎茸（グアニル酸）などの和の食材から発見していたのだが、これらの食材に馴染みの薄い西洋ではなかなか味覚として受け入れられなかった。しかし21世紀になって、グルタミン酸受容体が味細胞の中にあることが確認されたことで、「旨味」も人間の基本味覚として広く認知されるようになった。

もちろん旨味たっぷりの出汁（スープ）は日本以外の国にもある。そもそもスープの原型といわれるのが、古代エジプトの獣肉を煮込んだものだ。またフランスでは、スープのベースとなるブイヨン、ソースのベースとして使われるフォンなどが旨味スープの典型だ。そして、これらのスープの旨味を担う主役は、獣肉や鶏肉に含まれる旨味成分であり、主なものはイノシン酸である。

ブイヨンの魅力はなんといっても豊かな旨味と透き通った色であろう。獣肉や鶏肉を煮てイノシン酸を抽出するのだが、その過程で褐色の泡が出てスープが濁ってくる。この「灰《あ》汁《く》」を丹念に取り除くと、いわゆる生臭さが取り除かれ、旨味成分が濃集したスープとなる。この灰汁は、肉に含まれる動物性タンパク質や脂質が水に含まれるカルシウムと結合したものだ。

ここで重要なことは、カルシウムを多く含む水を使った方が、より清浄なブイヨンとなることである。そして、ブイヨンの本場であるフランスをはじめとしてヨーロッパの水は、その多くがカルシウム豊富な「硬水」なのだ（図表2－1）。フランスで肉を使ったスープ文化

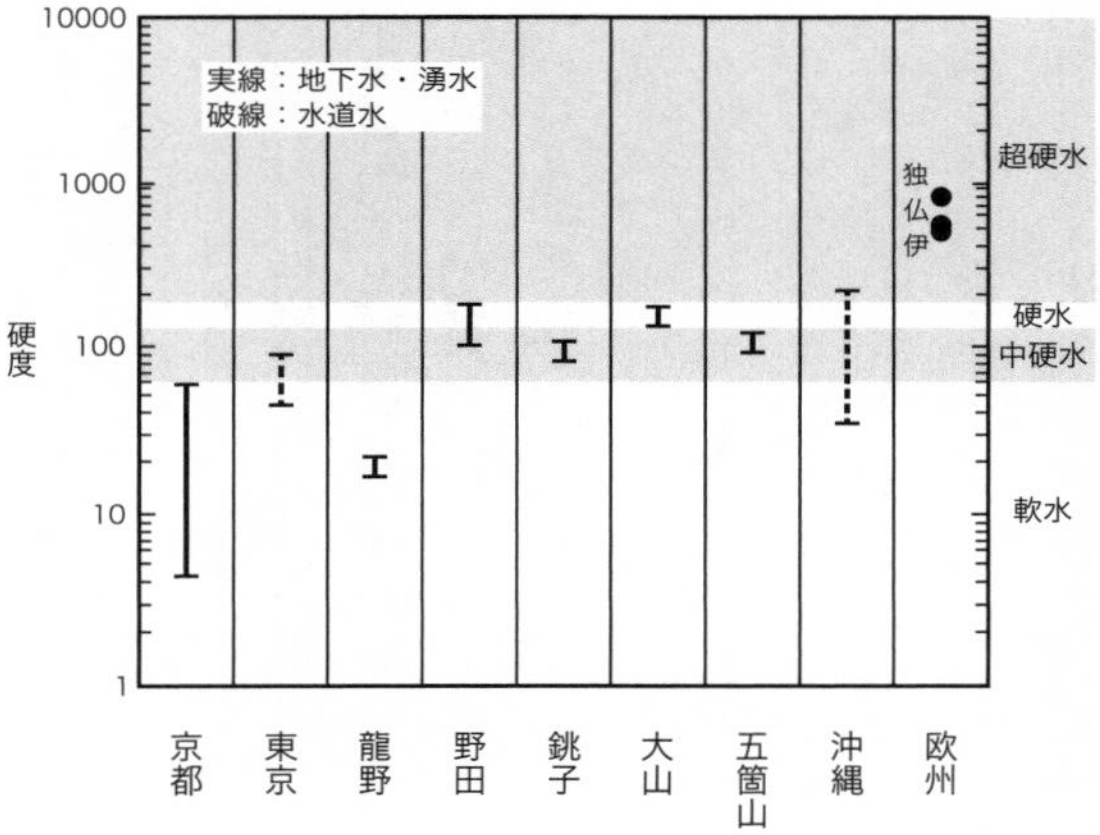

図表2-1　水の硬度　欧州の水は、各国水道水の平均値を示す。

が花開いたのにはこんな背景がある。

一方、日本国内の水は、図表にはのちの話の都合で硬度の高い例を多く示してあるが、圧倒的に「軟水」である。本場でいただくようなブイヨンを日本の水で作るのは至難の業だ。だからこそ、フレンチシェフは水にこだわる。富山県の山奥の利賀村にオーベルジュを開いた谷口英司シェフは、良い水を求めて富山県内を歩き回ったそうだ。彼は決して水の硬度を測ったのではなく、あくまで口に含んだ際の感触で判断したそうだが、図表の中で五箇山の水が中硬水であるように、この辺りは硬水系の湧水が特徴的なのだ。プロの舌にはただただ脱帽である。

ところで縄文人は間違いなく獣肉を食していたにもかかわらず、我が国では獣肉食文化は広がらなかった。その原因としてよく言われるのが、天武天皇によって675年に発布され、1871年に明治政府によって解かれるまで実に1200年間も続いた肉食禁止令であろう。しかし、日本の水が元来獣料理には向かない軟水が多いことを考えると、グルメな古代人は獣臭い料理は避けたのではなかろうか。そう考えると、仏法を犯してまで肉食に走る輩は「生臭坊主」と呼ばれるようになったのも納得できる気がする。

このように肉料理には不向きな軟水ではあるが、それを補って余りある優れた特性を持つ。それは、和食出汁の基本の一つである昆布の旨味成分グルタミン酸を効果的に抽出できることだ。

グルタミン酸は、乾燥昆布に浸み込んだ水によって抽出される。しかし、硬水では、特にカルシウムが昆布のぬめり成分であるアルギン酸と結合して昆布の表面に皮膜を作り、十分にグルタミン酸が抽出されなくなってしまうのだ。図表2－1に示すように、京都の水はカルシウムの少ない軟水であり、市内の井戸水には超軟水も多い。だからこそ、この地が昆布出汁を基本とした和食の中心地として君臨しているのだ。

そんな京都の料理屋さんが、比較的硬度の高い水が多い関東地方や海外に支店を出すと、なかなか本店の味が出せないという話はよく聞く。結局は京都の本店から水を運んだり、軟水のミネラルウォーターを取り寄せて料理に使うこともあるそうだ。

日本が軟水である理由

ではなぜ日本の水は軟水で、フランスの水は硬水なのか？　その原因は地形と地質にある。「これは川ではない。滝だ！」。近代化を推し進める明治政府に招聘《しょうへい》されて来日したオランダ人土木技師のヨハニス・デ・レイケ（1842－1913）が、富山県の常願寺川を見てこう発した。この言葉は、ヨーロッパと比べて日本の河川がいかに急流かを端的に表す。実は最近、この名言は同じオランダ人のローウェンホルスト・ムルデル（1848－1901）が、常願寺川よりやや東にある早月川を視察した時のものだとする新説が発表された。

ともあれ、ヨーロッパの広い平原を流れるセーヌ川やライン川と比べると、圧倒的に日本の河川は急流である。地理用語では「河川勾配」と呼ばれるのだが、源流から河口までの高低差と距離を比較すると、セーヌ川は約700kmかけて400m下る（平均斜度0・03度）のに対して、例えば国内最長の信濃川（千曲《ちくま》川）は、標高2000mを超える地点からわずか370kmで流れ下る（同、0・3度）。立山に源を発し富山湾へと注ぐ常願寺川に至っては、わずか56㎞で２４００ｍ以上の落差がある（同、２・５度）。まさに滝である。

川の水や、それが地下へ浸み込んだ伏流水（地下水）は、流れるうちに土中の成分を溶かし込む。例えば、ヨーロッパ平原の中にあるパリ盆地の伏流水は、おおよそ数十万年という長期間盆地内に滞留しているために、多くの成分を溶かし込む。しかもパリ盆地周辺は、「超大陸パンゲア」の分裂によってできたテーチス海（古地中海）に堆積した石灰質の地層が広がる。石灰岩はカルシウムとマグネシウムが炭酸と結合した岩石で水に溶けやすい。だから地下水はこれらの成分が多く溶け込み、硬水となる。

一方で日本は島国かつ山国である。したがって川や伏流水は土中の成分を溶かし込む暇がない。例えば、軟水の地・京都盆地の地下には、岩盤層が造る盆地状の構造があり、その中に堆積した新しい地層が帯水層となって地下水盆（地下湖）が形成されている。なんと、その貯水量は琵琶湖に匹敵するそうだ。ここで重要なのは、このような京都の地下水の滞留時間がわずか数年ということだ。おまけに京都盆地の地下の地層には全くといっていいほどカルシウムやマグネシウムは含まれていない。京都のみならず、日本の地盤の多くは花崗《かこう》岩やそれに由来する砂や泥、それに火山性の岩石からなる。急峻《きゅうしゅん》な地形で水の流れが速い上にこのような地盤だから、日本列島の水は必然的に軟水となるのだ。

日本の水が総じて軟水で、そのために昆布出汁の旨味が引き出されることは、多くの料理人さんたちはご存じであろう。その原因は、日本列島には石灰質の地盤が少なく、そして何より山国で急峻な地形が多い島国であるために、流れ下る水にカルシウムやマグネシウムが溶け込む暇がなかったのである。

だが、ここで話を終えていたのではまだ美食地質学とはいえない。次の課題は、なぜ日本列島の山は高くなるのかである。

重なる山地と活断層

日本と同じように島国のイギリス。その最高峰は「ザ・ベン」と親しみを込めて呼ばれるスコットランドのベン・ネビス山だ。しかしその標高はたかだか1344mにすぎない。

一方で日本列島には、この山を凌ぐ高さの峰が連なる山地あるいは山脈が数多く分布する。例えば、北アルプスとも称される飛騨山脈には10座の3000m峰が並ぶ。きっと多くの読者は、地震も少なく、したがって地殻変動も激しくないイギリスと違って、日本列島周辺には4つものプレートが鬩ぎ合っているのだから地殻変動が激しく、その結果山国になるのさ、とお答えになるのではなかろうか。

しかし、この答案では美食地質学の試験では及第点には届かない。なぜプレートが鬩ぎ合うことで山ができるのか、そして同じようにプレートの運動（沈み込み）でできる火山との関係はどうなっているのか？　これらを論じることが大切なのだ。

それではまず、日本列島の山地・山脈の分布と、地殻変動の標《しるし》でもある活断層、それに火山の分布を見比べることにしよう（図表2－2）。第1章でお話ししたように、日本列島の地下へと沈み込む2つのプレートのうち、フィリピン海プレートは約300万年前にその運動方向を変化させた結果、現在は西日本に対してやや斜めに沈み込んでいる。そのために特徴的な地形が発達しているのだが、今話題にしている「山地形成」という点では、斜め沈み込みの影響でやや複雑な事情が生じている。このことはあとで瀬戸内海の誕生として論じることにして、まずここでは、日本列島に対してほぼ真っ直ぐ沈み込んでいる太平洋プレートの役割を考えてみることにしよう。

太平洋プレートは日本海溝から東日本の下へと沈み込む。そして、日本海溝とほぼ並行に、奥羽山脈や出羽山地・越後山脈、それに飛騨山脈などが造られている。ここで注目したいのが活断層の配列だ。活断層とはこれまで繰り返して活動し、今後も活動することで大地震を起こす可能性のある断層だ。もちろん、これらは現時点で確認されたものであり、まだ未知

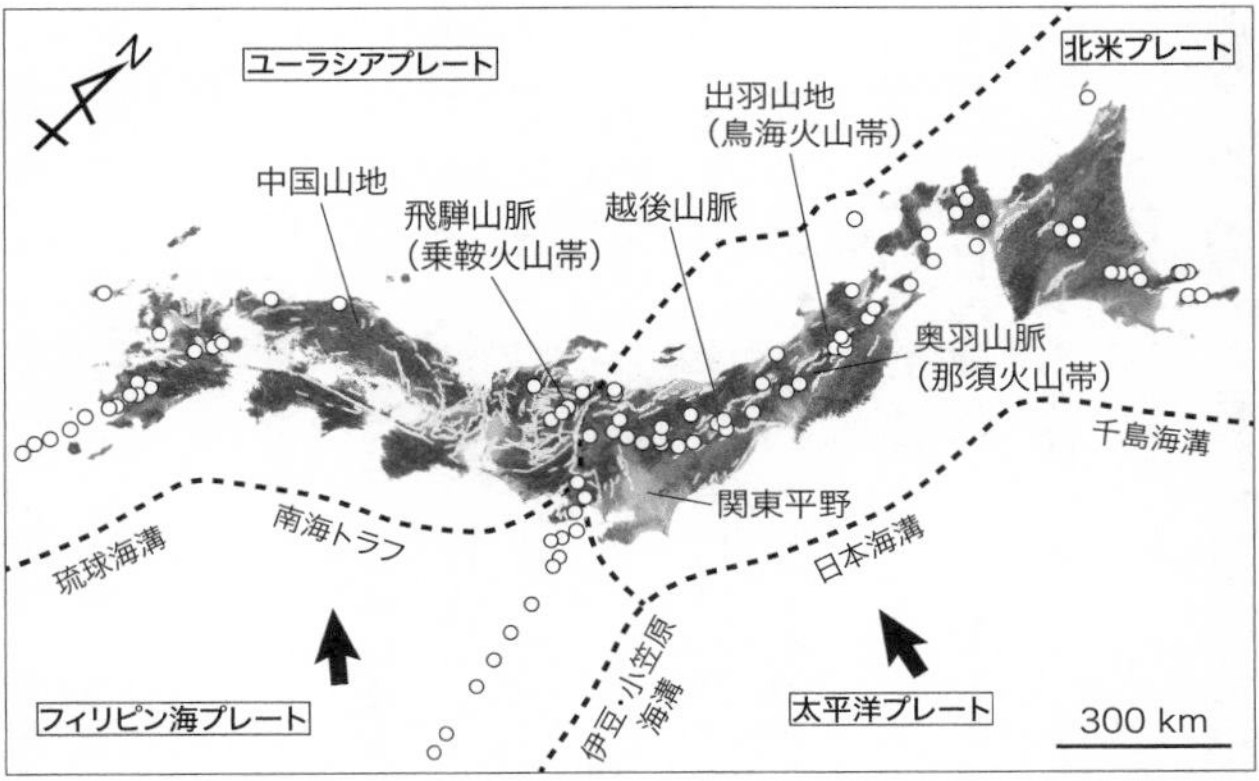

図表２-２　日本列島の主要山地と活断層（白線）、活火山（白丸）とプレート配置

出典）産業技術総合研究所地質図ナビをもとに作成。

の活断層が地下に潜んでいることも忘れてはならない。

さて、この活断層だが、図表２－２を見ると、山脈の縁に沿って分布することが多いことに気づく。山地ができるということは、その地帯が隆起しているということであり、この地殻変動によって断層が形成されたのだ。

もう一つ重要なことは、山地と火山の配列（火山帯）がおおよそ重なっていることだ。東北地方を縦断するように、そして海溝とほぼ並行に形成された奥羽山脈は、那須火山帯と呼ばれてきた火山列にほぼ一致し、日本海側の鳥海火山帯は出羽山地や越後山脈と重なり、中部日本では乗鞍火山帯と飛騨山脈が一致する。つまり、地盤が隆起して山が高くなることと、火山が噴火することには密接な関係がありそうだ。

圧縮と浮力で高くなる山地

ここで述べた山地と活断層、それに火山帯との位置関係をもう少し詳しく見るために、東北地方にズームインしてみよう（図表2－3）。日本列島（あるいは日本海溝）の延びの方向とほぼ並行に、⑴北上山地〜牡鹿半島、⑵恐山山地・津軽山地〜奥羽山脈、⑶白神山地〜出羽山地〜朝日山地と少なくとも3列の山地が配列している。そしてこれらの山地に挟まれるように、北上盆地－仙北平野、津軽平野－横手盆地－新庄盆地－米沢盆地などの低地がほぼ南北に並んでいる。そして⑵と⑶の山地には、第四紀火山（それぞれ、那須火山帯と鳥海火山帯）が帯状に分布している。さらに想像力をたくましくすれば、日本海に突き出た男鹿《おが》半島は4列目の隆起域、そして八郎潟低地や庄内平野はこの隆起帯と3列目の隆起帯の間の低地と見ることも可能だ。

このようなほぼ南北方向（＝日本海溝の延びの方向）に配列した山地（高地）と盆地（低地）の繰り返し、それに活断層の分布は、この地域の地盤が東西方向に圧縮されたために生じた

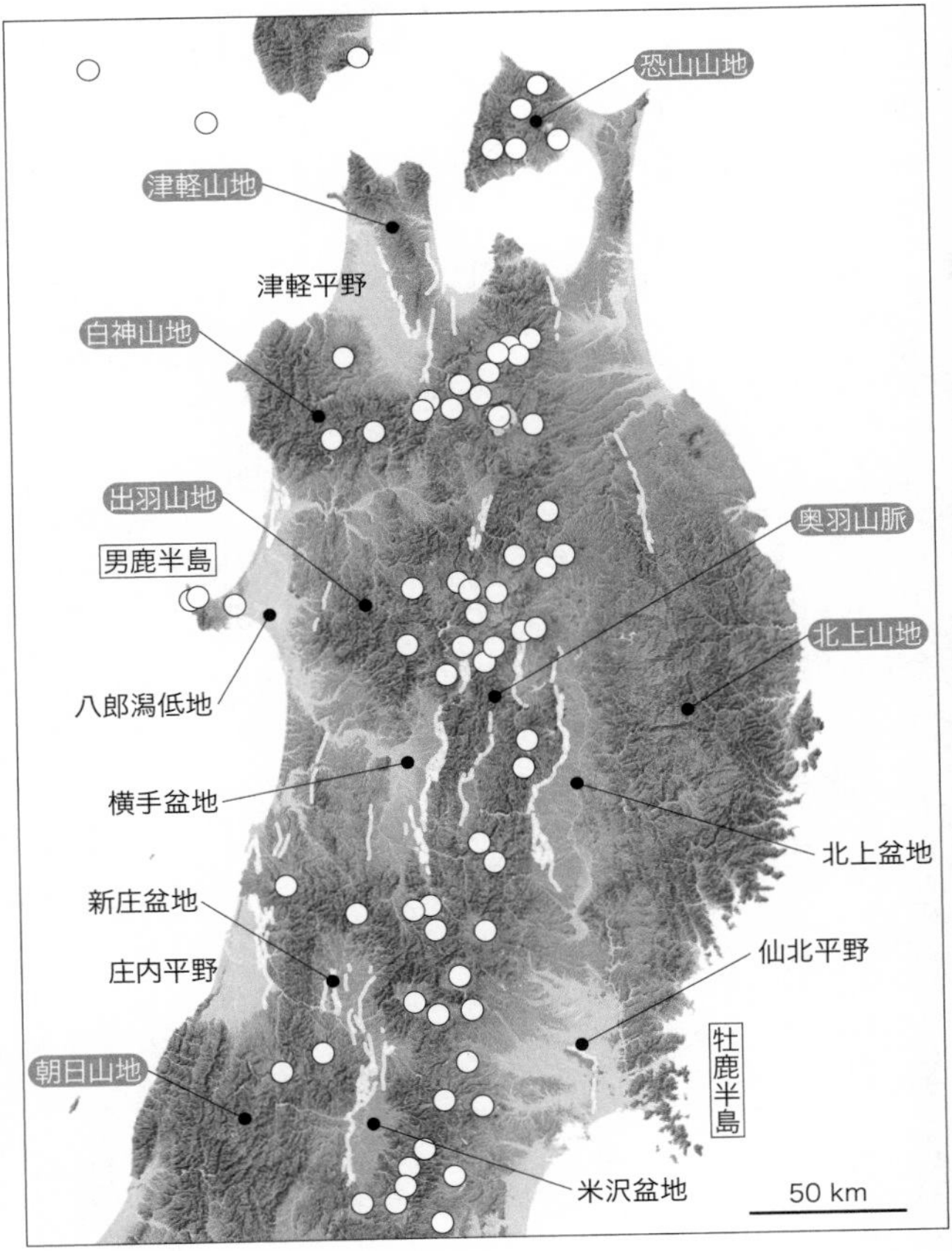

図表２−３　東北地方の山地と盆地、活断層（白線）、第四紀火山（白丸）の分布

出典）産業技術総合研究所地質図ナビをもとに作成。

と考えるのが良さそうだ（図表2－4）。もちろんこの圧縮力は、第1章で述べたように、フィリピン海プレートの運動方向が変わった300万年前以降に、日本海溝が西向きに移動したことで発生したものだ。

では次に、山地と火山帯が重なる原因を考えてみよう。国内の高い山トップ10に、富士山をはじめ6座の火山がランクインしていることから、火山が成長して高山になったと思い込んでいる人が多いのではなかろうか？　確かに富士山は海抜0m近くから4000m近くも成長したが、この山は日本では例外だ。多くの火山は、古い時代の岩石（基盤岩）が造る高地の上にちょこんと乗っかっているにすぎない（図表2－5）。地表に山地があるところを目指して、地下の深いところからマグマが上がってくるというのはいかにも不自然だ。

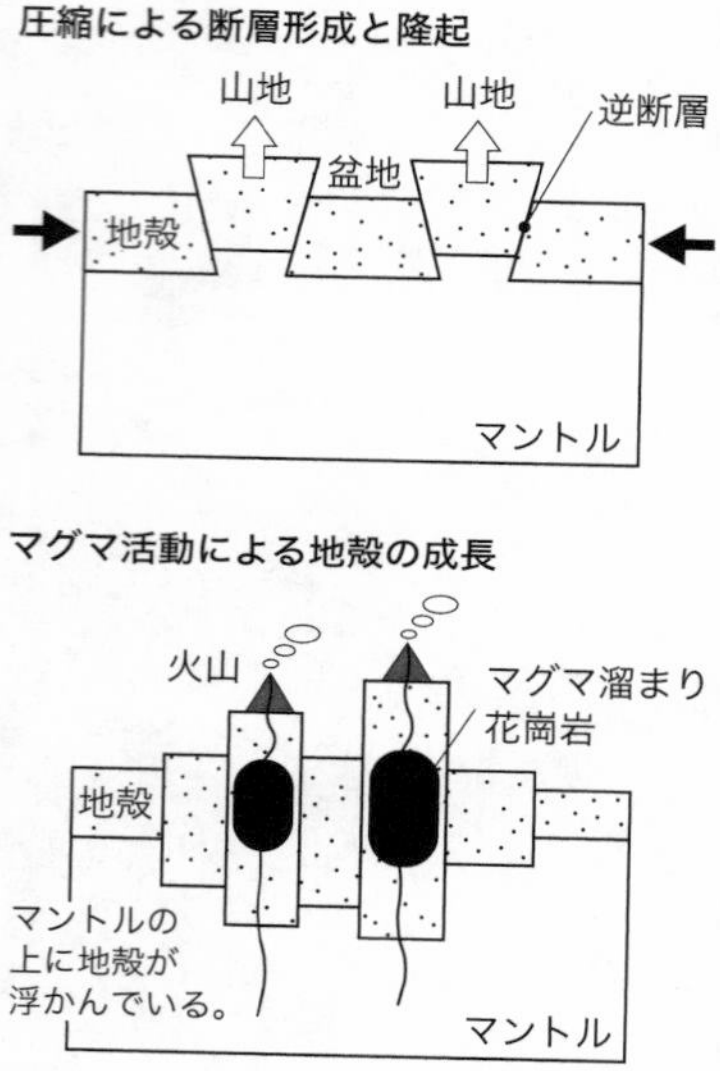

図表2－4　日本列島の山が高くなるメカニズム

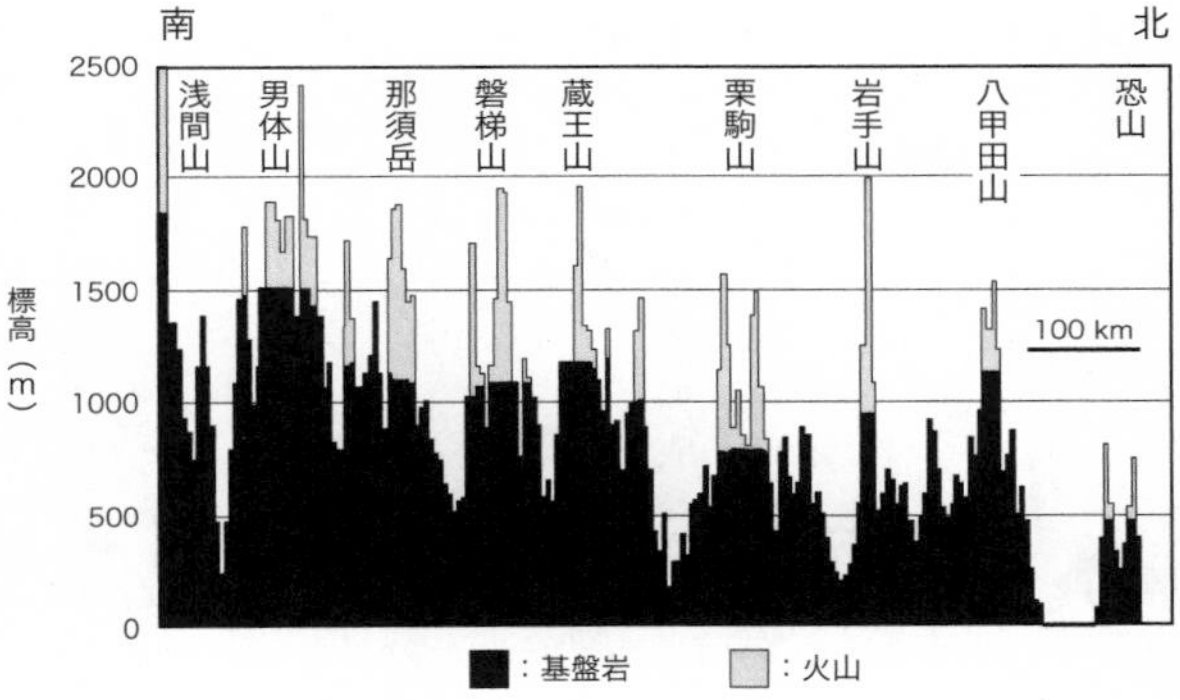

図表２−５　那須火山帯（奥羽山脈）の南北方向の断面図

出典）Tamura et al. (2002, EPSL) をもとに作成。

実はこれらの火山の基盤を成す岩石の多くは数百万年前から続いた火山活動で噴出された溶岩などである。言い換えると、少なくとも東北日本では、火山帯の位置はここ数百万年間はほとんど変化していないのである。

もちろん、これらの古い溶岩などが積み重なることが山地形成の原因の一つであろう。しかし、もう一つ重要なことがある。それは、火山活動は地表に溶岩を噴出するだけでなく、地殻を成長させることだ。

そもそも日本列島で火山活動を起こすマグマは、地下数十kmの深さで発生するのだが、このマグマが地表に達して火山となるのはほんの一部、おおよそ1〜2割でしかない。ほとんどのマグマは火山の下で固まってしまうのだ。その結果、マグマ活動が続くと地殻は厚くなってゆく。地殻はその下にある流動性に富む「マントル」に比べると軽い物質からなっているので、あたかも水に浮いた木片のような状態にあり、厚くなるとさらに浮き上がるのだ。「アイソスタシー」と呼ばれる現象である（図表2－4）。さらに、過去の火山活動を起こした「マグマ溜まり」はすでに冷え固まっているとはいえ、おそらくまだ数百℃程度の高温状態にあるので周囲の岩盤より軽くなり、このマグマ岩体に浮力が働いて上昇するのだ（同図表）。

東北日本の山地の形成には、このように数百万年間のマグマ活動が大きな役割を担っている。またこのようなマグマ活動によって隆起が起きる際にも、周囲の岩盤との境界付近に断層もしくは弱線が形成される。このような状況で東西方向に強い圧縮を受けるのだから、さらに山地と盆地の形成が進行することになる。

＊　＊　＊

ここまでの話をまとめよう。変動帯・日本列島では、海溝からプレートが沈み込むことによってマグマが発生して火山が密集している。マグマが地下で固まることで地盤が厚くなり、これにプレートからの強い圧縮が相まって、日本列島は山国となっている。そのために河川は急流となり、地盤中のカルシウムやマグネシウムを溶かし込む時間がないために軟水の国となった。そして、そこに暮らす人々は地震や火山噴火に苛《さいな》まれながらも、これらの試練の裏返しとして授かった軟水の特性を最大限に引き出す術を身につけてきたのだ。それが「出汁」なのである。

豆腐　―日本で独自の進化を遂げた理由―

和の多様な食材の中でも、豆腐は最も身近なものの一つだろう。日本人の約8割が週に一度は豆腐を食べるという。さらにその料理法も実に様々だ。奴《やっこ》として生でいただくのも良し、湯豆腐や鍋の具材として煮込んだり、揚げとして使うこともある。また焼いて味噌などをあしらえるのも美味い。

このように料理法は実に多岐にわたるが、豆腐そのものは至ってシンプルで、原料は大豆のみである。そんな豆腐の9割ほどは水分であることから、日本列島を特徴づける「軟水」が日本の豆腐文化に大きな影響を与えたことは想像に難くない。豆腐発祥の地である中国と日本では豆腐の製造方法が異なるのも、硬水主体の中国と軟水の国・日本の違いではなかろ

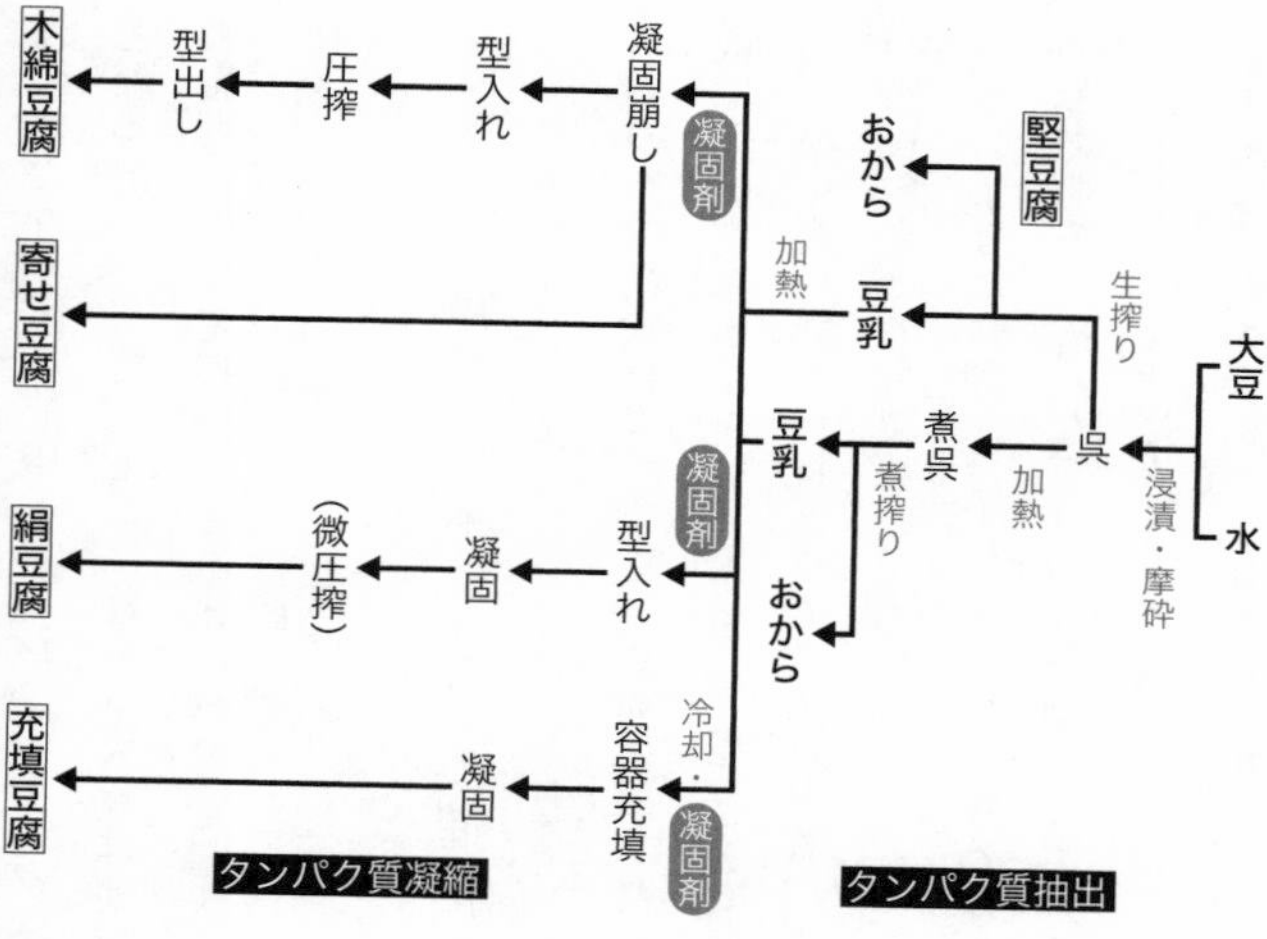

図表2－6　代表的な豆腐の製造工程

うか？　今後はこの豆腐について、日本列島との関わりを探ってみたい。

種類豊富な豆腐

まず、豆腐の製造工程を眺めてみよう（図表2－6）。豆腐を作るには、大豆に含まれるタンパク質を抽出する必要がある。そのために、まず大豆を水につけて柔らかくした上で細かく砕いて「呉《ご》」を作る。日本ではこの呉を煮て豆乳を搾る「煮搾り」が一般的であるが、中国や沖縄（島豆腐）、それに日本の各地に残る堅豆腐の一部では、呉を煮ずに豆乳とおからを搾り分ける「生搾り」を行う。

次は豆乳へと抽出したタンパク質を凝

固させて豆腐とする工程だ（図表2－6）。凝固剤には、海水から塩分を取り去った「にがり」（塩化マグネシウム）や石膏から作られる「すまし粉」（硫酸カルシウム）などが用いられる。熱い豆乳（生搾りの場合は加熱後）を器に流し込んで凝固剤を投入、攪拌《かくはん》して少しおくと固まる。これが「寄せ豆腐」である。一方、凝固した豆腐状のものを一旦崩して箱に入れて、圧をかけて水や油分を絞り出して成型したものが「木綿豆腐」だ。

滑らかな食感が特徴の「絹豆腐」は、木綿豆腐とは違って、凝固剤を入れた型箱に豆乳を流し込んで均質化し、その状態で静かに凝固させる。絹豆腐では一般には圧搾を行わないために水分が多く柔らかい。また京都の嵯峨《さが》豆腐では凝固剤にすまし粉を使うために、にがり豆腐と比べると柔らかい。そこで微圧搾を加える技術を工夫して豆腐の形に成型しているのだ。こうしてあの滑らかさの、まさに絹のような豆腐が生まれる。「京豆腐」というネーミングを使いたいために、工場を京都に置いて大量生産される豆腐とは全く別物である。

スーパーなどでよく見かける「充填《じゅうてん》豆腐」は、豆乳を一旦冷やし、凝固剤と一緒に一丁ずつの容器に注入（充填）・密閉し、そのあとに加熱して凝固させる。機械化による大量生産が可能で、豆乳充填のあと密閉して加熱・殺菌が行われるため日持ちも良い。

さて代表的な豆腐の製法を概観したところで、生搾りと煮搾りの違いが生まれた背景を考えてみることにしよう。

地質に根ざした豆腐の製法

大豆から抽出されたタンパク質は、豆乳の中では互いに反発し合ってバラバラに存在しているのだが、これらを結合させて三次元的なネットワークの形成を促す役割を演ずるのが、マグネシウムとカルシウムイオンである。いずれも凝固剤であるにがりとすまし粉の主成分であるとともに、硬水と軟水の分類に用いられることにご注目いただきたい。

硬水を用いて製造した呉には、すでにタンパク質を凝固させるこれらの成分が含まれている。煮絞りは、大豆に含まれる成分をさらに抽出するために加熱する。だが、硬水呉を加熱するとタンパク質の凝固が進みすぎるため、搾りカスであるおからと同時にタンパク質も取り除かれてしまうのだ。そのためにタンパク質の収率が悪くなり、豆腐を作るために必要な大豆の量が極端に多くなってしまう。

だから、硬水呉では生搾りを行う方が大豆タンパクの多い豆乳を作ることができるのだ。とはいえ、煮搾りの豆乳に比べるとやはりタンパク質の量は少なく、収量も悪くなる。だから、凝固物に含まれる多量の液体成分を絞り出すために強い圧搾が必要となる。その結果、生搾りで作られた豆腐は堅くずっしりとしている。

中国やカルシウムが主成分のサンゴ礁の地盤が多い沖縄のような硬水優位の地域では生搾りが用いられ、日本列島の多くの地域では軟水を利用することができるために、生搾りよりもさらに効果的に大豆成分を取り出し、そして滑らかな豆腐を作る技法として煮搾りが発達したものと考えられる。

軟水の国であるがゆえに、煮搾りによって柔らかい豆腐が広まった日本列島ではあるが、一方で沖縄以外にも「堅豆腐」は残っている。例えば、九州では熊本県・五木や宮崎県・椎葉、四国では土佐豆腐、中部地方では石川・岐阜・富山県境付近の白山、五箇山、利賀など、そして関東では神奈川県の大山豆腐などである。なぜこれらの地方では堅豆腐文化が継承されてきたのだろうか？　これらの地域の地質を眺めると、一つの答えが浮かび上がってくる。

図表２－７（次ページ）に示すようにこれらの堅豆腐地域にも沖縄と同様に石灰質の岩石が分布しているのだ。先にも述べたように石灰岩の主要成分はマグネシウムとカルシウムであり、これらを溶かし込んだ硬水が堅豆腐製造に適していたと推察される。実際、図表２－１（35ページ参照）に示したように、五箇山や白川、大山、それに沖縄の水は硬水系なのだ。

ただ、これらの地域では、今でも生絞りで堅豆腐を製造している豆腐屋さんもあるにはあ

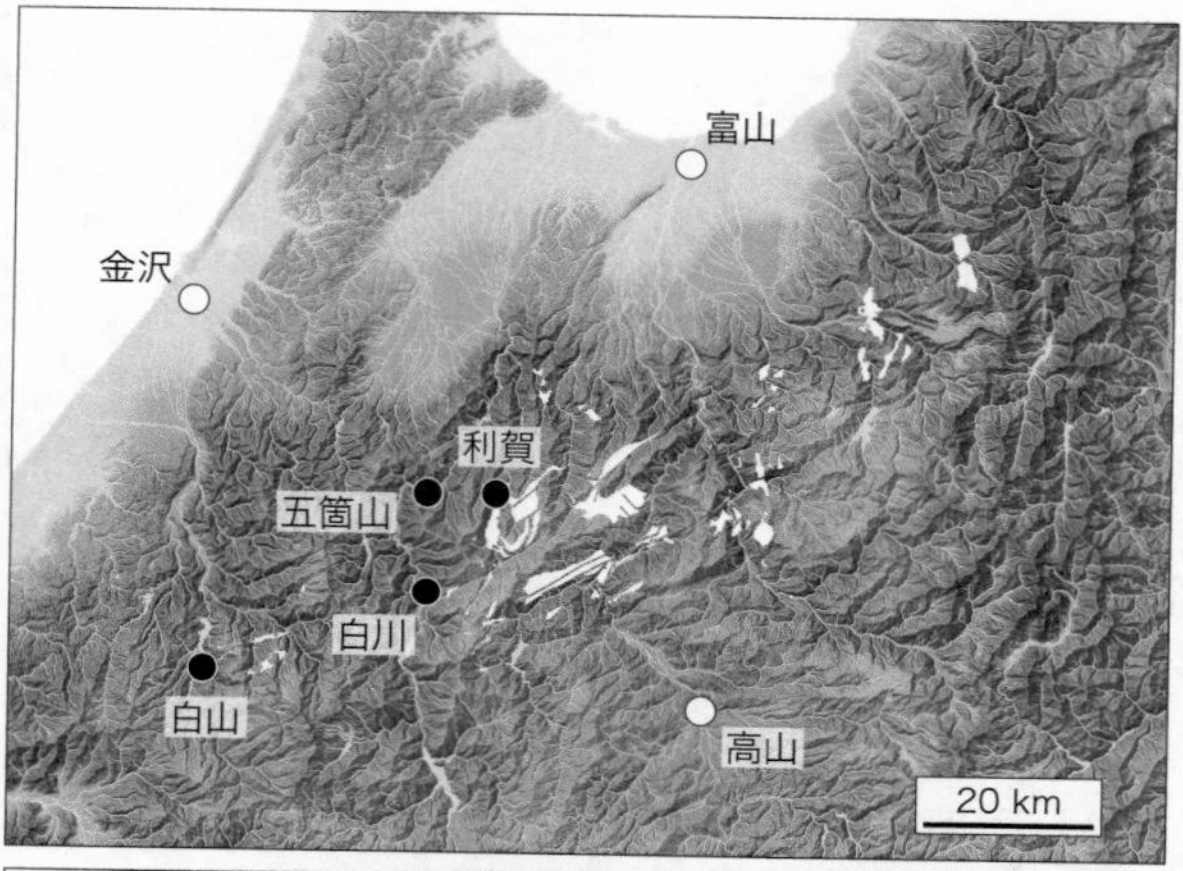

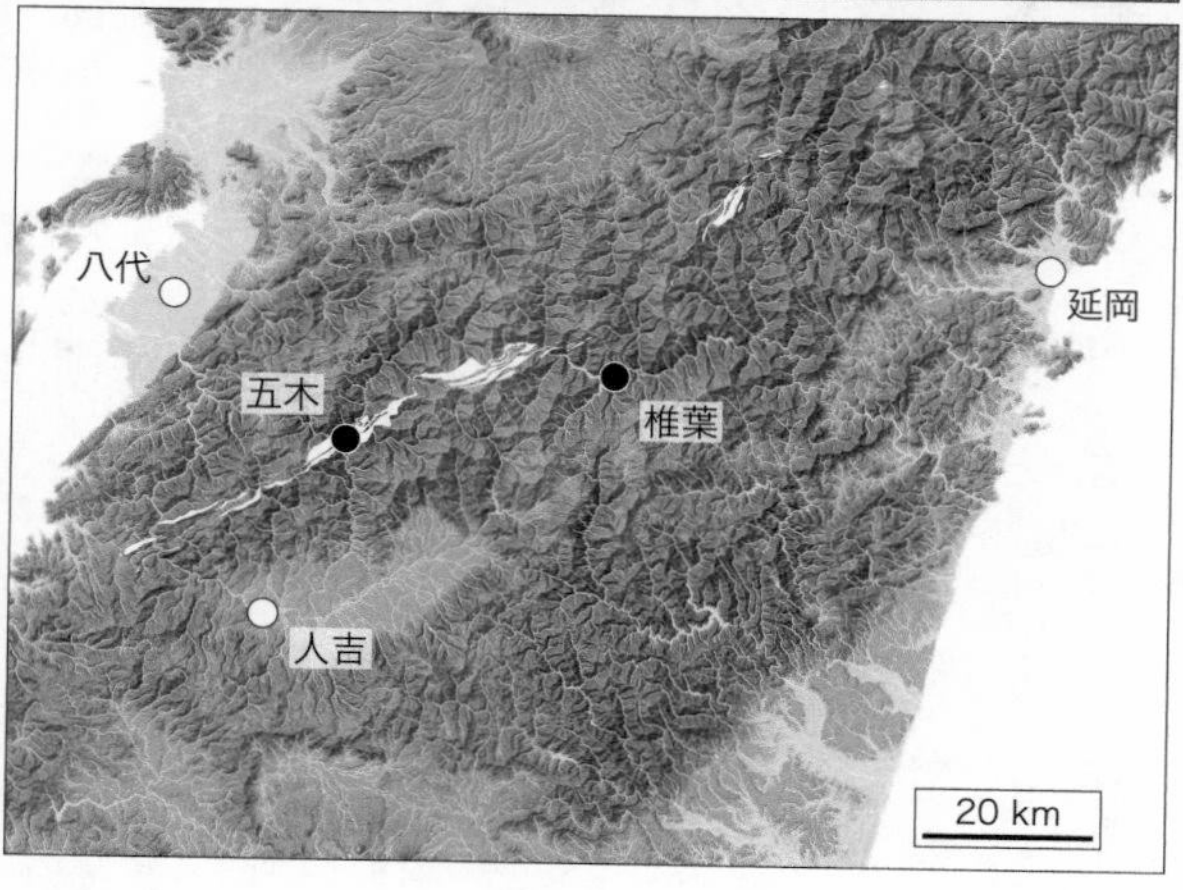

図表2-7　石灰質の岩石（白抜き）の近隣にある堅豆腐産地（黒丸） 堅豆腐が作られてきた背景には石灰岩由来の硬水の影響があることを示す。

出典）産業技術総合研究所地質図ナビをもとに作成。

るが、多くは煮搾りが採用されているようだ。それでも、このような硬水地域では、呉を煮る段階で凝固が進むために、滑らかな絹ごしは作りにくい。硬めの木綿豆腐、あるいは強い圧搾を加えて運搬にも便利な堅豆腐を作る伝統が残っているのであろう。

京豆腐に代表されるような軟水と煮搾り、さらにすまし粉を凝固剤に使って作られた豆腐には、滑らかさと大豆成分のコクがある。一方、硬水を用いることから必然的に生搾りを行い、さらにはにがりを使用する島豆腐は、自然と大豆特有のえぐみが抑えられて、特有の食感を楽しむことができる。いずれも甲乙つけ難い日本の食文化である。

そんな中で私が違和感を覚えるのは、生搾りを「伝統的手法」と呼ぶことで煮搾りに対する優位性を強調するような風潮があることだ。確かに生搾りは中国伝来の手法ではあるが、一方で煮搾りは軟水の国・日本で発達した世界に誇る優れた技法である。また、にがり、特に天然にがり以外の凝固剤を用いた豆腐はあたかも偽物のように言う向きもある。この偏見は、凝固剤などの食品添加物の意味合いを理解せず、「天然」という言葉を魔力的に用いているにすぎない。豆腐作りに打ち込む職人さんの手になる豆腐は、それぞれに特徴があってどれも間違いなく美味いし、きちんと製造された豆腐は全く安全である。軽薄な商業主義に乗せられることなく、しっかりと豆腐作りの工程とその意味を理解して味わうことこそが、日本の食文化を守り育てることにつながると思う。

石灰岩が育む食の多様性

島豆腐の沖縄には、そのほかにも素晴らしい硬水食文化がある。その一つが沖縄そば。この麺はもちろんソバではなく小麦が用いられるのだが、出汁にも大きな特徴がある。出汁の旨味の重要な担い手が、昆布ではなく豚であることだ。

沖縄は琉球時代から本州北方や北海道産の昆布を中国へ運ぶ拠点であったために、昆布文化が広がった。しかし、それは出汁文化ではなく、むしろクーブイリチーやウサンミなど、食べる昆布文化であった。もちろんその原因は、硬水であるために昆布の旨味成分を抽出することが難しかったからだろう。一方で、この硬水の特性を生かして、豚を丁寧に灰汁をとりながら煮ることで、ブイヨンと同様に旨味たっぷりのスープができあがったのだ。

沖縄の石灰質地盤は比較的最近にサンゴ礁が陸化したものだ。一方で日本列島に点在する石灰岩も、面積こそそれほどではないのだが、純度は極めて高い。だから、資源に乏しい我が国にあって、石灰岩は自給率100%の資源として、鉄鋼やセメントなどの工業製品の原料として使われ、明治以降の日本の近代化に大いに貢献してきた。この純度の高い石灰岩も

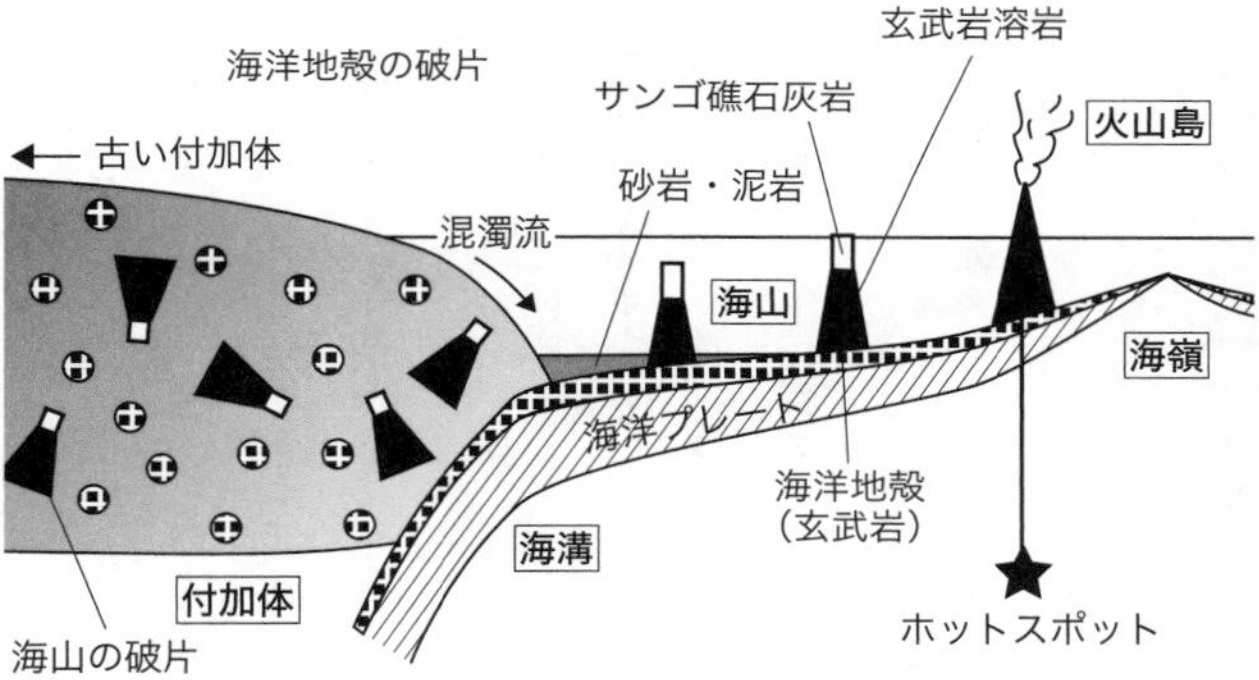

図表２－８　沈み込み帯における付加体の形成

やはりサンゴ礁起源であることは、含まれる化石などで確実である。

さらにこれらの石灰岩には大きな特徴がある。それは、現在のハワイやガラパゴスなどの大洋に浮かぶホットスポットと呼ばれる火山島（図表２－８）を造る玄武岩の溶岩、しかも多くの場合水中を流れた溶岩と一緒に周囲の地層に含まれているのだ。そして周囲の地層には、この火山島の断片のみならず、海洋プレートを造る地殻（玄武岩）や、海溝などに溜まった砂や泥などの堆積物が渾然一体となって含まれている。このような「混在岩」の形成は、海洋プレートが沈み込む場所で、プレート上の物質がはぎ取られて陸側プレートに付け加わっていた「付加体」が舞台であると考えられている（図表２－８）。

では、日本列島に点在する石灰岩の元となった火山島のサンゴ礁は、一体いつどこででき
たものだろうか？　このことを明らかにしようと、私たちは石灰岩と一緒に産出する玄武岩の化学分析を行った。その結果、これらの石灰岩と玄武岩の大部分は、現在の南太平洋で数億年にわたって続く火山活動で誕生した火山島起源であることが分かった。そしてその年代はおよそ1億年前と3億年前。このころに南太平洋で起きた火山活動によって火山島が誕生し、それらはサンゴ礁を乗せながらプレートに運ばれて、現在は太平洋の周囲の陸域に付加されたのだ（図表2－9）。とりわけ約1億年前の火山活動は大規模だった。というのも、この時代に南太平洋で形成された超巨大海底火山（海山や海台）の一部は、今も太平洋の海底に潜んでいる（同図表）。

日本列島で堅豆腐を育んだ石灰岩に、このようなドラマチックでダイナミックな歴史が秘められているのだ。こんなにまでして日本列島の一部となった石灰岩なのだから、私たちはもっとしっかりとその恩恵に浴しても良い気もする。その恩恵の一つが、これらの石灰岩地域では、日本列島では珍しい硬水食文化を発展させることができる可能性があることだ。先に紹介した富山県利賀村の谷口シェフのオーベルジュは良い例であろう。利賀村の背後には石灰岩が分布し、この地域の名物の一つが堅豆腐なのだ（図表2－7、52ページ）。さらに、

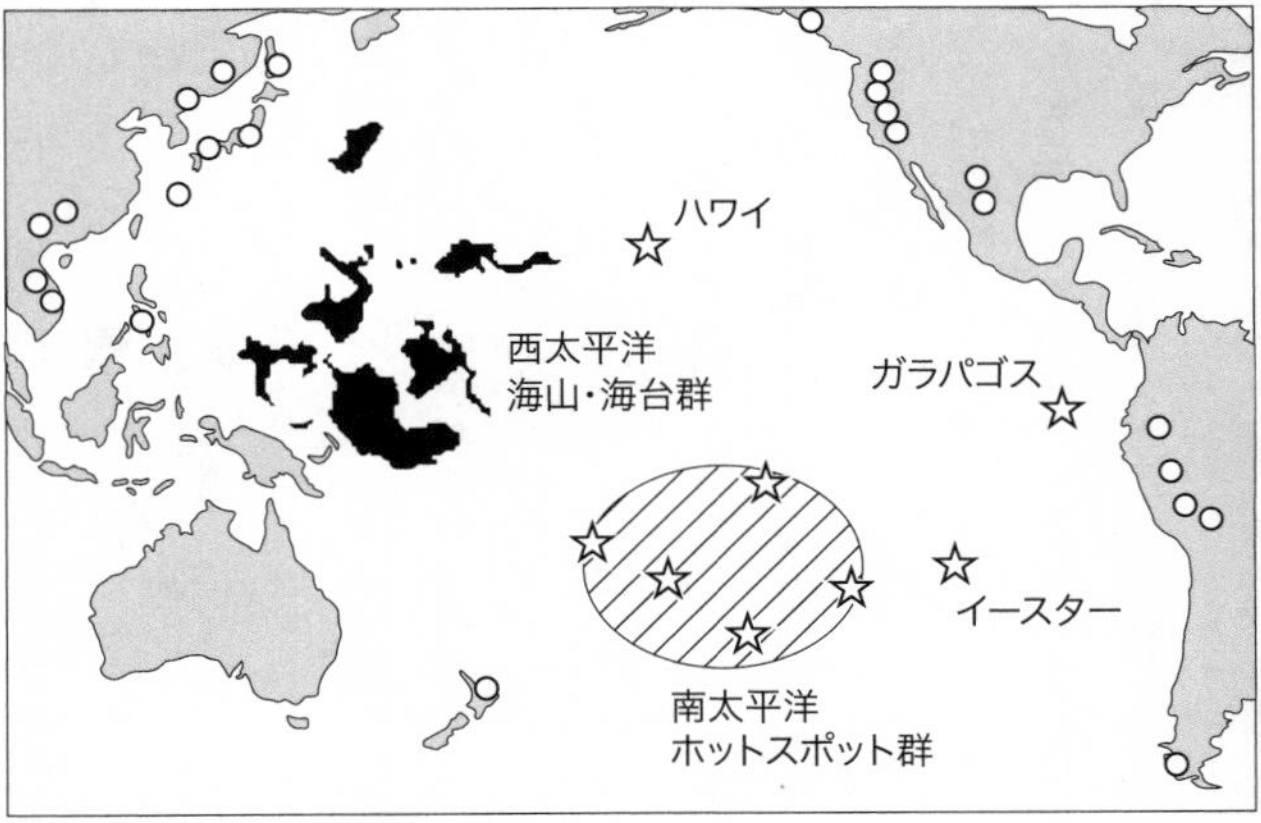

図表２−９　環太平洋の付加体中に存在するサンゴ礁石灰岩の分布　これらは太平洋に散在するホットスポット火山のうち、南太平洋域の火山島で形成されて、プレート運動によって運ばれたもの。同様に、西太平洋の海山・海台群も南太平洋起源である。

あとで詳しく述べるように、硬水系の水は力強く個性的な日本酒を生み出す可能性がある。日本酒の醸造過程でカルシウムが麹菌の酵素分泌を促すために、軟水よりも硬水系の方が発酵が進んで力強い酒が誕生するのだ。実際、私もいくつかの石灰岩起源の硬水系仕込み水で造られたお酒をいただいた経験がある。いずれもしっかりした力強い銘酒だった。

生搾りを用いて堅豆腐を作っている地域では、新たな食文化を発展させることも地域振興の一つの道であると思うのだが、いかがであろうか？

＊　＊　＊

かつてこの国では、ある意味で救荒作物としての大豆を田んぼの畦道《あぜ》などで栽培していた。この大豆を用いた郷土料理は日本全国にあるが、最もシンプルなものは図表2－6（48ページ）に示す「呉」を味噌汁に入れた呉汁である。さらに呉を加工して豆腐や揚げとして食す「豆腐文化」は日本独特のものであろう。元はといえば硬水優位の大陸から伝わった豆腐作りが、軟水の国で進化を遂げたのである。ただ日本列島の中で稀に見られる石灰岩起源の硬水を産する地方では、柔らかい豆腐を作るのは難しいために堅豆腐の文化が残ったと思われる。

醤油　―和食の名脇役の系譜―

醤油は和食に欠かせない調味料の代表格だ。この発酵食品は料理の味を整え、香りを出し、さらには色をつける優れものだ。最近では西洋料理のシェフたちもこぞって醤油を使うという。

穀物や野菜、それに乳製品などを発酵させた「発酵食品」は、まさに微生物と人類の共同作業の賜物《たまもの》といえよう。約８０００年前にはすでにワインが製造されていたし、魚醤・醤油・味噌・漬物などの原形である醤《しょう》（和名、ひしお）が記された最古の文献は３０００年以上前の中国のものである。そのころから人類は食材が発酵することで保存性が高まり、風味が良くなるなどの効果があることを経験的に知っていたのだ。

世界各地では様々な発酵食品が発達したが、大雑把に分けると、西洋ではパンやビール、ワインのような酵母による発酵や、チーズにヨーグルトなど乳酸菌を利用したものが多い。一方で、東アジアではカビを用いた発酵食品、例えば紹興酒《しょうこうしゅ》やテンペ、それに醤油や味噌などが特徴的である。アジアモンスーンの影響を強く受ける湿潤な気候がカビ発酵文化を生み出しているのだ。

ただ、アジア地域ではクモノスカビが主体である中で、日本では「麹菌（コウジカビ）」を用いる発酵過程が中心である。クモノスカビは周囲を酸性にするためにほかの雑菌の繁殖を抑えることができる一方で、麹菌はこの特性は弱いものの、デンプンをブドウ糖に分解する力は強い。日本人は、このような繊細な菌と対話して慈《いつく》しんで接することで、日本ならではの発酵文化を醸成し、洗練させてきたのである。

中国から湯浅へ

醤油は日本の食を語る上で欠かすことのできない発酵食品である。現在では世界を席巻する我が国の醤油であるが、前述の通りそのルーツは中国の「醤」にあるという説が有力だ。紀元前9世紀ごろの周王朝時代の記録に初めてこの名が登場する。当時の醤は主に魚や肉を塩漬けして発酵させたものであったが、6世紀ごろになると穀類、特に煮た大豆を用いた「豉《し》」も登場したようだ。

日本でも縄文時代に魚醤のようなものが作られていたが、仏教伝来以降、大陸文化の流入が盛んになり、ひしおの製法も伝わったといわれている。701年に公布された大宝律令には、「醤」のことを掌《つかさど》る「主醤《ひしおのつかさ》」という官名があり、のちに独立して「醤院」と呼ばれ、様々な「醤」を作ったり管理したりしたと記されている。

このような醤が液体の醤油状の調味料へと進化していったのは鎌倉時代だ。文書に基づく情報が乏しく未だにはっきりとは分かっていないのだが、最も有力な説の一つが、禅僧・覚《かく》心《しん》の偶然である。

現在の長野県松本市生まれの覚心は、高野山をはじめ京都や鎌倉で学んだあとに宋へ赴き、径山興聖万寿寺（径山寺《きんざんじ》）などで禅を修めた。そして帰国後の１２２７年に、現在の和歌山県日高郡由良町に興国寺を開山した。この地で覚心は布教活動を始めたのだが、同時に宋で会得した味噌作りを近在の村人に教え、日常食品とすることを勧めたのである。大豆・麦のほかに野菜を用いたこの味噌が金山（径山）寺味噌の原型だ。そしてある時に、味噌作りの過程で桶の底や味噌の上にたまった汁を使って食物を煮ると良い味になることを発見した。これが「溜《たまり》醤油」の始まりだという。

このようにして由良・興国寺で始まった醤油作りであるが、その後、その製造の中心は近隣の湯浅へと移った。なぜだろうか？　そのヒミツを探るにはまず、醤油の製造工程を理解しておく必要がある（図表2－10、次ページ）。

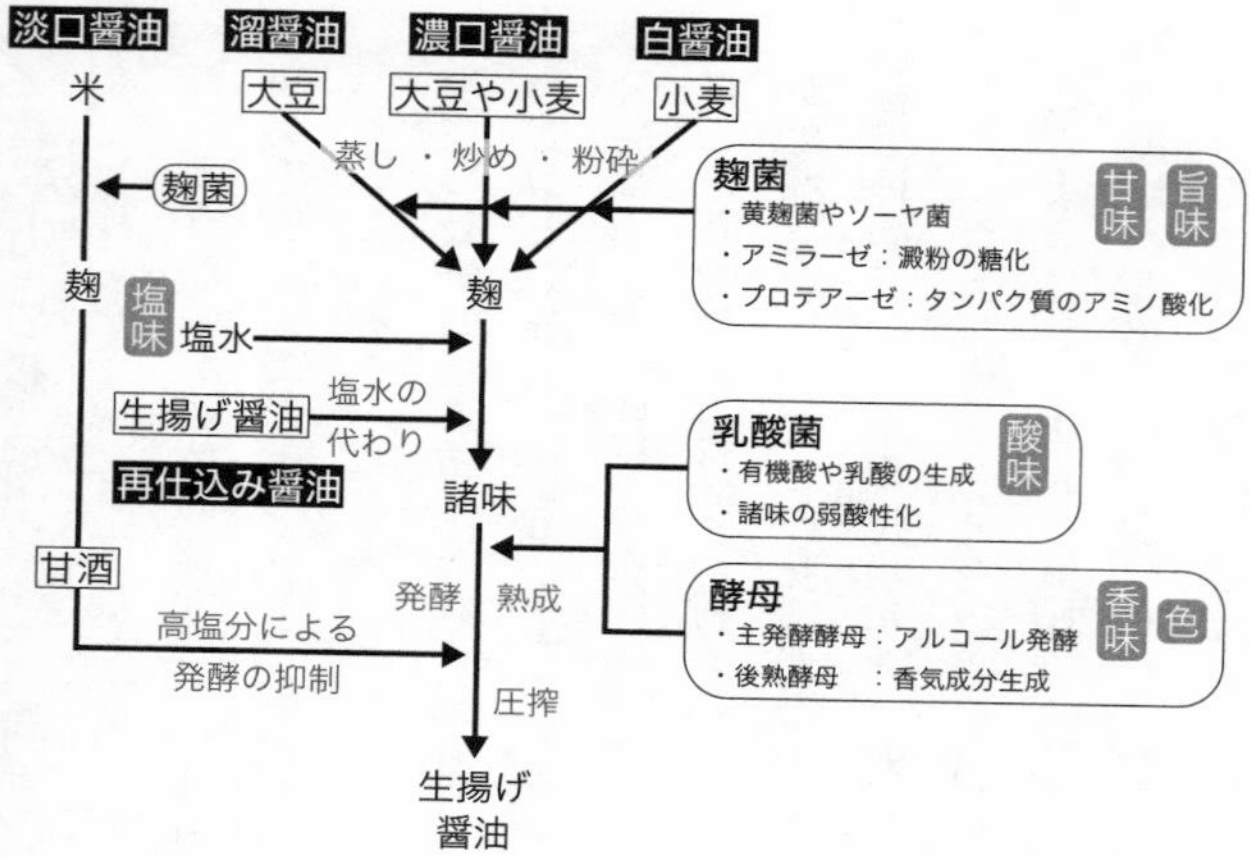

図表2-10　代表的な醤油の製造工程

醤油製造ではまず、主原料である大豆や小麦に含まれるデンプンやタンパク質を、麹菌（黄麹菌またはソーヤ菌）が分泌するアミラーゼ、プロテアーゼといった酵素でブドウ糖やアミノ酸に変化させた「麹」を作る。それに塩水を加えて「諸味」とし、乳酸菌や酵母菌の働きによって発酵させて熟成し、それを搾ったものが「生揚げ醤油」である。この製造過程で麹や酵母、それに乳酸菌などの微生物が特有の甘味や旨味、それに酸味、香りや色などの醤油特有の風味を生み出す。

この工程で作られる醤油が「濃口醤油」だが、原料として大豆のみを用いるものが「溜《たまり》醤油」、ほとんど小麦を用いるものは

「白醤油」と呼ばれる。また、塩水の代わりに生揚げ醤油を用いて長期熟成し、濃厚な味わいが特徴の醤油が「再仕込み醤油」である。関西で広く使用される「淡口（薄口）醤油」では、塩水の塩分濃度を上げて酵母による発酵を抑えて色を薄くするとともに、米を発酵させた甘酒を諸味に加えることでまろやかさを出す。

このように醤油は様々な微生物の働きによって作られる発酵食品であるが、その一つである麹菌が湯浅醤油発展の鍵を握っている。穀類のデンプンを、発酵可能なブドウ糖へと糖化させるには、麹菌が健やかに育たなければならない。この麹菌の生育にとって最大の敵は「鉄分」であり、鉄分の多い水を用いたのでは糖化がうまく進まず、美味い醤油はできない。この麹菌の特性にこそ、由良に代わって湯浅で醤油作りが発展していった理由がある。

この由良辺りには、1億数千万年前の付加体、およそ1億年前から数千万年前の付加体と地下深部から上昇してきた変成岩、それにごく最近（約1万年前以降）に河川などが堆積させた砂や砂利が分布している（図表2－11、次ページ）。「付加体」とは、大洋の海底に堆積した泥や微生物の死骸（チャート）、海底直下の地殻を形成する玄武岩、それに海溝へ陸から運ばれて溜まった砂や泥などが、海溝から沈み込むプレートによって陸側の斜面に掃き寄せられて形成されたものだ（図表2－8、55ページ）。図表に示した地質図では、砂岩・泥

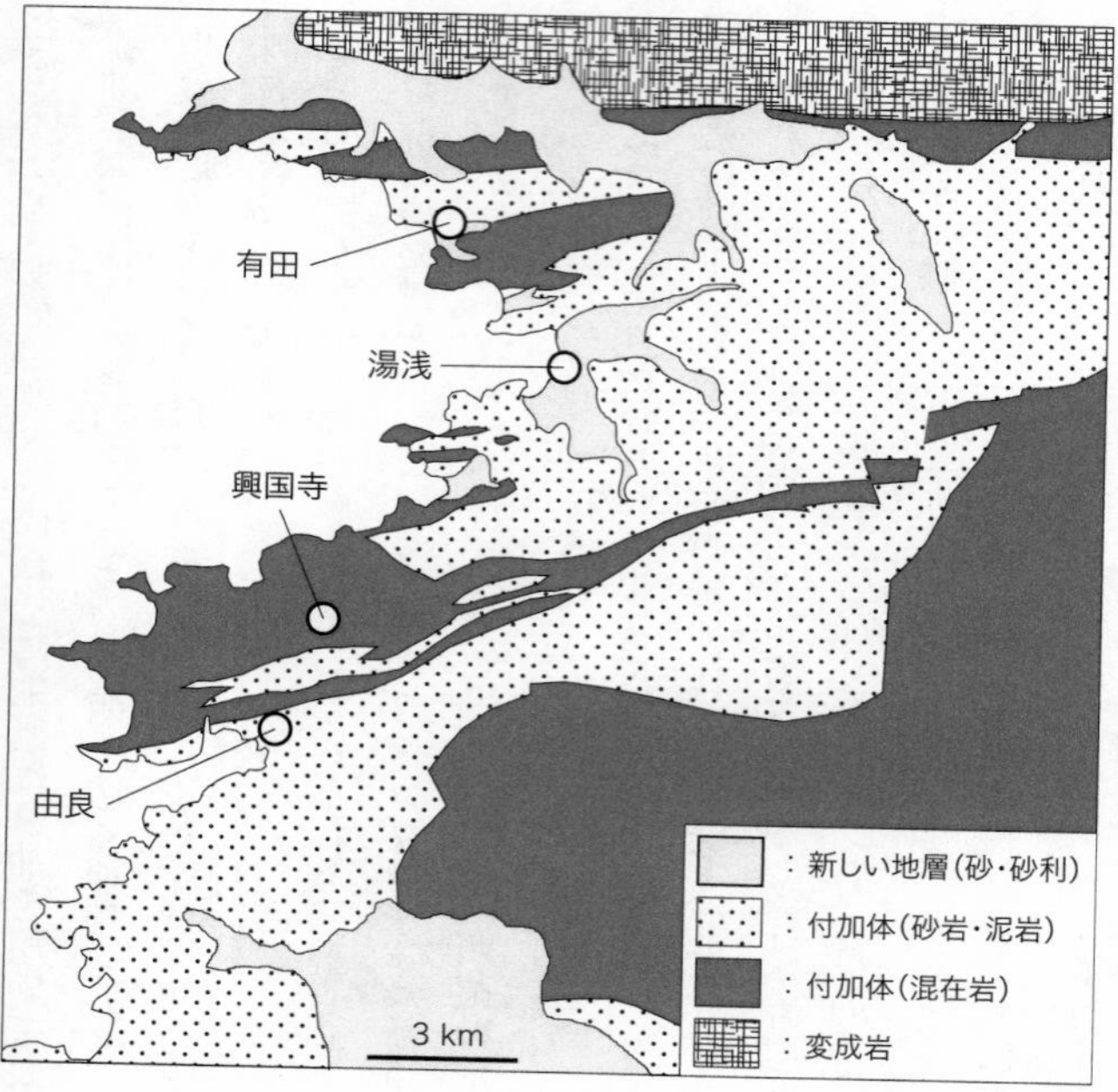

図表2-11　醤油伝来の地・和歌山県興国寺と醤油発祥の地・湯浅　興国寺と違って、河川水、地下水に鉄分が少ないことで、湯浅が一大醤油産地となった。

出典）産業技術総合研究所地質図ナビをもとに作成。

岩としたものが海溝堆積物にあたり、混在岩は海洋プレート由来の岩石（泥・チャート・玄武岩など）が渾然一体となったものである。

さて興国寺は混在岩からなる小山に建っているし、由良の背後にもこの混在岩が広く分布して山地を成している。だからこの辺りの水は混在岩、特にその中に点在する玄武岩中の鉄分を溶かし込んでいる。そのせいで醤油の製造に欠かせない麹菌の活動が制限されてしまい、良い醤油が作れなかったに違いない。

一方で湯浅の河川や地下水は、鉄をほとんど含まない砂や泥の地層を通り抜けてくる。そのため、麹菌の働きを最大限に生かせるのだ。湯浅の人たちは「湯浅の水が醤油作りに適している」と言うが、その原因は地質にある。

関西醤油を支えた花崗岩

紀伊由良で始まった醤油作りは湯浅で開花し、その後播磨《はりま》・龍野（兵庫県南西部）と讃岐・小豆島（香川県）へと広がっていった。

樽詰めされた重い醤油や原料の大豆・小麦を運ぶには水運が欠かせない。湯浅もそうであるが、瀬戸内海に浮かぶ小豆島は、大阪城の石垣の石材を船で運んだことでも分かる通り水運に恵まれていた。小豆島で醤油が作られるようになったのも大阪城築城がきっかけだったようだ。小豆島へ石を求めてやってきた人たちが醤油を持ち込み、これに興味を持った島民が湯浅へ出かけて製造技術を会得したという。また龍野も揖保《いぼ》川を使えば、瀬戸内海を経て大阪まで船を使うことができた（図表2－12）。

もう一つの要因は気候にある。瀬戸内海沿岸地域は先にも述べたように、北側に中国山地、南側には四国山地が走り、日本海やフィリピン海から吹きつける湿潤なモンスーン（季節風）の水分が山地で雪や雨となって抜けてしまうために、降雨量が少なく好天の日が多い。いわゆる「瀬戸内式気候」だ。この気候条件から瀬戸内海沿岸は塩作りが盛んであり、また小麦や大豆の一大産地でもあった。醤油に必須の原料が手に入りやすかったのだ。

そしてなんといってもこの地域は、発酵食品である醤油の製造に欠かせない「良い水」があった。

現在の瀬戸内海周辺には、「花崗岩」や「流紋岩《りゅうもん》」と呼ばれる二酸化ケイ素（SiO_2）成分の多い石（図表1－1、19ページ）が広く分布している（図表2－12）。今から約1億年前、まだ恐竜が闊歩していた白亜紀に激しいマグマ活動が起きたのだ。地表ではいくつもの巨大なカルデラ火山が活動して、流紋岩質の溶岩や火砕流が広い地域を覆った。そしてこのよう

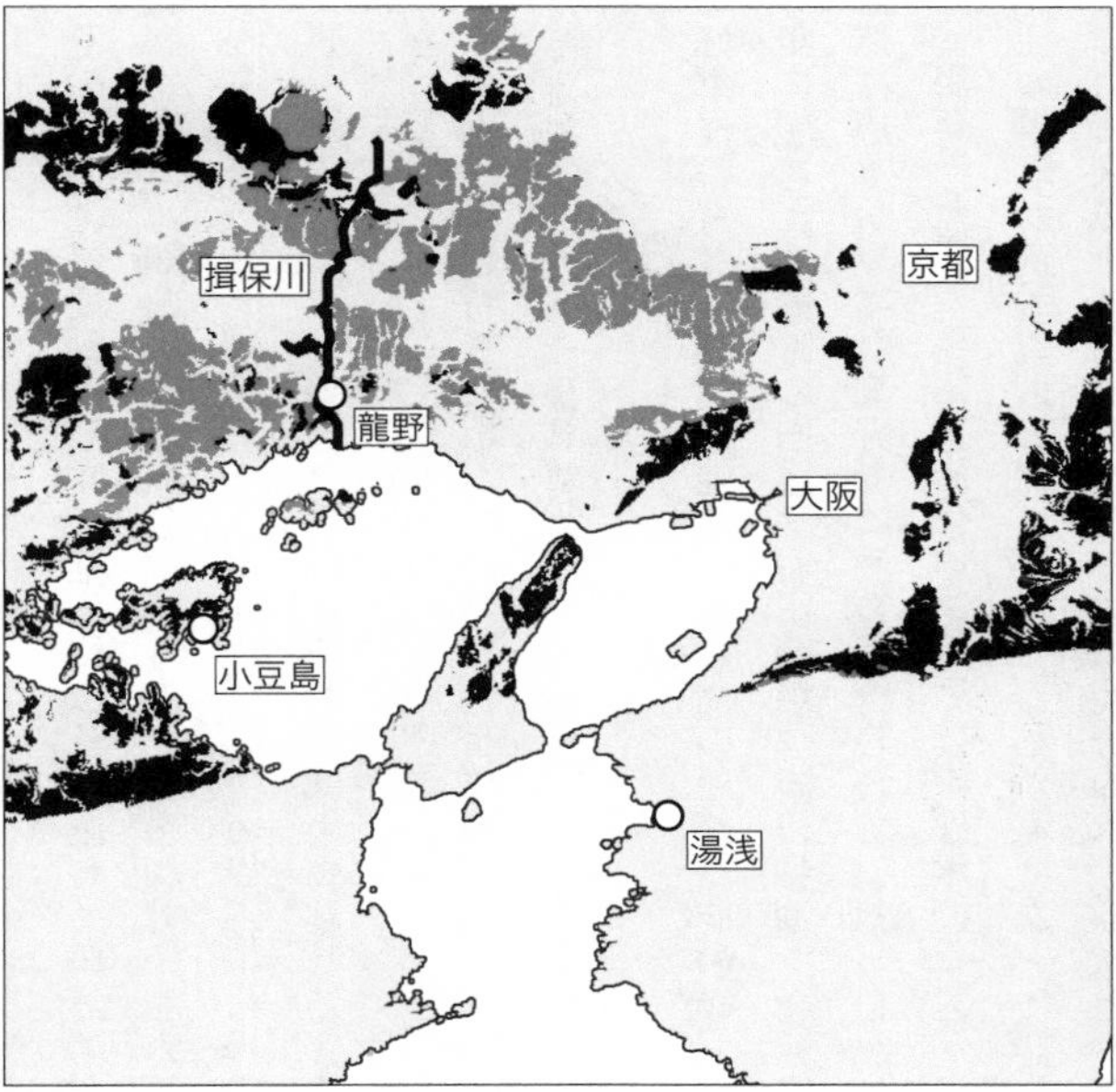

図表2-12　関西醤油の産地（丸印）と花崗岩（黒）、流紋岩（濃い灰色）の分布

出典）産業技術総合研究所地質図ナビをもとに作成。

な火山の地下には巨大なマグマ溜まりが存在していた。このマグマ溜まりが冷え固まって花崗岩となり、その後の地殻変動と侵食で地表に広く露出しているのだ。

流紋岩や花崗岩には、麹菌が嫌う鉄分はほとんど含まれていない。一方でカリウムなどの酵母の栄養となる成分は多い。このような花崗岩（流紋岩）地帯に由来する水を使うと麹や酵母の働きが良くなるために、優れた醤油、それにあとで述べるように美味い酒を生み出すことができるのだ。

龍野を流れる揖保川は、背後に広がる花崗岩地帯に源がある（図表2－12）。地下水も含めたこの水系が醸造に適した水（醸造好適水）をもたらす。また小豆島でも最も広く分布するのは花崗岩だ。

このような好条件のもとで関西醤油が発展したのだが、その後、醤油の歴史を変える出来事が1666年に起きた。龍野の円尾孫右衛門が「淡口醤油」を発案したのだ。

もともと醸造好適水が豊富な龍野では酒造も行われていた。しかし、酒造の中心地となりつつあった灘（現在の兵庫県神戸市～西宮市）の酒は中硬水の「宮水」を使うために発酵が進んで、アルコール濃度が高く腐敗しにくかった。しかも、あとで詳しく述べるように宮水で醸造した酒は辛口で人気を博していた。一方で龍野の水は軟水だった。そのために発酵が進みにくかったのだ。

孫右衛門はこの龍野の水の弱点を逆手に取った。醬油製造で必須の塩水の濃度を上げてさらに発酵を抑制し、原材料の風味を生かして上品な味わいの醬油を生み出した。そして甘酒を加えることでまろやかさも醸し出したのだ。素材や出汁の味を生かした料理に最適の龍野淡口醬油は、こうして関西の食には欠かせないものとなっていった。まさに逆転の発想が生んだ名品である。

関東濃口醬油の成立

１６０３年に幕府が開かれると、江戸は大都市として発展を始めた。そんな中で人々の生活用品の多くは上方のものが使われていた。醬油も例外ではなく、上方から「下り醬油」として運ばれていた。品質の悪いものを「下らないもの」というが、これは醬油や酒のように関西の優れた「下りもの」に対する言葉として使われるようになったという。

しかし、江戸の町が整備され、周辺で様々な産業が発達するようになると、醬油の製造も行われるようになった。その中心の一つが信州の味噌技術を持ち込んだ野田。そしてもう一つが、漁業を通して紀州と交流があったことから湯浅周辺の人々が移住して醬油文化を伝え、

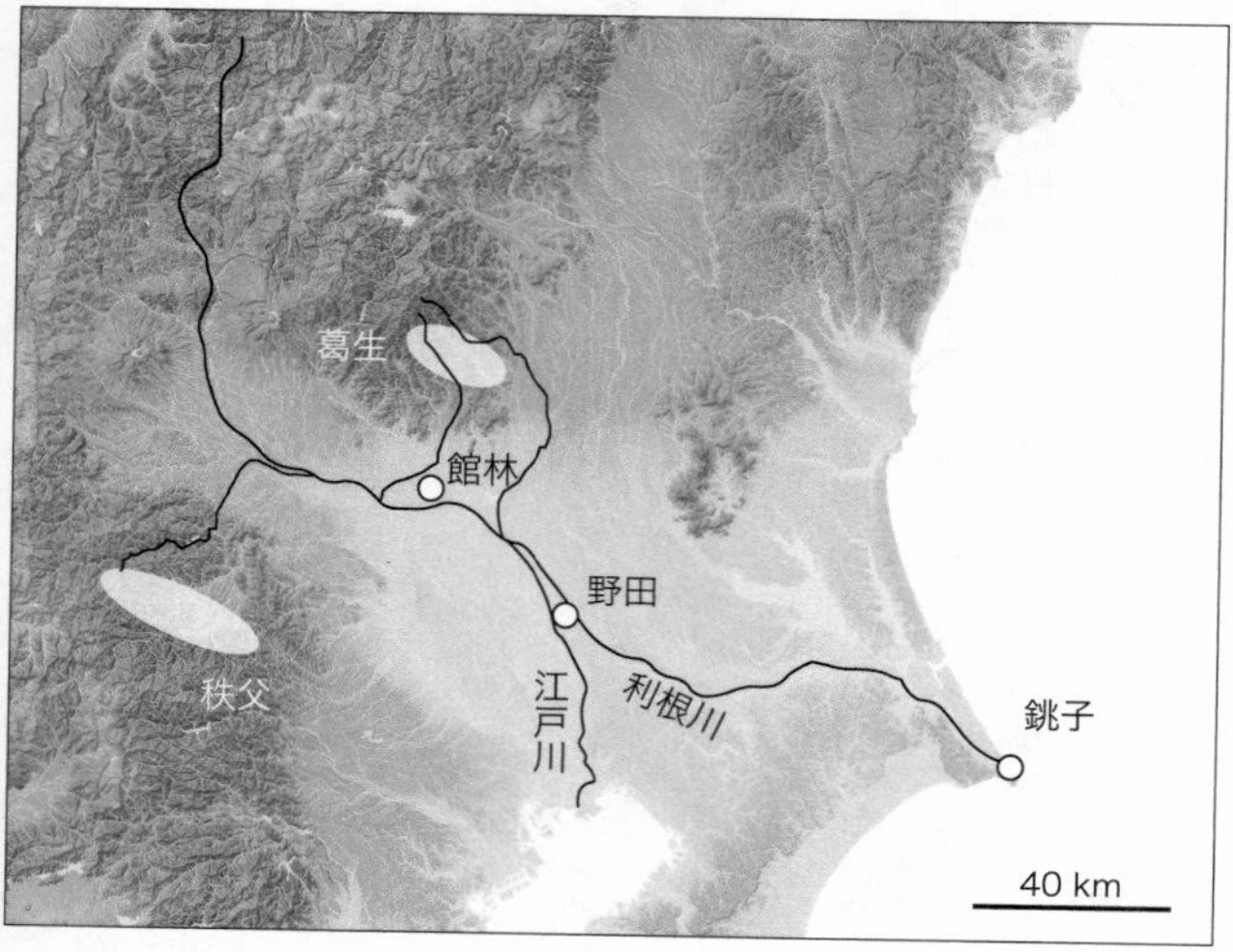

図表2-13　関東の主要醤油産地　いずれも利根川水系に沿っており、上流の秩父や葛生（白塗り）には硬水の要因となる石灰岩が分布。

出典）産業技術総合研究所地質図ナビをもとに作成。

さらに灘の酒造技術を取り入れた銚子だ（図表2－13）。これを決定的にしたのが、幕府の一代治水事業である「利根川東遷」であった。17世紀中ごろには銚子から太平洋へ流れるようになった利根川と江戸川がつながり、銚子・野田から江戸への水運が確立したのだ（図表2－13）。

野田と銚子では、都市建設や参勤交代などで男性の比率が大きかった江戸の人々の嗜好に合う醤油を追い求めた。大豆と小麦の割合や醸造の方法・期間などの改良を続け、ついに濃厚でキレの良い「関東濃口醤油」を作り上げたのである。

この関東醤油製造の鍵となったのも「水」である。現在の水道水でも明瞭に違いがあるように、利根川水系の水は関西と比べると、カルシウムやマグネシウムの多い中硬水だ（図表2－1、35ページ）。そのために発酵が進みやすいのである。

関東の水の硬度が高くなる原因の一つが、利根川水系の上流である秩父や葛生《くずう》に分布する「石灰岩」だ（図表2－13）。セメントの原料として使われるこれらの石灰岩は先に述べたように、今から約3億年前に、南太平洋の火山島で形成されたサンゴ礁がプレート運動によって日本列島へと付加されたものだ。堅豆腐の成り立ちの話でも述べたように、石灰岩の主成分であるカルシウム・マグネシウム炭酸塩は水に溶けやすく、これらのイオンが利根川水系へと供給される。さらに、日本一の広さを持つ関東平野ではゆったりと川が流れるので、土壌に含まれるカルシウムやマグネシウムが水に溶け込み、さらに硬度が上がるのだ。

以前にも述べたように、この関東硬水は関西で行われるように昆布で出汁をとるには向いていない。その代わりに、鰹節や味醂《みりん》と「関東濃口醤油」を使った江戸前寿司に必須の「ツメ（煮詰め）」、鰻蒲焼の「タレ」、そして蕎麦の「ツユ」など、関西とは一線を画した関東特有の食文化を生み出したのだ。

＊　＊　＊

醤油は和食のみならず、世界の食を豊かにする調味料としてその存在感を増している。この優れた発酵食品が和食とともに発展する過程で重要な要素となったのが「水」であった。

発酵過程の第一段階を担う麹菌には、できる限り鉄分の少ない水が必須である。この制約条件のために、日本の醤油発祥の地であった和歌山県の由良から湯浅へと醤油作りの中心地は移ったのだ。

その後、醤油製造に向いた水と海運の利から小豆島と龍野で醤油作りが栄えた。もともと酒造も盛んであった龍野だが、発酵を活性化する性質がある宮水（硬水系）を使う灘に酒造りでは遅れをとった。しかし、このことを逆手にとって「淡口醬油」を生み出した龍野の醬油職人には頭が下がる。その後、硬水系の水を用いた関東濃口醬油が製造されるようになり、この国の醬油文化はさらに多様性を持つようになったのである。

第3章

火山の恵みと試練

蕎麦 ―日本人のソウルフードである所以―

蕎麦といえば、私には思い出す度に穴に入りたくなるような思い出がある。

もう30年ほど前になるが、オーストラリアのタスマニア島で暮らしていた。私の専門の一つである実験岩石学の大御所が州都ホバートの大学で実験室を構えていたので、1年間武者修行に出かけていたのだ。

ある日、ボスのお宅へ日本人のお客様が見えるというので招待を受けた。手土産に何か和食らしいものをと思い、街に1軒しかない中華食材店で手に入れた乾麺蕎麦と海苔、それに西洋きゅうりやほぐした焼き魚などで蕎麦寿司を作って持っていった。それがいたく好評だった。日本からお見えになった初老の紳士に「どうやって作ったのですか?」と尋ねられたので、レシピを披露した上に調子に乗って蕎麦の蘊蓄《うんちく》まで重ねた。紳士はニコニコと聞いておられた。後日、ボスに「紳士からのお土産だ」と湯呑を見せてもらったのだが、なんと底には超有名和食料理店の名が刻んであった。何でも冬から春の新蕎麦欠損期に、南半球にあり冷涼な気候のタスマニアでソバ栽培を始めようと視察に来られたのだそうだ。その後、東京で何度かタスマニア産の蕎麦をいただく機会があるのだが、その度に一人で赤面している。そんな南半球産ソバのおかげで、夏新、秋蕎麦以外にも新蕎麦を味わうことができるようになったのは喜ばしいことだ。確かに新蕎麦の香りは素晴らしい。一方で、端境期にあってもきちんと管理されて丁寧に挽かれた蕎麦粉を使って、きちんと打たれた蕎麦は文句なく美味い。

私の好みはといえば、江戸下町の風情を残し、頑《かたく》なに灘辛口の本醸造酒を出す蕎麦屋だ。ましてや凍結酒なんぞが出てきた時には、ほぼ確実によれよれになる。最近では、暗い店内にジャズが流れ、洒落た器に蕎麦を少なめに盛り、入手困難な純米酒を薦める蕎麦屋も増えてきた。しかし美味い蕎麦とそれに合う酒が目当ての私は、こんな店は御免被りたい。

蕎麦と火山

初夏の風に吹かれて揺れるソバの白い花。一面に広がるこの爽やかな光景をご覧になったことがあるだろうか？　私が初めてこの風景を見たのは小学生のころ。夏休みに盛岡へ連れていってもらった時のことだ。白い花のうしろには、抜けるような青空と、真っ黒な岩手山が見えていた。その後、訪れた蔵王、それに御嶽山麓の開田高原でも同じような光景が広が

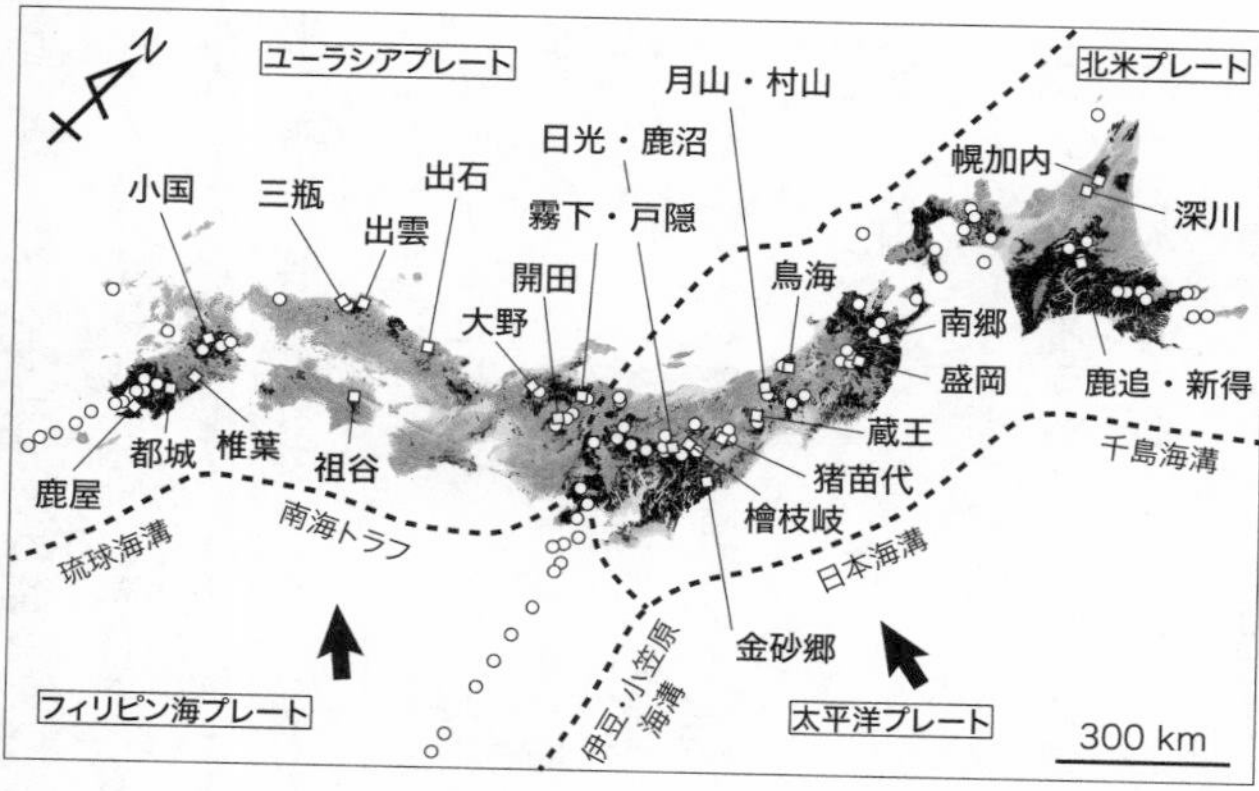

図表３−１　主要なソバ産地（白い四角）と活火山（白丸）、黒ボク土（黒塗り）の分布

出典）産業技術総合研究所地質図ナビをもとに作成。

っていた。

　こうした体験を経て私の頭の中では、「蕎麦＝火山」という等式ができあがってしまった。このことを図表３−１で確かめてみることにしよう。いくつかの例外（幌加内、深川、金砂郷、出石、祖谷、椎葉など）を除けば、蕎麦処は活火山の近傍にある。

　ソバの生育には、冷涼な気候が必須である。まさに火山地帯はこの条件を満たすのだ。というのも、先に述べたように日本列島の火山の多くは、過去のマグマ活動と地殻変動によってできあがった山地の上に形成される。そのために標高が高くなり涼しくなるのだ。

もう一つソバには大きな特徴がある。ほかの作物は育ちにくい痩せた土壌でも育つことだ。ここでもう一度図表を見ていただくと、蕎麦処はほぼ全てが黒ボクと呼ばれる火山性の土壌であることが分かる。この土壌は一見有機物が多く含まれ肥沃《ひよく》そうに見えるのだが、実はそうではない。作物の生育に必須のリンが、土中に含まれるアルミニウムや鉄、カルシウムと結合して粘土鉱物などに固定されてしまうのだ。こうなると作物はリンを吸収することができない。つまり火山性土壌は一般的には耕作には向かない。

しかし、ソバはそのような土でも育つことができる。加えてソバは、ほかの植物にはない驚異的な能力を持っている。火山性土壌に含まれるアパタイトと呼ばれるリン酸塩鉱物は水に溶けにくく、多くの植物はそのリンを吸収することができない。しかし、ソバはアパタイトからリンを吸収することができるそうだ。

日本列島には火山が密集する。その山麓は標高が高いために冷涼な気候となり、おまけに火山性土壌が広がるので米作はもちろん、作物を育てるには不向きな不毛地帯である。このような過酷な状況では、ソバは人々が命をつなぐための貴重な作物だったのだ。まさに蕎麦は変動帯の民が生き延びるために育んできた食材といえよう。今や蕎麦通であることがオシャレであるかのような風潮もあるが、単に蕎麦の美味さを楽しむだけではなく、先人が蕎麦に込めた思いもじっくりと味わいたいものだ。これこそ「粋」というものであろう。

蕎麦処・長野

今から5000年以上前、縄文時代前期の日本各地の遺跡の地層からソバの花粉が見つかり、この時代にはすでにソバが栽培されていたことは考古学の常識となっている。ソバはコメよりも早く日本列島に伝わり、縄文人の食を支えていた。しかし、当時はまだ粒のまま雑炊のように食していたようだ。このソバが蕎麦として広がった理由の一つが、鎌倉時代に中国から伝わった挽臼の登場である。挽臼を使うことでソバの粉食が始まった。そして、江戸時代になってつなぎを使った製麺技術が確立され、一気に蕎麦文化が花開く。当時の江戸は参勤交代などで単身赴任者が多く、外食ビジネスが盛んであったことも背景にあるという。

こうして瞬く間に蕎麦の聖地となった江戸であるが、そんな江戸蕎麦の御三家といわれるのが、今も続く「砂場」「藪」「更科《さらしな》」である。その一つ更科蕎麦は、1789年（寛政元年）創業の「信州更科蕎麦処布屋太兵衛」が発祥だという。この蕎麦屋は、布屋太兵衛が出入りしていた藩主保科家の当主・保科兵部少輔の薦めで、出身地である更級《さらしな》（現在の千曲市：図表3－2）のソバを使って麻布に開業した。更級ではなく、「更科」としたのは、保科

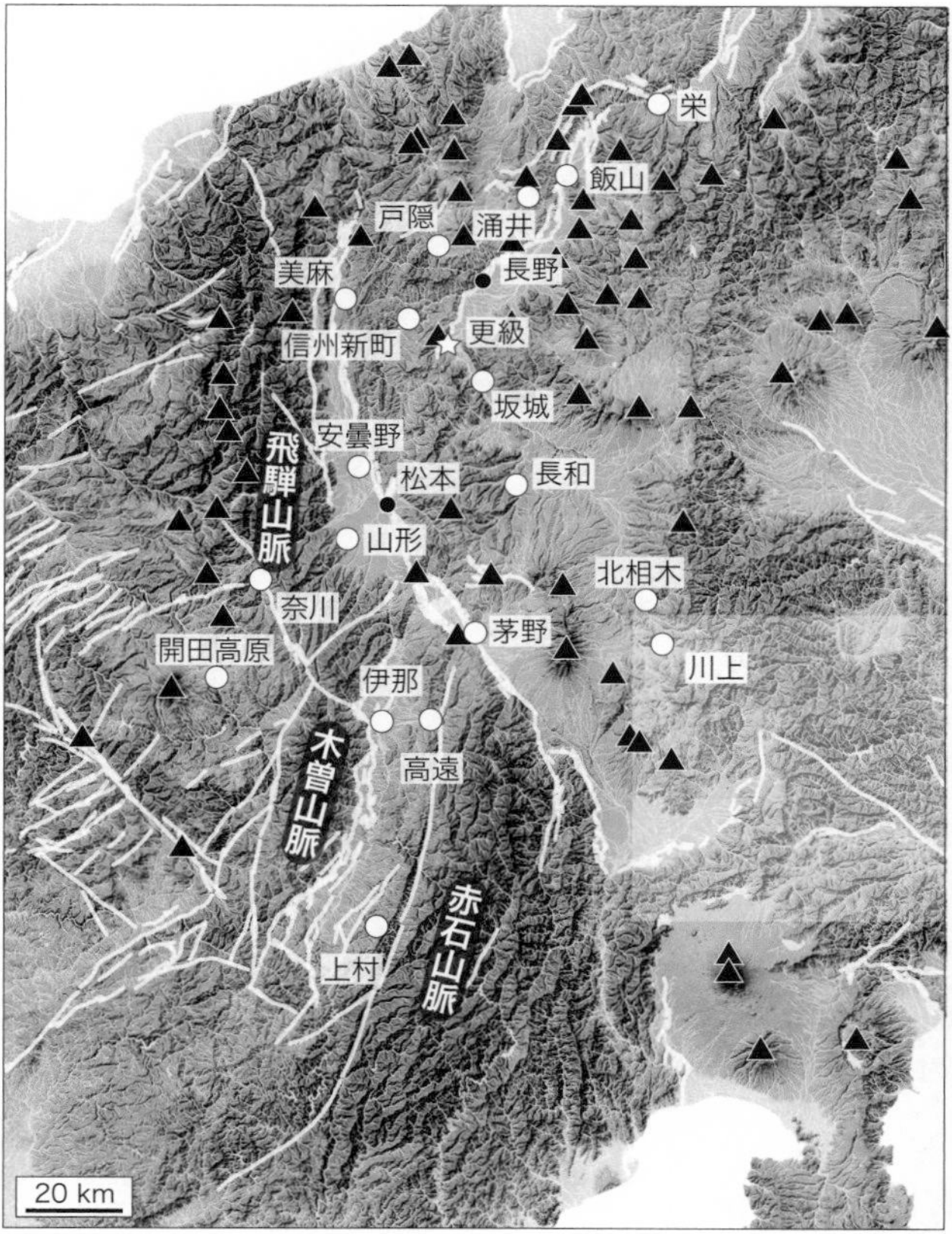

図表3-2　長野県の蕎麦処（白丸）と第四紀火山（三角）および活断層（白線）分布

出典）産業技術総合研究所地質図ナビをもとに作成。

家への恩義の表れであるという。こうして、信州産ソバが江戸蕎麦文化を支えるようになった。

長野県のソバ生産量は、最近でこそ冷涼な気候で広大な畑地が広がる北海道に遅れをとってはいるが、それでもなお、国内のソバ生産の中心地の一つである。だから長野県には、更級をはじめとして、数多くの蕎麦処がある（図表3－2）。そしてこれらの多くは、先に述べたように火山近傍の高地に位置し、火山性土壌に覆われている。この「火山と蕎麦の法則」から外れるのが、木曽山脈と赤石山脈に挟まれた伊那、高遠、そして上村だ。しかし、これらの伊那地方もやはり奥深い山国で、この冷涼な気候がソバに適していた、もしくはソバ以外の作物栽培には適していなかったことは確かであろう。

ダイナミックな山地形成

このように蕎麦王国・長野の背景となった火山と山地の形成であるが、これら2つの地学現象が最も典型的に見られるのが日本の屋根、北アルプス（飛騨山脈：図表3－3）である。

北アルプスには、日本列島に21座ある3000m峰の半数以上が連なる。また、2014年に犠牲者63名という戦後最悪の火山災害を引き起こした御嶽山をはじめとして、北アルプスには多くの第四紀火山がある。あまり知られていないようだが、北アルプス最高峰の穂高岳や名峰・槍ヶ岳も火山である。この槍・穂高火山は、今から175万年前に超巨大噴火を起こし、数百㎦以上もの噴出物を噴き上げて大規模な火砕流も発生させた。火山灰は近畿地方や関東地方まで達したことが確認されている。また、上高地からもその山容を見ること

図表3-3　北アルプスを構成する第四紀火山（白三角）と花崗岩体（黒塗り）、周辺の活断層（白線）

出典）産業技術総合研究所地質図ナビをもとに作成。

ができる焼岳は1963年に噴火したし、立山地獄谷では今も活発な噴気活動が続いている。北アルプスにはこんなにも活動的な火山が並んでいるのだ。したがって、北アルプスの地下には、今もマグマが潜んでいる可能性が高い。

こんなマグマ地帯・北アルプスを象徴するのが、「地球上で最も若い花崗岩」の存在だ。花崗岩は、二酸化ケイ素に富む流紋岩質マグマが地下でゆっくりと冷え固まった火成岩（図表1－1、19ページ）で、いわば「マグマ溜まりの化石」だ。もちろん現在でも火山の地下にあるマグマ溜まりでは花崗岩が形成されつつあるのだが、地下数kmの深さにある岩体が地表に露出するには相当時間がかかる。だから、火山が密集して火山活動が継続し、あちらこちらで花崗岩が造られてきた日本列島でも、地表に顔を出しているのは今から1000万年以上前の花崗岩が多い。

一方で北アルプスには、第四紀（約260万年前以降）に形成された花崗岩質の岩体や貫入岩が分布する。そして1992年に、これらの花崗岩類の一つ、現在2000mを超える高さにも分布する「滝谷岩体」（図表3－3）が、100万～150万年前という地球上で最も若い花崗岩であることが公表されたのだ。「世界一」がかかってくると、俄然、科学者たちは色めきたった。若そうな岩体から放射性元素を含む微小鉱物であるジルコン（宝石名：

ジルコニア）を穿《ほじく》り出して、ウランなどの親元素が一定の割合で鉛などの娘元素に放射崩壊することを利用して、鉱物や岩体が固まった年代を測定したのだ。その結果、現在では黒部川岩体（図表3－3）の約80万年前という年代が、世界記録となっている。

このような北アルプスの若い花崗岩は、かつて地下深くにあったマグマ溜まりが結晶化、固結しながら地表まで上がってきたものだ。例えば、黒部川岩体は爺ヶ岳《じいがたけ》火山（図表3－3）の地下に存在していたマグマ溜まりであることが、地質調査や岩石の化学組成の解析から分かっている。現在の標高も考え合わせると、これらの岩体は少なくとも数km以上も上昇したことになる。その上昇速度は1000年あたり数m以上、地殻変動の激しい日本列島にあっても異例の速さだ。なぜこれほどにも急激な上昇が起きたのだろうか？

その原動力の一つは、先にも述べたように、花崗岩体に働く浮力だ。花崗岩は岩石の中では最も密度が低いグループに属する。さらに、北アルプス周辺に高温の温泉が湧出することからも分かるように、これほど若い花崗岩体の内部はまだ高温で、そのことでさらに密度が下がるのだ。周囲の岩石よりも「軽い」花崗岩には浮力が働き、それが上昇力になると考えられる。

先に述べた東北地方と同じように、北アルプスでも軽い花崗岩の浮力に加えて、約300

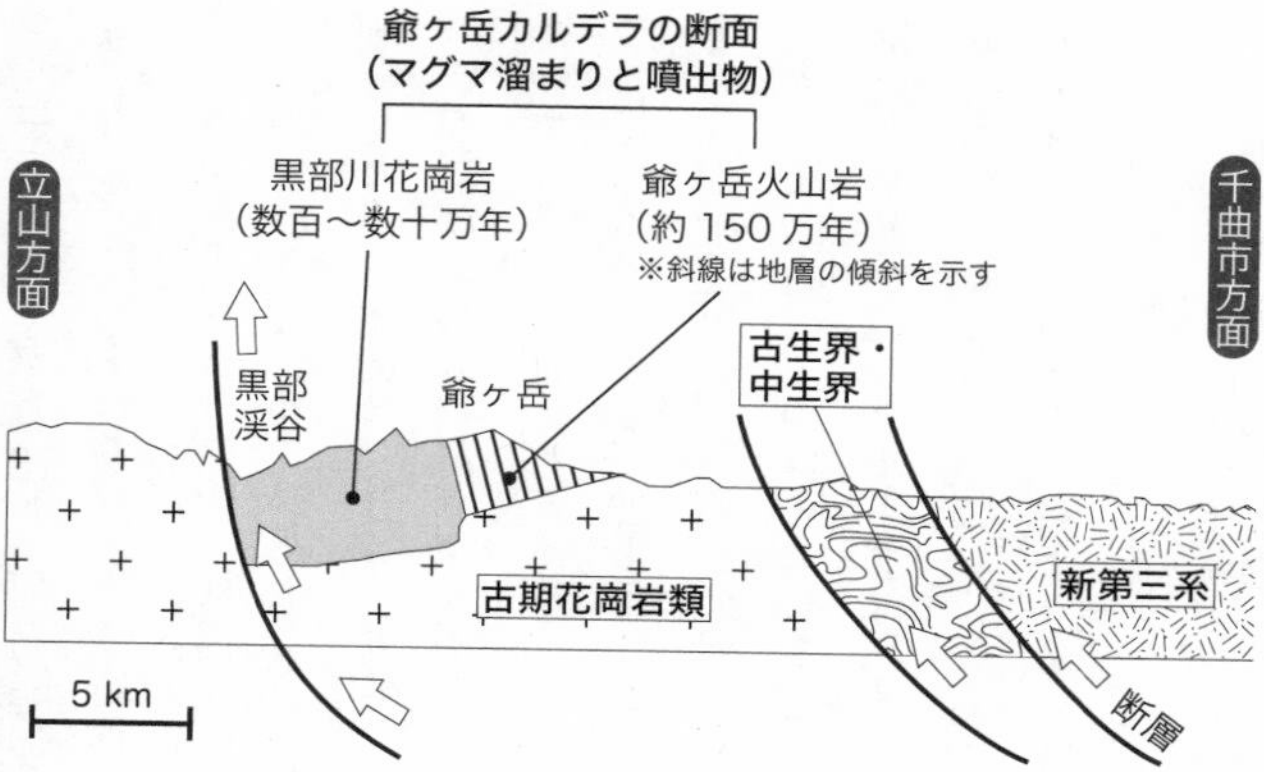

図表3-4　北アルプスの東西断面図

出典）原山ほか（2010：第四紀研究）をもとに作成。

万年前から始まった日本海溝の西進による「東西圧縮」が造山運動の原動力となった。

図表3－4をご覧いただこう。この図表は爺ヶ岳火山とその地下にあったマグマ溜まりである黒部川岩体の東西断面だ。ここで重要なことは、爺ヶ岳火山を造る地層の傾斜だ。これらの地層は、爺ヶ岳の激烈な火山活動によって形成されたカルデラの内部にほぼ水平に堆積したものである。それが今は、図表に斜線で示したように約45度傾斜している。すなわち、黒部川岩体と爺ヶ岳火山は、一つのブロックとして回転運動を被ったことになる。

北アルプス周縁には多数の断層が走るが（図表3－3）、これらの断層付近の地質を見ると、このブロック回転は日本列島にかかる東西圧縮力によって、断層沿いに起きたことが分かる（図表3－4）。

日本有数の蕎麦処・長野県では、まさに日本列島で起きてきた造山運動が集約的に起きているのだ。またこうして高くなった山々の雪解け水が山麓地域で清涼な湧水となり、蕎麦の名パートナーである山葵《わさび》も育んでいる。長野を訪れてご当地蕎麦をすする時には、ぜひこの地で起きたダイナミックな変動を思い起こしていただきたい。

＊　＊　＊

最近ではいわゆるアクティヴシニアだけでなく、比較的若い世代も蕎麦と日本酒の組み合わせは格好良く感じるらしい。このように今やグルメの嗜《たしな》みとしての地位を確立した感のある蕎麦だが、もともとは先人たちが火山など自然からの試練をなんとか乗り越えようとして栽培してきた命の綱であったのだ。美味い蕎麦に舌鼓を打つ前には、この火山大国で生き延びてきた人たちの営みに敬意を表して「いただきます」と手を合わせたいものだ。

江戸東京野菜　―先人が克服した不毛な大地―

1590年、天下統一の総仕上げとして小田原の後北条氏の攻略に成功した豊臣秀吉は、その立役者の一人であった徳川家康に関東移封（国替え）を命じた。家康は、当時すでに十分な都市機能を有していた小田原や鎌倉ではなく、湿地帯に葦《よし》が生える辺鄙《へんぴ》な田舎町であった江戸に本拠を築いた。その理由は、江戸が広大な関東平野に位置し、幾筋もの河川が海へと流れ込む場所で、物資運搬などによって将来の発展性を確信したからだといわれている。家康はたびたび大洪水を引き起こしてきた利根川の流路を変える事業（利根川東遷）を開始し、そのほかにも、丘陵地を削って埋め立てを行うなど着々と江戸のインフラ整備を行った。

そして1603年に江戸幕府が成立し、1635年に徳川家光によって参勤交代が制度化されると全国各地から武士が江戸へと流入し、それに伴って経済活動も活発になった。18世紀初頭には江戸は100万人都市へと変貌。そうなると、これだけの人口を支える食糧の調達が幕府にとって重要な課題となる。

米は全国に配置した天領から江戸へ運ばれたし、魚介類は江戸前から魚河岸に集まるようになっていた。一方、野菜については当時の物流体制では遠隔地からの輸送は困難で、確保するためには江戸周辺で栽培するしかなかった。しかし、関東平野は野菜の栽培には適さない「関東ローム層」に広く覆われ、五代将軍の徳川綱吉はこの問題を解決するために尽力するようになった。こうして「江戸野菜」が誕生し、最近では東京野菜と名を変えて首都圏におけるブランド野菜として流通しているのだ。

関東ローム層の起源

東京の山手から西へと広がる高台は「武蔵野台地」と呼ばれ、かつては国木田独歩の詩情溢れる描写のような雑木林の里山が広がっていた。今では住宅街が広がり、武蔵野の原風景はわずかに残るだけである。しかし、宅地や道路の整備現場では、台地の内部を垣間見ることができる。地表付近は「黒ボク」と呼ばれる腐植土、それより下には、たまに軽石の層を挟む褐色の土が続く。また相当深くまで見ることができる場合には、褐色の土の下に砂礫《されき》層が出てくるはずだ。この褐色の層は「関東ローム層」と呼ばれる。

ローム層とは、粘土質の多い土壌を指すが、日本では風化変質によって粘土化した火山灰を主とする塊状（層構造をなさない）のものが多い。日本列島は世界でも最も火山が密集する地域であるので、他国と比べて噴火で撒き散らされた火山灰は国土を広く覆っている。したがってローム層も日本の土壌を特徴づけるものであり、とりわけ平野の周囲に火山が点在する関東地方には広く分布している（図表3－5）。

関東ローム層については、今でも多くの人たちが富士山など近隣の火山の噴火によって噴き上げられた火山灰が降り積もったものと思い込んでいるようだ。例えば、学研キッズネットには次のような記述がある。

関東地方の丘陵や台地を広くおおっている赤土（火山灰）の層。第四紀更新世に、箱根山・古富士山など関東西側の古い火山から噴出した火山灰（おもに南部）と、浅間山・榛名山・赤城山などからの火山灰（おもに北部）がつもったものである。

この関東ローム層＝火山灰説が広く受け入れられるようになったのは、昭和時代に日本の火山学を牽引《けんいん》した久野久東大教授（当時）がこの説を唱えたことによるところが大きい。当時、富士・箱根地域の火山形成史を研究していた久野は、野外や顕微鏡を用いた観察によって、富士山近傍に見られる火山砕屑物《さいせいぶつ》（火山から噴出された火山灰や火山弾。火山学の用語では、

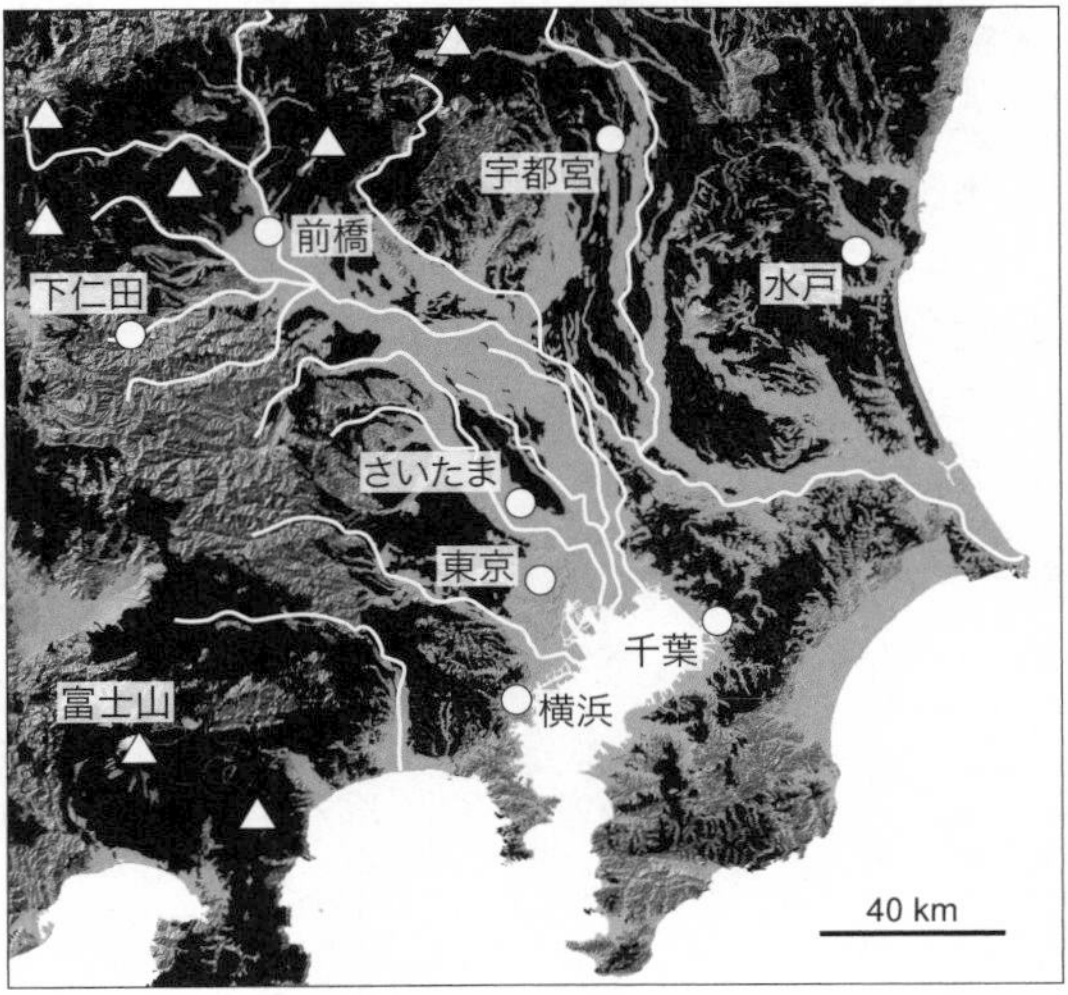

図表3-5　関東ローム層（黒色）と活火山（白三角）、主要河川（白線）の分布

出典）産業技術総合研究所地質図ナビをもとに作成。

火山岩塊や火山礫）が、東に向かって細かくなり、さらに風化変質が加わって関東ローム層となる、すなわち関東ローム層は富士山の噴出物であると結論づけたのだ。火山学の大御所が唱えたこの説は、中学や高校の教科書にも掲載され、広く世の中に受け入れられるようになった。

しかし、その後の研究で関東ローム層にはこのメカニズムでは説明できない特徴があることが分かってきた。まず、関東ローム層の粒径や厚さは富士山やそのほかの活火山からの距離と明瞭な相関関係がないことだ。火山灰などの火山噴出物は、火口近傍では粗いものが厚く堆積し、離れるに従って細かく、そして薄くなっていくのだが、このような傾向は関東ローム層には認められない。

次の問題は関東ローム層の形成速度である。この地層には、何枚かの明瞭な火山灰〜軽石（テフラ）が挟まれている。例えば約2万9000年前に鹿児島県の姶良《あいら》カルデラで起きた超巨大噴火に伴う「姶良丹沢軽石」や、約10万年前の「御嶽第一軽石」などである。これらのテフラを時間面として用いることで関東ローム層の形成（堆積）速度を求めることができる。その値は武蔵野台地において、おおよそ100年に1㎝だ。

確かに富士山は過去の噴火で幾度も火山灰を噴き上げるような爆発的な噴火を繰り返して

きた。その中で断トツに大規模な噴火は、1707年の宝永噴火である。この噴火では江戸でも1㎝以上の火山灰が降った。このような大規模噴火が数百年に一度起きれば、関東ローム層の堆積速度を説明することができる。しかし、長い富士山の活動史の中でも、このクラスの噴火は非常に珍しく、ましてや数百年に一度起きていたとは到底考えられないのだ。

では、一体関東ローム層の起源は何であろうか？　先に述べたような関東ローム層の特徴を最もうまく説明できるメカニズムは、火山近傍に広がる不毛な荒地を厚く覆う火山灰などの砕屑物が風で運ばれて、再堆積した「風塵《ふうじん》」だとするものだ。かつて私が暮らしていた川崎のマンションでも、冬から春先になるとベランダにうっすらと火山性の塵が積もっていたものだ。関東平野を取り囲むように分布する火山地帯からは、特に草木が枯れ、地表が乾燥している春先などに偏西風にのって多量の火山性の微粒子が関東平野に堆積するのである。このような火山性の風塵の量は、例えば武蔵野台地に100年で1㎝、1年で1㎜の割合で降り積もることは十分にあり得る。

不毛の台地

関東ローム層が厚く堆積する武蔵野台地などの関東平野の台地部は、そもそも河川が流れる低地部と違って水利面で稲作には向かない。おっつけ畑作地として利用することが考えられるのだが、その際には関東ローム層が火山起源の風塵であるという特性が障壁となる。

野菜などの植物の生育には窒素、リン、カリウムなどの栄養素が必須である。しかし、関東ローム層ではリンが十分に作物へと吸い上げられないために、畑作もおぼつかないのだ。先の蕎麦の話題の中でもお話ししたように、関東ローム層や黒ボクなどの火山性土壌では、もともとマグマに含まれていたアルミニウムや鉄がリンと結合して粘土鉱物を作ってしまう。また、もともとマグマの中でもリンはアパタイトと呼ばれる鉱物に濃集している。このように鉱物の中にしっかりと閉じ込められたリンは水に溶けにくくなり、植物が根からリンを吸い上げることができないのだ。

このような不毛の関東ローム層が台地を覆う地にあって、五代将軍・徳川綱吉は農業に強い関心を持った。その原因の一つは、綱吉の生母であるお玉の方（のちの桂昌院）の影響だと小野信一氏は言う。

京都の八百屋の娘であった彼女が、ひょんなことから江戸城に上がることになり、三代将軍・徳川家光の寵を受けて徳松（のちの綱吉）を産んだ。四代将軍で長兄の家綱に跡継ぎとなる男子がいなかったこともあって綱吉が五代将軍の座についた。将軍・綱吉と生母・桂昌院の母子関係は極めて密着していたようだ。そんなマザコン将軍が、京の八百屋育ちで江戸の野菜の乏しさを嘆いていた桂昌院に気に入られようと野菜栽培に熱心だったというのだ。このマザコン説の真偽はともかくとしても、綱吉は将軍就任後に、家臣から農業の情報を集めるとともに、公務や鷹狩で江戸城を出た時には野菜栽培に大きな関心をよせたことは確かなようだ。

そんな綱吉が鷹狩で訪れたのが、当時の小松村（現在の江戸川区小松川：図表3－6、次ページ）。昼食に献上された青菜の美味しさに感嘆した綱吉が、地名をとって「小松菜」と命名したという。この小松川地区は、荒川の氾濫原が広がる「東京低地」にあり、関東ロームとは異なる土壌が広く分布する。つまり、この地域は荒川によって上流から運ばれた沖積土からなり、森の養分を豊富に含んだ土壌なのだ。また火山性の土壌ではないのでリン酸の固定力も小さい。当時の農民はこの地帯で野菜がよくできることを経験的に知っていたのだ。

現在でも全国屈指の生産量を誇る東京産小松菜は、綱吉が奨励したことで広く栽培されるようになった。またこの東京低地や、武蔵野台地を刻む谷沿いの肥沃な非火山性土壌が堆積する所ではほかの野菜の栽培も盛んとなり、いわゆる江戸野菜として発展していった（同図表）。

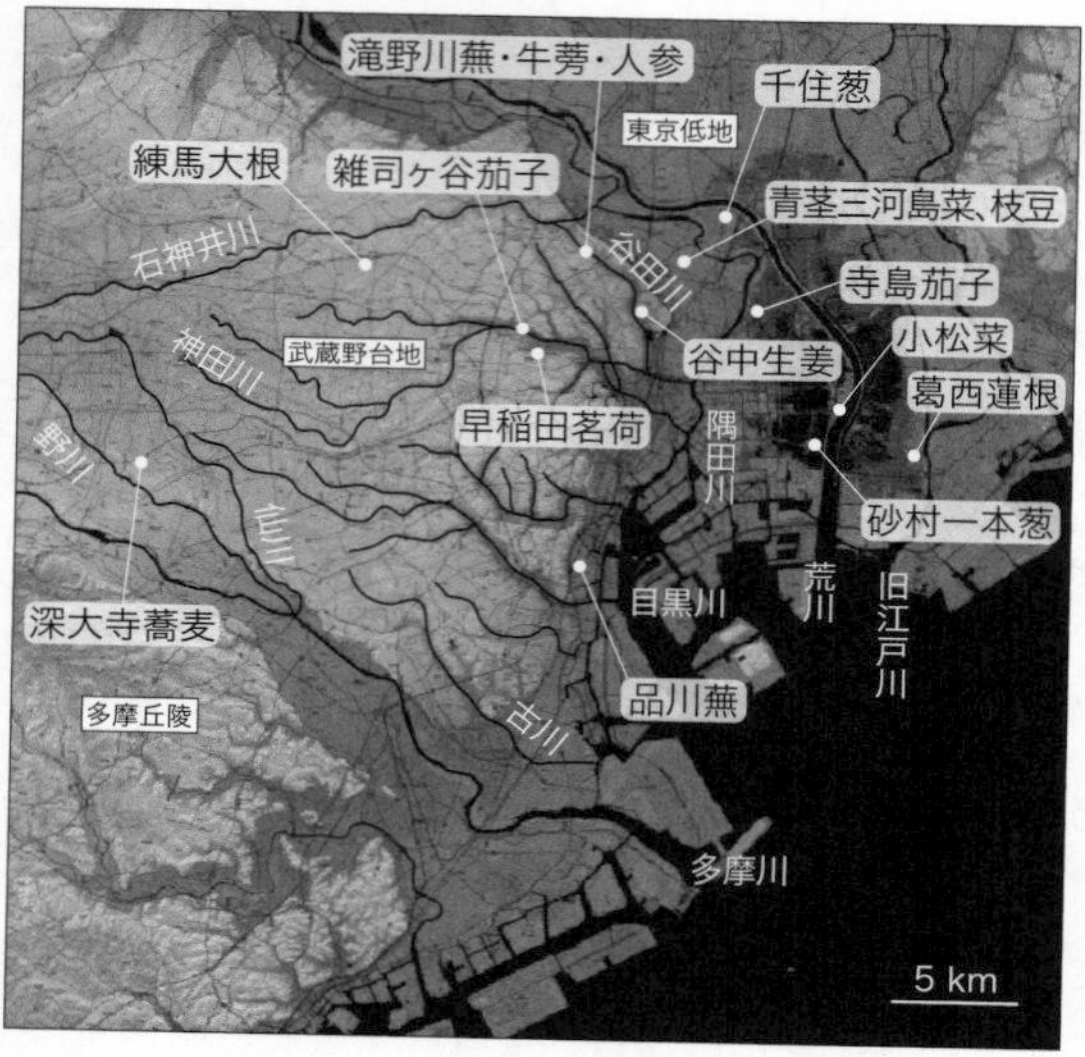

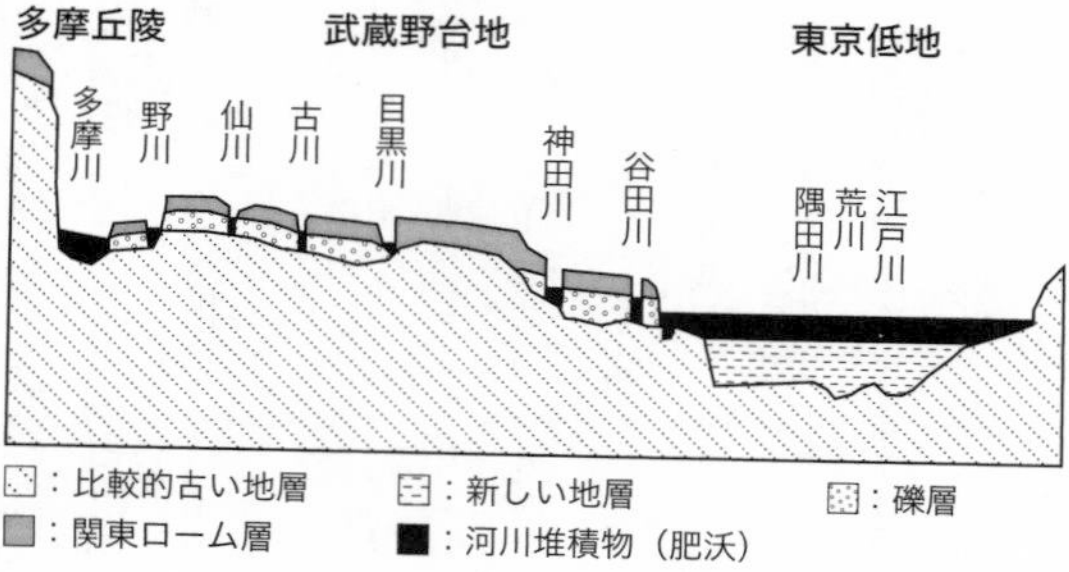

図表3-6　東京野菜の産地（上）と東京の模式断面図（下）　東京野菜には、肥沃な河川低地または関東ローム層でも育つものが含まれる。

出典）地理院地図（電子国土 Web）をもとに作成。

綱吉は農業技術の導入にも積極的であった。農家は江戸の市中から有償で下肥《しもごえ》を引き取り、また干鰯《ほしか》も肥料として使われるようになったことで、関東ロームの台地畑でも土壌改良が進み野菜栽培が盛んになる。「練馬大根」（図表3－6）は、綱吉が下練馬村（現在の練馬区北町）の農家に、土壌改良とともにダイコンの栽培を命じたのが始まりである。

また綱吉は、かつて館林藩主だったころからの家臣である柳沢吉保を側用人として起用した。彼は儒学をはじめ中国の文献から農業技術にも通じていた。柳沢吉保はその後、川越藩主に任ぜられ、着任してわずか半年後に三富新田（現在の埼玉県・三芳町から所沢市に広がる畑地帯）の開発に着手した。柳沢は、関東ローム地帯を開発するために農家一戸あたり五町歩（約5ha）という広い土地を配分し、その中に屋敷地、畑作地、雑木林を配置した。そして、雑木林の落ち葉を堆肥として利用し、ホガホガで耕しやすい土壌へと改良したのである。この新田開発は、水利の点で障害が多く成功裏に終わったとはいえない点もあるようだが、サツマイモの栽培などで畑作地として活用されていった。こうしてこの堆肥農法は畑作物の生産性向上に大きく寄与し、武蔵野台地一帯へと広がっていった。この武蔵野の「落ち葉堆肥農法」は今では日本農業遺産に指定され、その伝統は東京野菜に引き継がれている。

時は流れて戦後になると、大々的にリン酸肥料の施肥によって土壌改良が行われた。こうして関東平野の台地域は野菜の一大産地となっている。その中で千葉県が日本一の産地である落花生は、豆類に特有の根粒菌の働きで痩せた土地でも育つのが特徴だ。まさに関東ローム層の落とし子ともいえよう。

関東ロームの狭間に育つ下仁田ネギ

最後に、地質との関係が特に深い関東野菜を紹介して終わろう。

関西は青ネギ、関東は白ネギ文化だといわれるが、その関東白ネギの中でも加熱後に圧倒的な甘みととろみを誇るのが「下仁田《しもにた》ネギ」だ。江戸時代に江戸在住のどこぞの殿様が、「ネギ200本至急おくれ。運び賃はいくらかかってもよい」と下仁田へ手紙を送ったことから「殿様ネギ」ともいわれるそうだ。また明治から昭和にかけてたびたび皇室へも献上された。

この美味なるネギは下仁田の中でも馬山地区が栽培の中心だ（図表3－7）。下仁田町内のみならず、あちこちで栽培が試みられたのだが、どこもうまくいかなかった。下仁田ネギは下仁田馬山でしか育たない「オンリーワンネギ」なのである。

そんな下仁田ネギのヒミツは、どうやらこの地域の適度な水捌《は》けと肥沃な土壌にあるよう

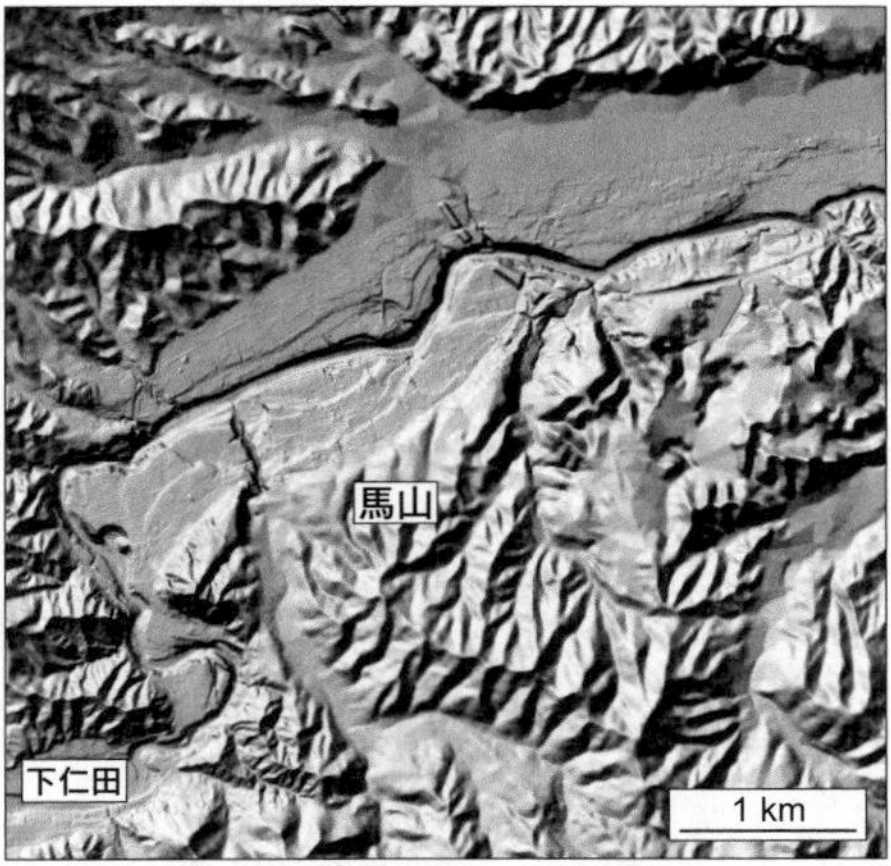

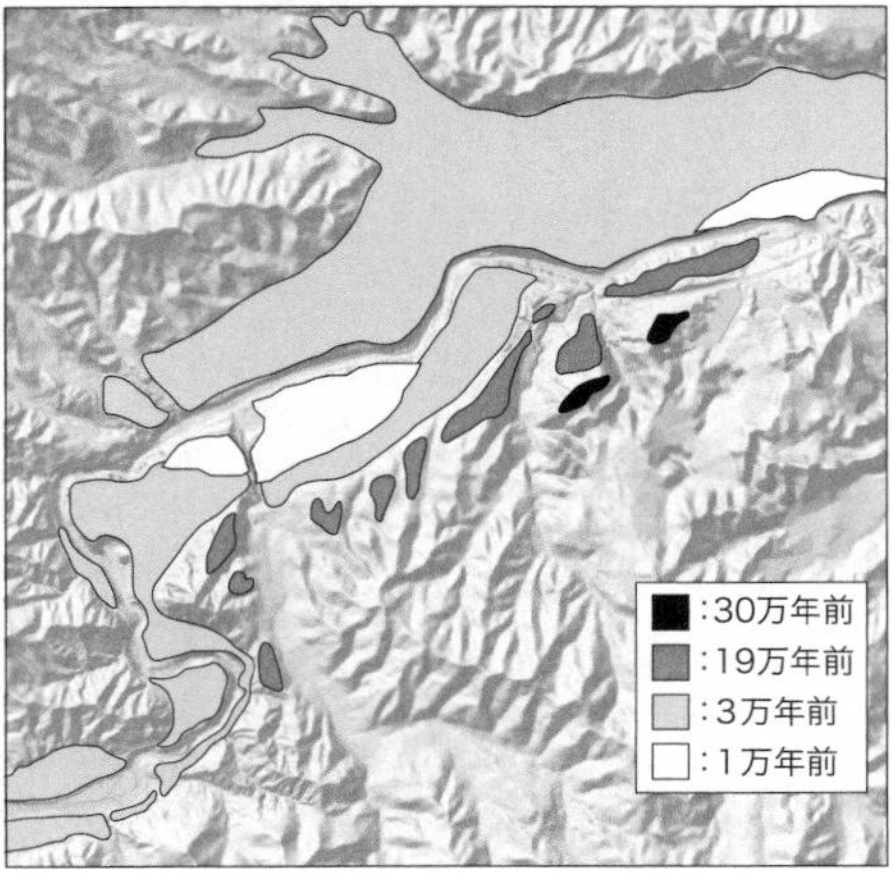

図表３-７　下仁田ネギの産地「馬山地区」の地形（上）と段丘面（下）

出典）産業技術総合研究所地質図ナビをもとに作成。

だ。

下仁田町馬山地区を流れる利根川水系の横瀬川周辺には、海水準変動と隆起運動によって形成される「河岸段丘」が発達している（図表3－7）。これらの段丘は川原に堆積した礫《れき》や砂からなる。一方、下仁田地域では背後にある泥質の変成岩などの礫が含まれ、それらが風化して粘土質になるために、水捌けと適度な保水が両立している上に肥沃な土壌となるのだ。

さらに、下仁田地域が特別な場所となったのにはもう一つ理由がある。

河岸段丘は関東平野と周辺の山間部との境界域に広く形成されている。しかし、これらの多くは関東ローム層に覆われているために、すでに述べたように耕作には適していない。特にネギは江戸野菜の砂村一本葱（図表3－6、96ページ）でも分かるように、土壌の栄養分がその生育と味に大きく影響する。ところが、盆地である下仁田地域はからっ風が上空を通過するために、関東ローム層が堆積していないのだ。このような特有の地質と地形が、ほかの地域では栽培不可能なオンリーワン食材、下仁田ネギを育んだのである。

＊　＊　＊

関東平野を広く覆う関東ローム層の表層部は有機物が多く、黒色を呈する。「黒ボク土」

と呼ばれるこの土壌は、一見すると肥沃に見えるために、「豊かな土壌」と表現されることもある。しかし、それは大きな間違いである。もともと火山性の塵が強い西風で運ばれて堆積したローム層は作物に必須のリンを土中に固定してしまうために、耕作には向かない。その弱点を克服するために江戸時代から人々は堆肥や人肥などを用いて土壌改良を続け、なんとか野菜を育てることができるまでにしてきたのである。最近では首都圏でも土と触れ合いながら野菜を育てることへの関心が高まっている。そんな折には、この土を作り上げてきた先人の営みにも思いを巡らせていただきたい。

第4章

プレート運動が引き起こす大地変動の恵み

うどん——〝消えた〟河川とうどん県の誕生——

日本人は世界トップクラスの麺喰い民族といえるだろう。その証拠に、週に一度は麺類を食べる人が7割を超えるという。だから、蕎麦だけを取り上げて日本列島の営みとの関係を語るのは明らかに不公平だ。もう一つの和麺の雄、うどんを外すわけにはいかない。

その原料は小麦と水、それに多くの場合は塩といたってシンプルなうどんだが、全国にはいたる所にご当地うどんがある。稲庭（秋田）や五島（長崎）のツルッとした滑らかな食感、吉田（山梨）や武蔵野（埼玉）のボリューム感、それに伊勢（三重）や地元では「うろん」と呼ぶ大阪の柔らか麺など、麺自体もバリエーション豊かだ。もちろん、出汁や合わせる食材も実に多彩。ご当地うどんを紹介するだけで一冊の本になることは間違いない。しかし、やはりここでは、うどんの消費量、うどん店の店舗数においてダントツの「うどん県」を取り上げない理由はないだろう。

うどんの「コシ」

讃岐うどん、その最大の魅力がコシであることは多くのうどんファンが認めるところであろう。一方で、うどんをはじめとする麺のコシとは何か、コシのある麺とはどういう状態なのかについては、誤解も含めて様々な見解がある。そこで話が混乱するのを避けるために、コシについての私見を整理しておくことにしよう。

私が讃岐うどんのコシを最も実感するのは「釜揚げうどん」だ。念のために申し添えておくが、注文してから5分も経たないうちに出てくるのは釜揚げではなく、「湯だめ」である。湯だめをはじめ多くのうどんメニューでは茹でた麺を水洗いしたものを使うのだが、釜揚げは茹で麺が茹で汁とともに出てくる。だからこそ、表面近くのねっとりした柔らかさと内部のもっちりと弾力のある食感が際立つ。そして、この2つの対照的な食感のマリアージュこそが讃岐うどんの真髄、コシである。この特徴的な食感を生み出すのが、うどんの原料となる小麦粉に含まれるデンプンとタンパク質だ。

デンプンは過剰なダイエット熱のせいでまるで悪者のようにみなされがちだが、私たちが生きていくには必須のエネルギー源である。ただ生のデンプン（βデンプン）は分子が隙間なく並んだ構造をしていて、硬くて消化しにくい。そこで水とともに加熱してこの構造を壊して、柔らかくややネバネバした状態（αデンプン）にして消化しやすくする。「糊化《こか》」と呼ばれる現象だ。米を炊くことでふんわりとした白ごはんとなるプロセス、といえば分かりやすいだろうか。そしてこの糊化現象こそが讃岐うどんのコシを生み出す主要な原因の一つなのである。

小麦デンプンの糊化は95℃で最も進行する。だから、うどんを茹でる時には沸騰したたっぷりのお湯に麺を投入する。こうすることでうどんの糊化がスムーズに進み、ねっとりした食感を生み出す。もちろん必要以上に加熱すると糊化を通り越してねっとり感を失ってしまうので、コシを出すには茹で具合が肝心だ。

麺を茹でる過程では、水分が麺の表面から内部へと浸み込んで糊化が進んでゆく。だから、麺の中心部まで十分に糊化するまで加熱を続けると、表面近くは茹ですぎとなり、ねっとり感はなくなってしまう。つまり、噛んだ時に歯に絡むような讃岐うどんの食感を出すには、麺の表面付近をうまく糊化させることがコツとなる。一方でこの茹で方では、麺の中央部ではまだ十分に糊化は進んでいない。

ほどよく茹でた讃岐うどんでは、中央部はまだ十分に糊化していないのだが、その代わりに弾力がありもっちりとした食感がある。これを生み出すのが、「グルテン」と呼ばれる小麦粉特有の物質だ。グルテンは、水と反応して、小麦に含まれるタンパク質のグルテニンとグリアジンが結合することで作られる。

うどんの原料としては、麺が白色になるように中力粉が使われる。この中力粉は、パスタに使われる強力粉と比べてタンパク質の含有量が少なく、単に水と混ぜただけではグルテンの形成は十分に進まない。一方でグルテンには、塩を加え、そしてこねることでより効率的に形成されるという特性がある。だから讃岐うどんでは塩を加えた上で、その製法の極意ともいわれる「足踏み」によって、中力粉から強い弾力を持つグルテンを作り出しているのだ。

讃岐うどんのコシの秘密はご理解いただけたであろうか？　要約すると、讃岐うどんのコシとは、表面近くのデンプンの糊化によるねっとり感と、中央部のグルテンが生み出すもっちり感のマリアージュである。

ところで麺のコシといえば、うどんと並ぶ国民食の一つである蕎麦についても、巷《ちまた》では盛んに話題となる。両者のコシにはどんな違いがあるのだろうか？

蕎麦のコシ

蕎麦とうどんのコシを比較する際に鍵となるのも「グルテン」だ。先にも述べたように、これはほどよく茹でたうどんの弾力を生み出すタンパク質成分だ。一方で、ソバにはこのグルテンの元となる2種類のタンパク質が含まれない。このために蕎麦は「つながり」が悪く、打つ際にブチブチと千切れてしまう。それを防ぐために小麦粉がつなぎに使われることが多い。小麦粉のグルテンが網目状構造を作ってソバ粉を包み込むので、つながりが良くなるのだ。この効果で、二八蕎麦は十割に比べて細く滑らかな表面の麺に仕上げることができ、いわゆる「喉越し」の良い蕎麦となる。蕎麦は十割に限るという人もいるが、きちんと打たれたものにはそれぞれの良さがある。

もう一つの蕎麦のコシは「歯切れの良さ」である。もちろんこれは「硬さ」とは別物だ。讃岐うどんとは違って麺の内部まで比較的一様で、噛むとプチッと切れる感じだ。そしてこの蕎麦のコシを生み出しているのが、ソバのデンプンである。先に述べたように、デンプンの糊化はうどんのコシの原因の一つだが、ソバと小麦に含まれるデンプンの特性の違いが、それぞれの麺の特有の食感を生み出している。

まず糊化温度の違いだ。小麦デンプンは80℃を超えるとねっとり感を獲得する一方で、ソバデンプンはこれより10℃ほど低温で糊化する。この糊化温度の違いに加えて、蕎麦の方がうどんより細いこともあって、茹でることで麺の中心部まで一様に糊化が進行する。もちろろん、茹ですぎは厳禁である。

もう一つ、うどんと蕎麦のコシの違いを生み出すデンプンの特性が、糊化した際の粘度、つまりねっとり度の違いだ。同じデンプンでも小麦の方がソバより遥かにねっとりしているのだ。蕎麦が「歯切れ」、うどんは「歯応え」と表現される所以だ。

このように、うどんと蕎麦のコシは原料の違いによるものだ。では、同じ小麦粉から作られるうどんとパスタはどうだろうか？　あまり深入りするとまるでグルメ本となってしまうが、興味深い点であるので少しだけ比較することにしよう。

パスタのアルデンテとコシ

パスタ大国のイタリアには650種類以上のパスタがあるそうだが、ここではうどんと同じような形状のスパゲティやリングイーネなどのロングパスタを取り上げてみよう。またパスタには、ほかの麺と同様に生と乾燥があるが、ここでは私たちに馴染み深い乾燥パスタに焦点を絞ろう。

1990年代に始まった「イタメシ」ブームは、日本にしっかりとイタリア料理を定着させ、今ではイタリア人をして本場を凌ぐとまで言わしめるようになった。元来が麺好きで粉物好きの日本人には、パスタやピザはツボにハマったに違いない。

こうなると、かつて喫茶店や大学食堂で出ていたようなふにゃふにゃのスパゲティでは到底満足できなくなった日本人の間に、「アルデンテ」神話が広まった。これは歯応えが残るという意味のイタリア語で、ソースを絡めて調理する間に麺が柔らかくなりすぎないように、芯を残した状態で茹で上げる。つまり、アルデンテは食べる際の食感ではなく、茹でたパスタの状態を表すものである。ある意味で当然のことであるので、本場イタリアでは特にこだわりがあるようには感じない。一方で日本では、「さすがにこの店のパスタは見事なアルデンテだね！」とか、「やはりアルデンテのコシが一番だね！」などと、アルデンテ談議が盛んである。

パスタに使われる小麦粉は、うどんとは異なり、タンパク質が多くデンプンが少ない強力粉である。特にパスタに向いているのは、デュラム小麦だといわれている。タンパク質が多いので、塩を入れなくとも、また足踏みをせずともグルテン化が進むのが特徴だ。

一方で、乾燥麺は生麺と比べると吸水性が悪いために、糊化の進行は容易ではない。おまけに本場イタリアの水は日本と比べると硬水系が多く、その中に含まれるカルシウムは吸水を妨げることが実験でも確かめられている。だから、乾燥パスタでは讃岐うどんのコシの主要な要素の一つである糊化によるねっとりとした食感を出すことは困難である。つまり、乾燥パスタのアルデンテとは、やや茹でが足りないような、ポソポソした状態であろう。

秘密は瀬戸内式気候

少し話が外れてしまったが、なぜ讃岐うどんが成立したのか、その地質学的背景に話を戻すことにしよう。

うどんの製造には、小麦と塩が不可欠である。讃岐地方でこれらの条件が満たされたのは、雨が少ない「瀬戸内式気候」が原因だ。アジア大陸の東縁に位置する日本列島では、アジアモンスーンと呼ばれる季節風の影響を強く受ける。冬は日本海側に大雪をもたらす湿った風が北から吹き寄せ、夏には太平洋からの南風が湿潤な気候を生み出す。しかし、瀬戸内海沿岸地方は北には中国山地、そして南には四国山地があるために、季節風が山地を越える際に水分を吐き出してしまうので、降雨量が少なくなる（図表4－1、次ページ）。この好天乾燥気候が入浜・流下式などの製塩技術を生み出し、瀬戸内海沿岸、特に兵庫県と香川県が日本有数の塩田地帯となったのだ。

また讃岐平野には大河川がない。そのために水不足は深刻であった。弘法大師が造ったと

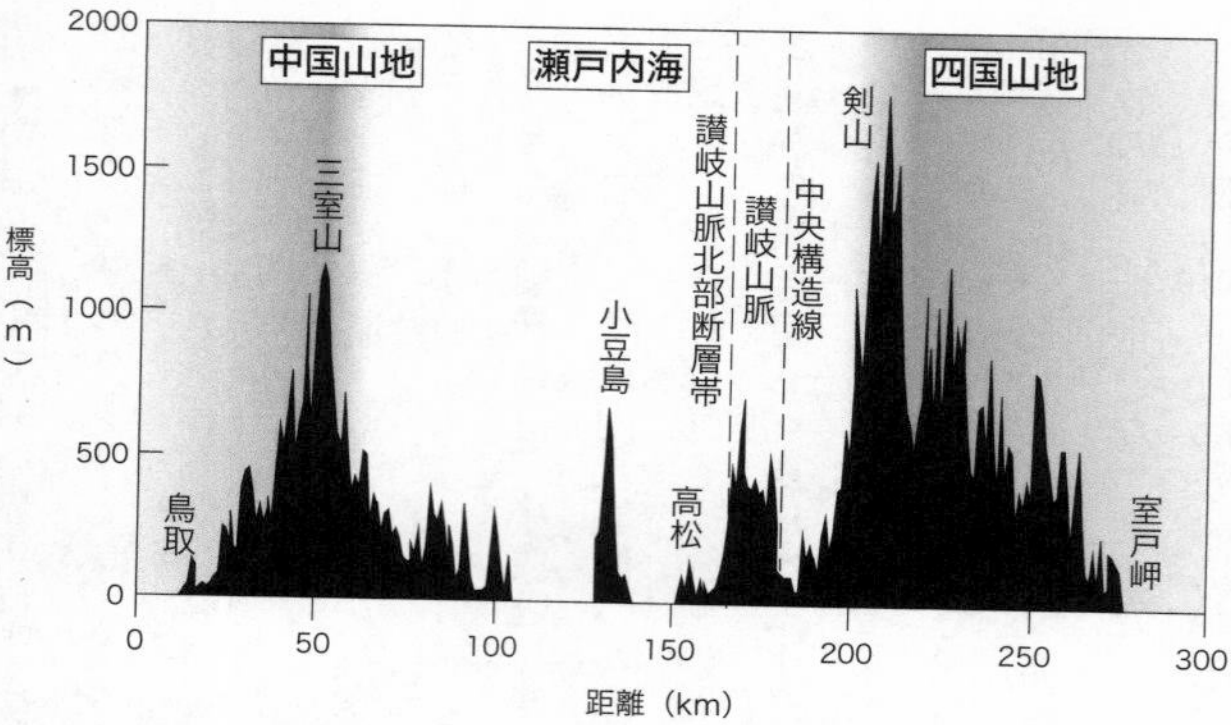

図表４－１　中国山地－瀬戸内海－四国山地の地形断面　２つの山地での降雨が湿潤なモンスーンから水分を奪うため、瀬戸内海沿岸は少雨乾燥気候となる。また中央構造線沿いの断層運動によって讃岐山脈が形成。

出典）地理院地図（電子国土 Web）をもとに作成。

いわれる満濃池をはじめとして、１万以上、全国の約８％ものため池が密集するのはそのせいだ。このような状況では多量の水を必要とする稲作は困難を極める。一方で小麦は、稲に比べると乾燥には強い。香川を春に訪れると、「麦秋《ばくしゅう》」と呼ばれるように穂をつけた小麦が一面に広がっている背景には、このような気候条件があったのだ。そして讃岐地方は、江戸時代中期の『和漢三才図会』に「讃州丸亀の産を上とす」とあるように、古くから良質な小麦の産地として名を馳せていた。

　このように香川県は、米栽培には向かないという逆境を逆手にとって小麦の一

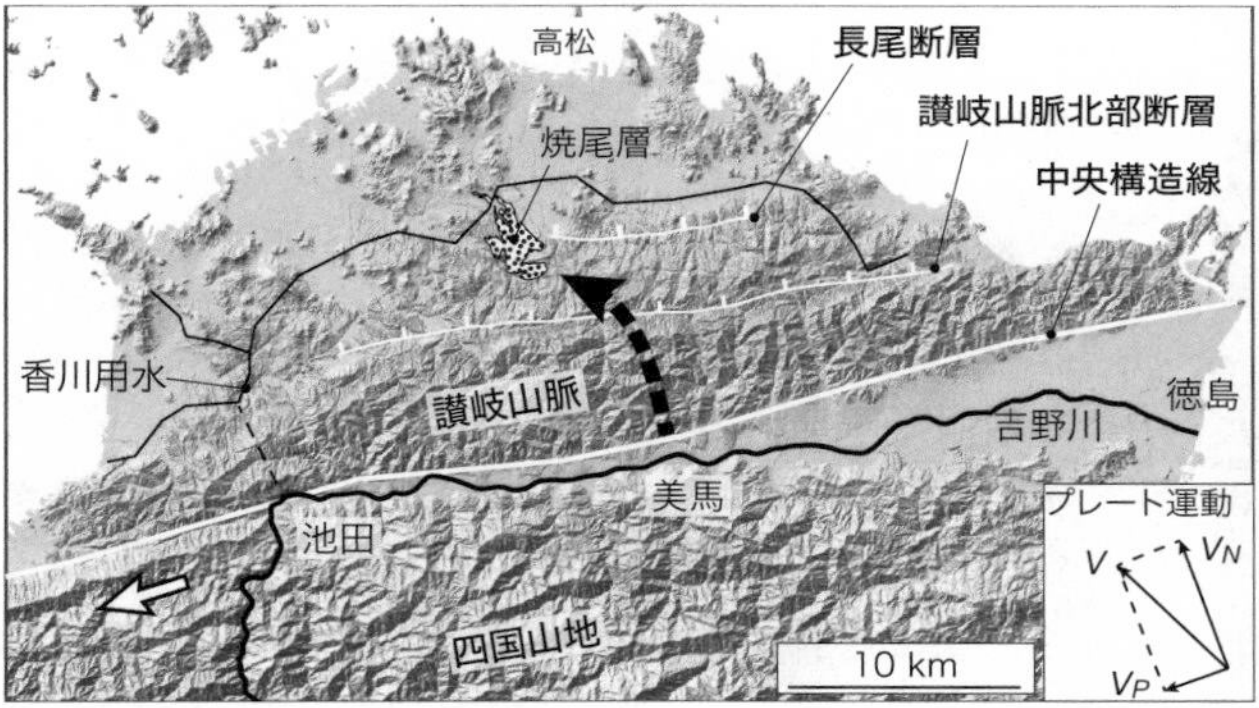

図表４－２　うどん県香川の水事情　現在は吉野川からの香川用水が重要な役割をするが、以前は大河がなく乾燥気候で水不足だった。しかし300万年前には、吉野川は瀬戸内海へ流れ込み、四国山地の岩石を含む焼尾層を堆積。その後、讃岐山脈隆起により徳島へと方向転換。

出典）産業技術総合研究所地質図ナビをもとに作成。

大産地となった。一方、１９７４年に吉野川から讃岐山脈をトンネルで通して讃岐平野に水を運ぶ香川用水が完成し（図表４－２）、慢性的な水不足は緩和されている。

〝消えた〟河川

さて、先ほど香川県には大河川がないと言ったが、この状況になったのは地質学的なタイムスケールで見るとつい最近のことのようだ。

讃岐平野の南部、讃岐山脈の北麓には約３００万年前に堆積した地層（焼尾層：図表４－２）が分布している。この地層は川原の礫からなる。つまりかつての川の流路にあたり、礫の多くは、讃岐山脈を造る砂岩である。しかし、その中にとんでもない石が見つかった。それは、讃岐山脈や吉野川を越えてさらに南側の四国山地を造る「三波川変成岩」と呼ばれる石だった。この焼尾層より新しい地層には変成岩は全く含まれない。これはどういうことだろうか？ 整理してみると、それは次のようなことかもしれない。

約300万年前には四国山地に源を発する川が讃岐平野に流れ込んでいた。つまり讃岐山脈は存在せず、この辺り一帯が平坦であったことになる。しかしその後、山脈が隆起したために、この川は流路を変えざるをえなくなり、山脈に沿って東へと下り、現在の吉野川になった――。そうだとすると、古・吉野川は現在の徳島県美馬市辺りから讃岐平野へ流れ込んでいたことになる（図表4-2）。

では、現在の吉野川がその流路を北から東へと変化させる池田と美馬とのずれは何を意味するのだろうか？ ここで思い出していただきたいことは、第1章で紹介した「フィリピン海プレートの方向転換」だ。この大異変が起きたのは今から約300万年前、それまで北向きに日本列島の下へ潜り込んでいたフィリピン海プレートの東端が太平洋プレートと衝突、巨大な太平洋プレートに押し負けて向きを変えざるをえなかったのだ（図表1-4、28ページ）。その結果、中央構造線より南側の地塊は、フィリピン海プレートの斜め沈み込みによって生じる西向き、つまり南海トラフや構造線と平行な成分（図表４－２のVP）によって、西へ西へと移動している。そしてこの変動が古・吉野川と現在の吉野川とのずれを生んだ。図表４－２で池田と美馬のずれがこれに相当するが、この距離を３００万年で割ると、年間１cm弱という猛烈な変位量となる。この値は、地球の変化から求められた過去１万～２万年間の変位速度とほぼ一致する。

さらに約３００万年前のフィリピン海プレートの大方向転換は、讃岐山脈の隆起も引き起こした。先に述べた焼尾層の年代は、ぴったりとこの時期と一致する。３００万年前以前は、まだ中央構造線が断層として活動していなかった。つまり四国を含む西日本は一つの岩盤としてフィリピン海プレートの沈み込みを受けていた。しかし３００万年前以降は中央構造線が発現したことで、その南側の地塊はマイクロプレートとして独自に西方移動を始めた。このことで、フィリピン海プレートの運動の北向き成分（図表４－２のVN）の力が、直接ユーラシアプレートの南端部、すなわち中央構造線の北側に働くようになったのだ。そしてこの圧縮力によって隆起が始まり、古・吉野川を遮るように讃岐山脈が形成された。もちろんこのような隆起を起こす地殻変動では、山脈の縁に逆断層が生じる。これが、讃岐山脈の北側に東西に走る断層群である（図表４－２）。

このように、私たちを魅了してやまない讃岐うどんを生み出したのは、フィリピン海プレートの大方向転換だったのである。そしてそこには、急激な地殻変動のせいで大河川がない上に雨が少なく、米栽培ができないという悪条件の中で、なんとか小麦を栽培し、それを使って一大食文化を築き上げた人々の営みがある。

*　*　*

香川が「うどん県」を宣言して以来、週末ともなると多くのうどん好きが香川へ集結し、有名店には朝早くから行列ができるようになった。また讃岐うどんを自任する複数の全国チェーン店の展開もあり、ご当地まで出かけることなしに讃岐うどん特有のコシの雰囲気を楽しむことができるようになった。このように国民食と呼べるほどの広がりを見せる讃岐うどんであるからこそ、讃岐平野から大河川を消滅させた讃岐山地の形成や、それを引き起こしたフィリピン海プレートの方向転換と中央構造線の発現という大事件が讃岐うどん成立の背景にあることを理解しておいていただきたい。そしてやはり、おにぎりのような形をした山々の合間の平野に麦畑が広がり、抜けるような青空の広がる香川でいただく讃岐うどんは格別である。

瀬戸内海の魚介 ―大地のシワが生んだ天然の生簀―

讃岐うどんには麺はもちろんのこと、「いりこ」出汁が欠かせない。このカタクチイワシの稚魚は、香川県観音寺沖の「伊吹島」周辺が一大漁場である。つまり讃岐にうどん文化が発達した背景には、瀬戸内海の存在もあるのだ。

７００以上もの島が浮かぶ瀬戸内海、その多島美はいかにも穏やかだ。そしてこの内海は「天然の生簀《いけす》」と称されるように、４００種以上もの魚介類が生息する豊かな海でもある。流れ込む河川が多く、森から窒素やリンなどの栄養塩が運び込まれることで、魚介類の餌となる植物プランクトンが湧くように発生するのだ。次はこの瀬戸内海を巡ってみることにしよう。

魚の旨さとは何か？

瀬戸内の魚介類、例えばタイ、トラフグ、タコ、アナゴ、サワラ、アイナメ、オコゼ、タイラギ、それに赤ウニなどは多くの食通をうならせてきた。確かにきちんと出されたこれらの逸品をいただくと頬が緩み、思わず美味い！　と呟いてしまう。
私たちを虜《とりこ》にするこの美味さとは、一体何なのだろうか？　もちろん「美味さ」は味や香り、食感、それに見映えやその場の雰囲気など、複合的な要因が合わさった感覚である。一方で「旨さ」はといえば、すでに出汁の話でも述べたように、科学的に裏づけできる場合がある。

そこで、瀬戸内海の豊かな海の幸を語る前に、魚の「旨味」についてまとめておくことにしよう。

魚に含まれる旨味成分は主に「イノシン酸」である。しかし、この成分はもともと魚に含まれているわけではない。身に含まれるＡＴＰ（アデノシン三リン酸）から次のような代謝・分解反応で作られる。

ＡＴＰ ⇄（エネルギー／呼吸） ＡＤＰ →（死後硬直） ＡＭＰ →（熟成） イノシン酸 →（腐敗） ＨｘＲ

魚の活動は、ＡＴＰがＡＤＰ（アデノシン二リン酸）に変化する際にエネルギーが作られ、ＡＤＰが呼吸によって再びＡＴＰへ戻るというサイクルで支えられている。しかし、死後にはＡＴＰが減少することで死後硬直が始まり、ＡＤＰ、ＡＭＰ（アデノシン一リン酸）を経て旨味成分であるイノシン酸へと変化、その後、腐敗（ＨｘＲ：イノシン）へと至る。このメカニズムから、旨味のある食材としての魚を扱うには次の３点が重要であることが分かる。

①　ＡＴＰを多く含む魚であること
②　死後もＡＴＰを枯渇させない、つまり死後硬直を遅らせること
③　適度な熟成を行うこと

②については、一本釣り、活〆、神経〆などによって悶絶死や死後生体反応によるＡＴＰの消費を抑える工夫が行われる。また③については、多くの場合職人さんや魚屋さんに任せることにはなるが、少なくとも「生け作り」やテレビ番組でしばしば取り上げられるような船上で魚を食すといった「新鮮神話」は、旨味という点からは愚行であることを心得ておくことは大切だろう。

このように魚の旨味は筋肉に含まれるＡＴＰから生成されるイノシン酸であるが、魚と同様に私たち日本人がこよなく愛するタコやイカではちょっと事情が異なる。これら頭足類の

筋肉にはAMPをイノシン酸へと変化させる酵素が含まれていないので、いくら筋肉質のイカやタコでもイノシン酸の旨味を味わうことができないのだ。

では、イカやタコの旨味の正体は一体何なのであろうか？　この問題はまだ完全には解明されていないようだが、これまでに報告された論文を調べると、ある可能性が浮かび上がってくる。それは旨味の相乗効果である。和食の基本となる一番出汁を例にとると分かりやすい。昆布に含まれるグルタミン酸と鰹節のイノシン酸を合わせることで、それぞれを単独で味わう場合と比べて7～8倍の旨味を感じるという。グルタミン酸などのアミノ酸系とイノシン酸などの核酸系の旨味成分が旨味の相乗効果を最大限に引き出すようだ。

魚類では、熟成によってイノシン酸へと変化するAMPにも、イノシン酸にはおよばないものの、旨味として作用する性質がある。筋肉質のイカやタコにはたっぷりと核酸系物質のAMPが含まれている。また筋肉にはグルタミン酸はそれほど多く含まれていないのだが、そのほかのアミノ酸は豊富である。どのアミノ酸が旨味成分として主役を演じているかは、まだ特定されていないようだが、いずれにせよイカとタコの旨味の元は、アミノ酸と核酸の相乗作用である可能性が高い。また、興味深いことにタコの部位についてアミノ酸量を調べると脚の部分の皮と筋肉の間が最も多いそうだ。タコのこの部分はトロッとした食感とともに、旨味を引き出す重要な部分なのだ。

さて、話を海の幸と地質の関係に戻そう。ズバリ瀬戸内海の多くの魚やタコが美味い理由は、速い潮の流れの中で育つことにある。高速潮流を泳ぐために筋肉質となり、エネルギー源であるＡＴＰ、そしてタコの場合はアミノ酸も豊富なのだ。それでは、なぜ内海である瀬戸内海で潮流が速くなるのか、その理由を考えていくことにしよう。

地球潮汐と高速潮流

瀬戸内海は多島海であることが特徴の一つだが、決してこれらの島が満遍なく散らばっているわけではない。

瀬戸内海には島が多く同時に陸が迫り出し、古来「瀬戸」と呼ばれてきた場所がある。さらに島は存在しないが、陸が広がり海が狭くなっている所は「海峡」と呼ばれる（図表４－３、次ページ）。四国と本州を結ぶ連絡橋（明石海峡大橋、大鳴門橋、瀬戸大橋、瀬戸しまなみ海道）はいずれもこのような場所に造られている。一方で、瀬戸や海峡の間には比較的海が広がる「灘」がある。淡路島の西には播磨灘が広がり、また東側の大阪湾も灘の一つと見なすことができる。このように、瀬戸内海の地形的な特徴の一つは、瀬戸（海峡）と灘が繰り

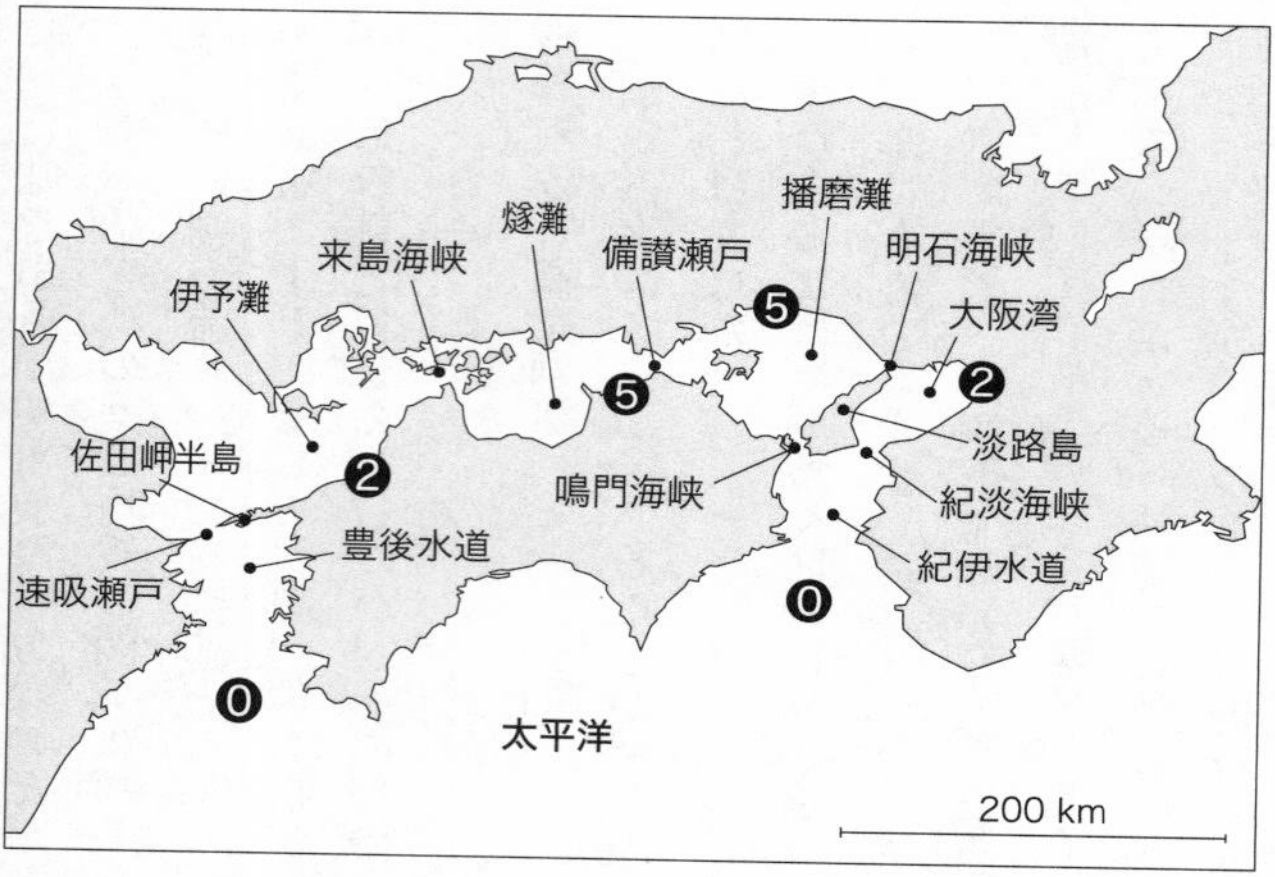

図表4－3　瀬戸内海の「瀬戸」と「灘」の分布と潮位差　満潮・干潮は、太平洋側と比べ（数字0）、瀬戸内海では数字で示す時間遅れて生じる。

出典）気象庁の潮位データをもとに作成。

返して分布することである（同図表）。そして、この瀬戸と灘の繰り返しと地球の潮汐《ちょうせき》現象が相まって、瀬戸内海には高速潮流が生み出されるのだ。

地球潮汐とは1日に1、2度起きるゆっくりした海面の昇降運動で、月と太陽の力が固体地球および海水に働くことと地球の自転運動によって生じる。瀬戸内海が外洋へとつながる場所、つまり太平洋側の紀伊水道や豊後水道では、地球潮汐によってほぼ同時に満潮となる（図表4－3）。その後、この海水面の高まりは、大きな波となって瀬戸内海へと押し寄せる。しかし、淡路島や佐田岬半島がダムのようにこれを堰き止めるために、大波が紀淡海峡・鳴門海峡、それに速吸瀬戸《はやすいのせと》を通り抜けて瀬戸内海の内部へ伝わるには時間がかかる。大阪湾や伊予灘では、太平洋側より2時間ほど遅れる。この遅れた潮位の高い波が内海の奥にある明石海峡や来島海峡などを通過するにはさらに時間を要し、ようやく播磨灘や燧《ひうち》灘周辺が満潮となるのは、太平洋側より5時間程度も遅れてしまうのだ（同図表）。

さて、この時太平洋側ではとっくに満潮は過ぎて海面は低下しており、その低い潮位はすでに紀伊水道や大阪湾にまでおよんでいる。その結果、例えば明石海峡や鳴門海峡の両側では、海水面に１ｍを超える大きな段差が生じる。そのために海水は低い海水面の大阪湾と紀伊水道に向かって流れ込み、高速潮流が発生するのだ。そして次に太平洋側が満潮となり紀伊水道や大阪湾の水位が上がった時には、まだ播磨灘の海水面は低い状態にあり、再び強い潮流が今度は瀬戸内海の内部へと流れ込むことになる。

このように、瀬戸で潮流が速くなるのは、瀬戸内海に瀬戸と灘が繰り返すために、太平洋からの潮の満干の波が遅れて伝わることが原因なのである。

瀬戸や海峡で発生する高速潮流は、当然のように海底を深く削り込む。淡路島が造り出す明石・鳴門・紀淡海峡の海底地形を見るとよく分かる（図表４－４、次ページ）。ここで注目

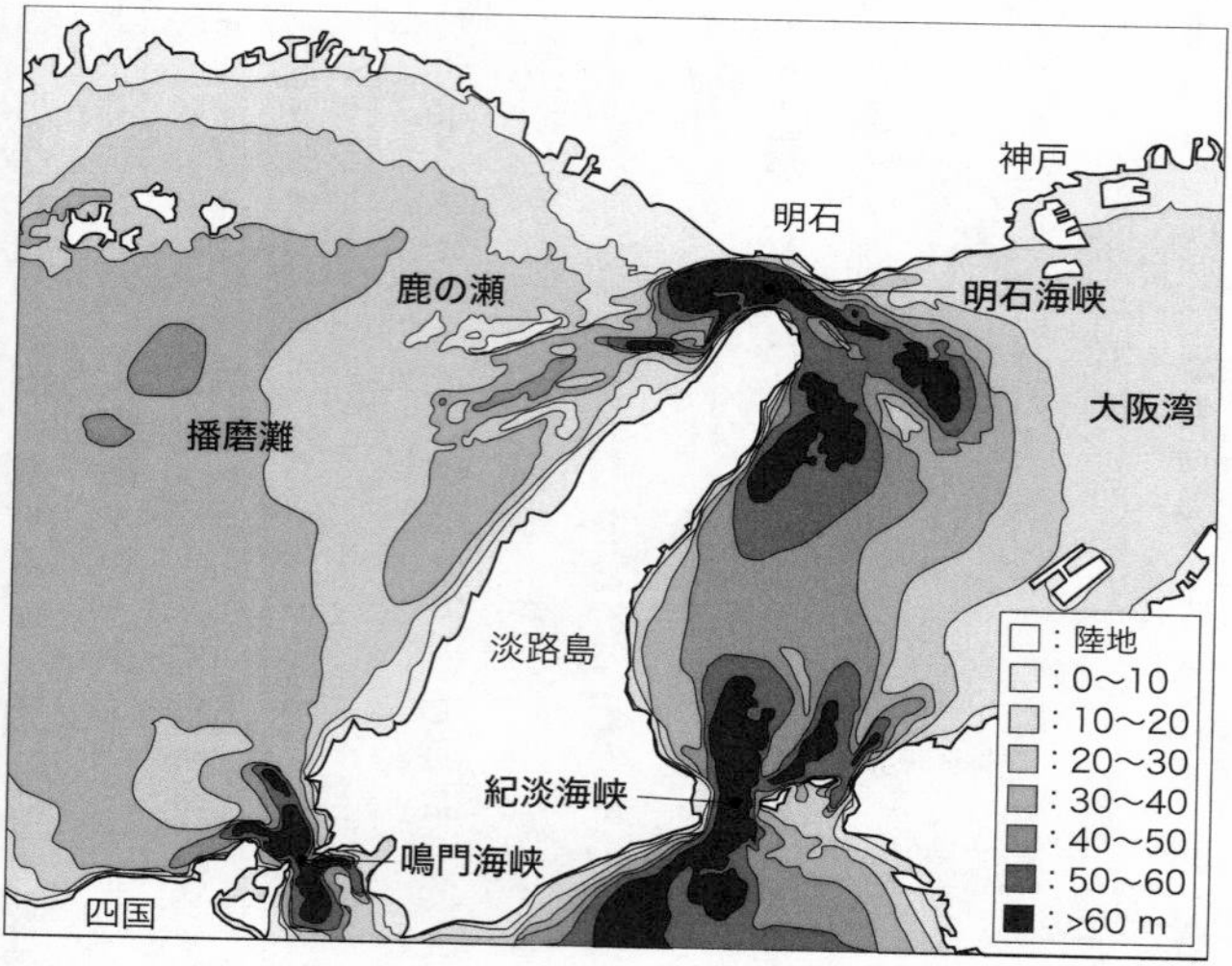

図表4-4　瀬戸内海東部の水深　明石海峡、鳴門海峡、紀淡海峡では高速潮流が海底を深く削り込む。明石海峡で巻き上げられた砂が堆積して鹿の瀬を形成している。

出典）海上保安庁海底地形図をもとに作成。

しておきたいのが、明石海峡の西側に位置する「鹿の瀬」と呼ばれる浅瀬の存在だ。干潮時に鹿が小豆島や淡路島へ歩いて渡ったとの言い伝えから名づけられたこの浅瀬は、最も浅い所で水深は2m。船舶にとっては危険水域だが、実はここが、高速潮流に揉まれて筋肉質となり旨味の強い瀬戸内海のマダイの中でも、明石鯛にとって特別な場所なのである。

この浅瀬は、明石海峡を通り抜ける高速潮流が運んできた荒い「砂」が堆積して造られた。この砂は陸域に広がる六甲山塊の花崗岩が風化したものなのだが、この岩石の主体をなす「石英」は硬くそのために粒度が粗くなる。このような粗い砂地では、内部まで十分に酸素が行き渡り、プランクトンが多量に発生する。これを目当てに甲殻類やイカナゴが集まる。漁師さんたちは、カニやエビが湧くと表現するのだが、これらはタイやタコの大好物なのだ。そしてプロローグで述べたように、明石鯛ブルーのアイシャドウや飴色の身も、このような豊富な餌のせいだといわれている。

多様な底質と魚の棲家

潮の流れが速いと、海中や海底の細かい粒子、つまり泥は流されてしまう。だから、瀬戸や海峡の周辺では海底に粗い砂しか溜まらず砂地となる。一方、比較的潮流が遅い灘では泥

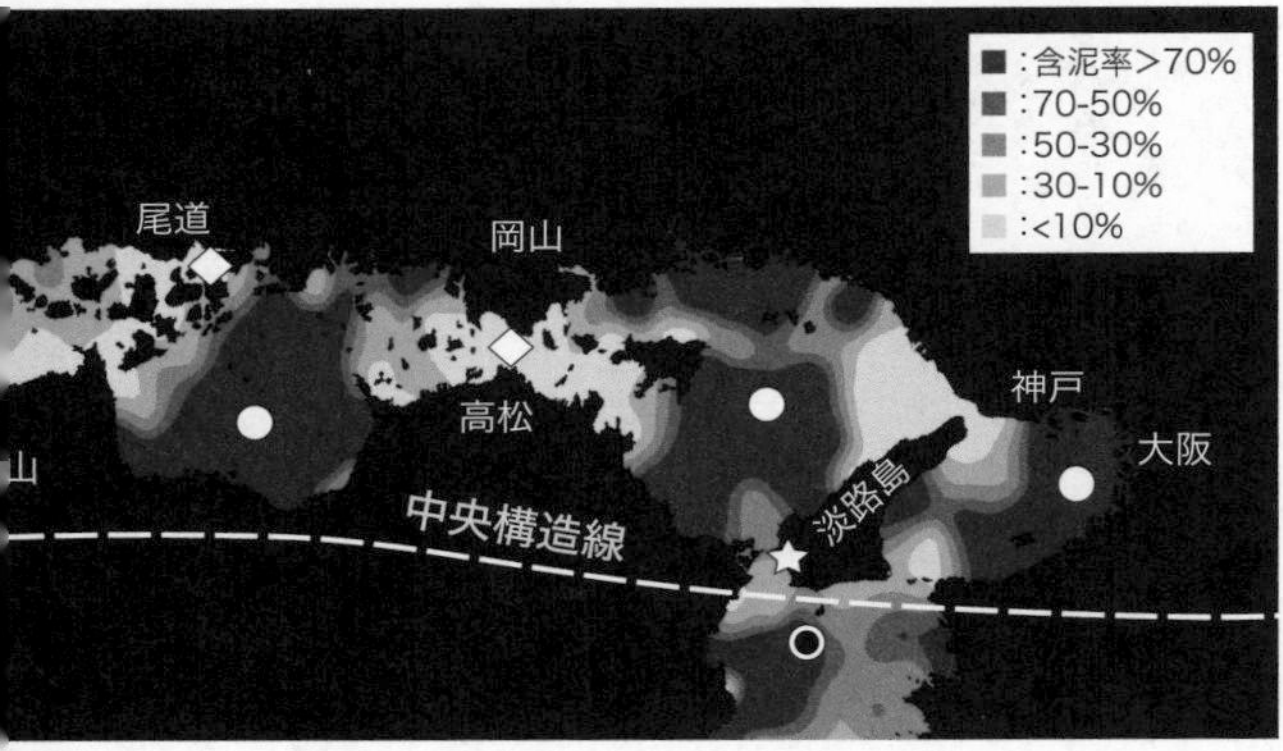

図表4-5　瀬戸内海の底質とトラフグの産卵地　瀬戸内海系トラフグは、瀬戸と呼ばれ潮の流れが速く、そのために海底が砂地の場所で産卵する。高速潮流に揉まれたトラフグは筋肉質の身質となる。淡路島3年トラフグは、鳴門海峡近くの潮流の速い場所で養殖される。アナゴとハモは泥質の海底に生息する。

出典）環境省「瀬戸内海環境情報基本調査」（平成27年～29年）をもとに作成。

がちの堆積物が海底を覆う（図表4-5）。実は瀬戸内海のこの変化に富んだ底質も、多様な魚を育む大きな要因となっている。

例えばトラフグだ。日本近海には22種類の食用フグが生息するといわれているが、その中でもトラフグは大型で味も良く「王様」と呼ばれる。皿の絵柄が見えるほどに薄造りにされた「てっさ」（刺身）は、トラフグの身が筋肉質で硬く、ほかの魚のような厚さでは噛みきれないためにあみ出された技法だ。また焼き霜（炙り、たたき）やしゃぶでは「しっかり」と

◇：トラフグ産卵地

☆：３年トラフグ

○：アナゴ・ハモ

◉：ハモの巣

「ほっくり」という違った食感を一度に堪能できる。そして身を噛み締めると旨味が口の中いっぱいに広がる。多くの場合、淡白な白身魚には淡麗な酒が合うのだが、トラフグの濃厚な旨味は濃醇な山廃などの生酛《きもと》系との相性が良いように思う。

実はトラフグの歯応えのある食感と旨味には密接な関連がある。トラフグは潮流が速く砂地の海底で産卵する。仔魚の時から高速潮流の中で育ち、その後、外海を回遊するトラフグは、全身に筋肉を纏っている。だから、刺身を引く際に包丁を跳ね返すほどしっかりとした身質となるのだ。全身の筋肉を動かすトラフグにはＡＴＰが豊富に含まれている。そのために先に述べたようなメカニズム（１１７ページ参照）で、適度に熟成された身にはたっぷりとイノシン酸が含まれて濃厚な旨味を醸し出すのだ。大型のトラフグでは、最低でも丸一日は寝かせて熟成を促す必要がある。

国内のトラフグ水揚げ量は、天然・養殖を合わせて400トン程度といわれているが、その大半が山口県下関市の唐戸市場に集まる。下関といえばフグ食禁止令が明治政府によって施行されたあとの1888年に伊藤博文が訪れ、料亭で出されたトラフグに感動して県知事に働きかけ、日本初のフグ食が解禁となった地である。下関にこのようなトラフグ文化が栄えた最大の要因は、沖合いにトラフグの産卵地があり漁獲量も多かったことだ（図表4－5）。フグの産卵は先に述べたように砂地の海底で行われるが、関門海峡に近い下関周辺の海域は潮の流れが速く、砂地の海底が分布しているのだ。

瀬戸内海では下関のほかにも、広島県尾道市の向島と因島に挟まれた「布刈《めかり》瀬戸」、岡山県と香川県を隔てる「備讃《びさん》瀬戸」でトラフグの産卵が確認されている（図表4－5）。いずれも高速潮流が発生するために砂がちの底質である。

瀬戸内海の高速潮流はトラフグの養殖にも適している。近年養殖フグの高級ブランドとしてフグ通の憧れとなっているのが、兵庫県南あわじ市の「3年トラフグ」だ（図表4－5）。通常2年で出荷される養殖物と比べると倍ほどの大きさ、白子も大振りで、しかも身もよく締まっているのが特徴だ。養殖期間が延びて大型化するとフグ同士が傷つけ合って出荷できなくなることも多いのだが、それを避けるために鋭い上の歯は抜き、下の歯は切るという。

また3年目にはメタボにならないように餌の量を少なめにするのだが、出荷前にはイカナゴやオキアミなどをたっぷり与えて栄養分を補給する。

このような入魂の取り組みとともに、絶品トラフグを支えているのが高速潮流だ。南あわじ市福良の養殖場は、渦潮で有名な鳴門海峡に面している（図表４－５）。この潮の流れがあるからこそ3年トラフグは、天然トラフグにも引けを取らない筋肉質の身質、ひいては濃厚な旨味を有しているのである。

トラフグとともに、瀬戸周辺の砂地の海底で産卵するのがサワラだ。サワラは足が速く身が柔らかいので、塩（＋砂糖）で身を締めた上で西京焼や幽庵焼、それにバターがきいたムニエルなどでいただくのが定番だ。一方で瀬戸内地方、特に岡山県では多くの人たちが身厚のサワラの刺身やたたき（焼き霜）を楽しむ。岡山の料理屋さんで刺身といえばサワラのことだと聞いたことがある。だから、漁獲量の多い日本海側などで水揚げされたとびきりのサワラも岡山市場へ集まる。なんと全国のサワラの3分の1が岡山県で消費されているという。

こんなサワラ文化が発達したのは、もちろんかつての周辺海域でサワラが大量に獲れたからであろう。そしてこの地にサワラが集まるのは、備讃瀬戸の潮の流れで海底が産卵に適した砂地になっているからである（図表４－５）。

一方で、灘は潮の流れが穏やかで、海底には粒子サイズの小さな泥が堆積する（同図表）。このような場所に暮らすのが、アナゴやハモなどの「底生魚類」である。アナゴはその名が示すように、昼間は海底の巣穴に潜んでいて、夜になると餌を求めて泳ぐ習性がある。ハモも同様に海底に穴を掘る。体表に鱗がないので底質が粗い砂や岩だと穴を掘るのが大変で、灘のような泥質の海底、瀬戸内海では大阪湾、播磨灘、燧灘などが生息場所となる。

中でも大阪湾はかつてのハモやアナゴの一大漁場であり、生命力の強いハモは、京都まで生きた状態で運ぶことができたために重宝された。そして、京都では2000本以上あるともいわれる小骨を刻む「骨切り」と呼ばれる技法が編み出され、夏の名物ともいえる牡丹鱧（落とし）などの食文化が発達した。一方、最近では大阪湾での漁獲量は減少し、代わって淡路島の南に広がる泥質の海底の「ハモの巣」と呼ばれる一帯が国内産ハモの主要漁場となっている（図表4－5）。ちなみにこの地域では、約1億年前に形成された三波川変成岩に属する泥質の岩石が風化した泥が海底に分布している。

交互に繰り返す瀬戸と灘の形成

瀬戸内海の多様で豊かな海の幸は、瀬戸（海峡）と灘が繰り返す地形が生み出す特有の潮の流れが原因であることはご理解いただけたであろうか？　それでは次に、なぜこのような地形ができあがったのかを考えてみよう。

瀬戸は島が多く、陸が海に迫り出している。つまり、この辺りが周囲に比べて隆起して盛り上がっているために、陸域が広がって海が狭くなっているのだ。一方、灘は地盤が沈降して窪んでいる場所である。瀬戸内海の地形を眺めると、これらの沈降域と北東－南西方向に延びる隆起域が繰り返していることが目に留まる（図表４－６、次ページ）。

さらに、この構造は海域だけに留まらず東方の陸域へも続いている。大阪湾の東には、大阪城やあべのハルカスがある上町台地、さらに河内平野、生駒・金剛山地、奈良盆地、大和平野、上野盆地、そして鈴鹿・布引山地と、平野や盆地と山地が交互に分布している（同図表）。なぜこのような規則的な構造が造られたのだろうか？

その原因は、これらの地域の南側に走る日本一の大断層「中央構造線」と、この大断層をずらすフィリピン海プレートの運動にある。

第１章で述べたように、かつてフィリピン海プレートはほぼ真北、すなわち西日本や南海トラフに対してほぼ直行する方向に沈み込んでいた。しかしこのプレートは約３００万年前に、太平洋プレートとの押し合いに負けて、その運動を北西へと方向転換せざるをえなくな

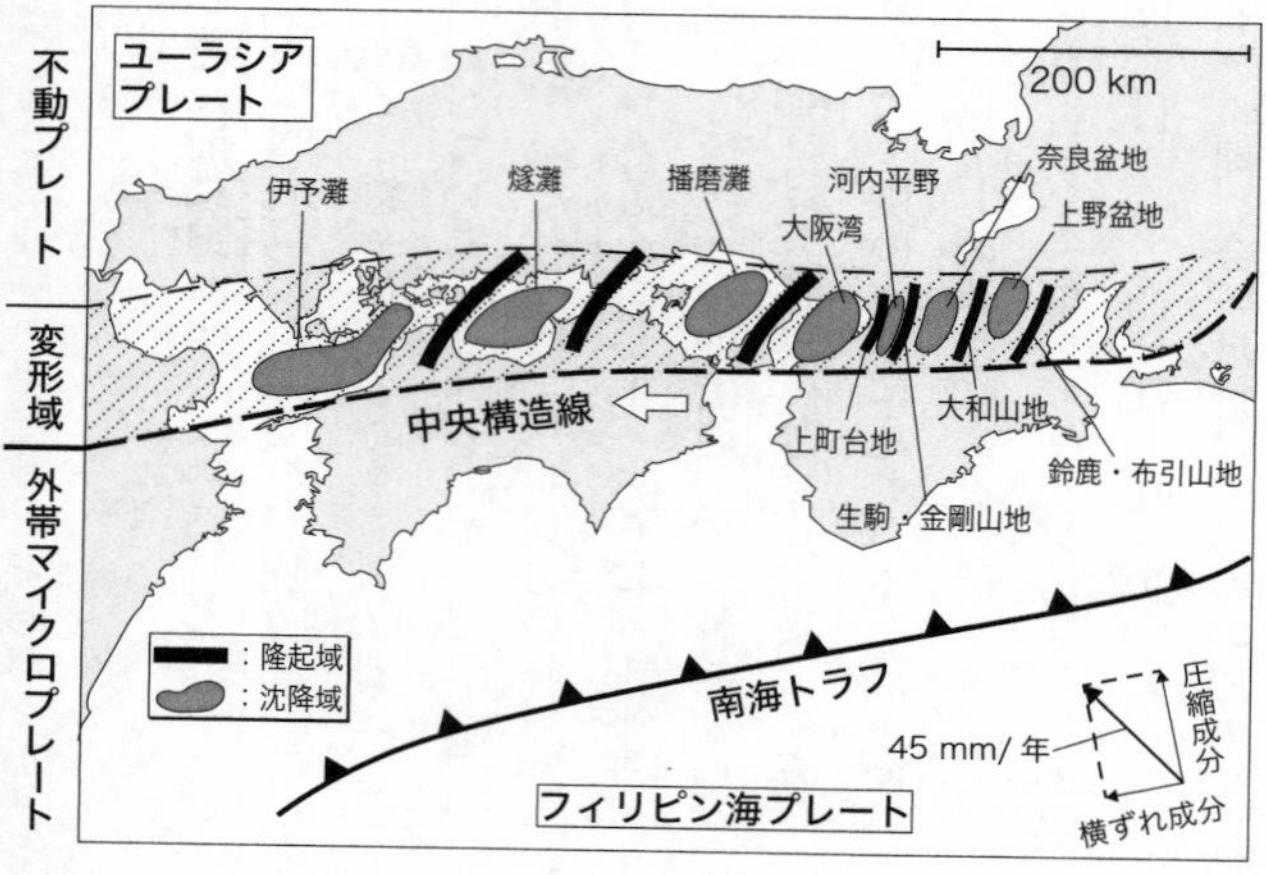

図表4-6　フィリピン海プレートの斜め沈み込みによって生じる変動現象　中央構造線が横ずれ断層となり、マイクロプレート化した南側の地塊（外帯）が西向きに移動し、北側の瀬戸内地域にはシワ状の変形が生じて、隆起域と沈降域が交互に生じる。

った（図表１－４、28ページ）。そして現在フィリピン海プレートは、年間約45㎜の速さで、南海トラフに対して斜交する方向へと沈み込んでいる。この斜め沈み込みの結果、西日本には北向きの圧縮と同時に、西向きの横ずれの力も働く（図表４－６）。

このようにプレートから力がかかると、圧縮された地盤には歪みや変形が生じる。こうして蓄積された歪みは、断層がずれることで解消されるのだが、地盤に「弱線」があるとそこに力が集中して断層ができることが多い。西日本では、地層境界でもあり断層として活動した、いわば地盤の古傷といえる「中央構造線」がこの弱線となった。讃岐うどんの成立のところでもお話ししたように、３００万年前以降は、フィリピン海プレートの運動の西向き成分の影響で中央構造線が横ずれ断層として活動し、その南側の地塊が「マイクロプレート」と化して西向きに移動しているのだ（同図表）。

このマイクロプレートが西向きに動いても、広大なユーラシアプレートの本体部分は全く影響は受けない。しかしその南端部、中央構造線の北側の地盤は、マイクロプレートが動く影響を受けてシワがよるように変形する。この変形の様子は、シミュレーションなどで調べることができるし、タオルなどを両手で動かすことでもある程度再現することが可能だ。そしてそのシワの形状は、図表４－６に示した瀬戸内海域とその東方延長上に見られるような、北東－南西方向に軸を持つ隆起域と沈降域の繰り返しとよく似ているのだ。

私たちが瀬戸内海の美味なる魚を楽しむことができる背景には、フィリピン海プレートの大方向転換と、その結果生じた地盤のシワ状の変形運動がある。このシワが、世界一美しいといわれる多島海と妙々たる食材という素敵な恩恵を私たちに与えてくれているのだ。

一方で、このような瀬戸内海域のシワ状の地殻変動は、当然のことながら断層運動を伴う。すなわち、隆起域と沈降域の境界には断層が存在し、これが動いて地震を起こしながら隆起や沈降が生じている。例えば、1995年に発生して6000人を超える犠牲者を出した阪神・淡路大震災を招いた兵庫県南部地震は、隆起域である淡路島と沈降域である大阪湾の境界で起きた断層活動が原因である。つまり、私たちはフィリピン海プレートから素晴らしい恩恵を授かると同時に、直下型地震という厳しい試練も与えられているのだ。

豊かな海ときれいな海

戦後の復興を急いだ我が国では、1955年から1973年までの18年間は、オリンピックや万博の特需も相まって、年平均の経済成長率が10％を超え、「東洋の奇跡」と呼ばれた。

この高度経済成長期には、瀬戸内海沿岸地域においても都市化や大規模コンビナート建設

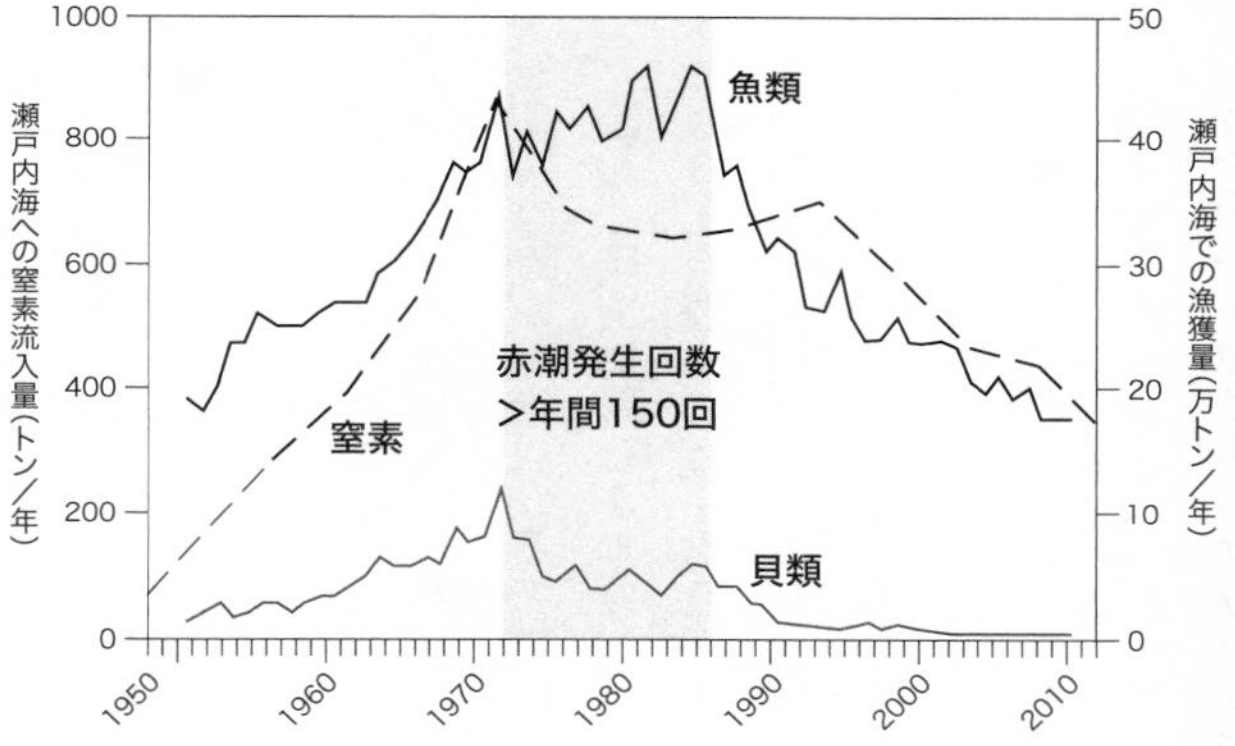

図表４－７　瀬戸内海への窒素流量、漁獲量の経年変化　1970～1980年代に大規模に赤潮が発生した。

出典）環境省、農林水産省などのデータをもとに作成。

による工業化が進み、人々の生活は著しく豊かになった。一方で、工場からの産業排水や家庭からの生活排水が河川を通して海へと大量に流れ込み、水質汚染が深刻化していわゆる「公害問題」が起きた。同時に、河川から海水中へ流れ込んだ窒素やリンの濃度が上昇し富栄養化が著しく進行。これに伴いプランクトンが大量に発生し、赤潮などの被害を引き起こすようになったのだ（図表４－７）。１９７２年に播磨灘を中心に発生した大規模赤潮では、養殖ハマチが大量に死亡し、71億円もの漁業被害をもたらした。そして瀬戸内海は「瀬死の海」と言われるようになった。

　富栄養化に伴う赤潮の発生などによる被

害を防ぐため、国は1970年に水質汚濁防止法、1973年に瀬戸内海環境保全臨時措置法、1978年には瀬戸内海環境保全特別措置法などを制定し、窒素やリンの流入負荷削減などの環境保全対策を進めた。また工場等には排水処理施設が導入され、下水道も普及するようになった。このような取り組みが功を奏して、瀬戸内海への窒素やリンの供給量はどんどん減少、海水中の窒素やリン、水の汚れを表す指標である化学的酸素要求量（COD）は低下し、赤潮の発生件数も著しく減少した（図表4－7）。これで瀬戸内海は瀕死状態から回復し、再び豊かな海になるとの期待が高まった。

しかし、現実は厳しかった。瀬戸内海の漁獲量は、奇しくも赤潮が大規模に発生していた1980年台前半にピークを迎え、その後、水がきれいになるにつれてどんどんと減少し続けたのである（図表4－7）。漁業関係者も当初は獲りすぎが原因と考えて漁獲量を調整したのだが、それでも一向に回復傾向とはならなかった。それればかりか、養殖海苔の色落ちが目立ち、牡蠣の身は小さくなった。また、兵庫県の県民食ともいわれる「釘煮《くぎに》」に使うイカナゴの漁獲量は最盛期の10分の1にまで落ち込み、おまけにやっと獲れたイカナゴは見る影もなく痩せ細っていた。

これらの不漁の原因はなんと「貧栄養化」にあった。水質の向上を図るために富栄養化の原因となる窒素などを必要以上に浄化したために、今度は逆にプランクトンの餌がなくなり、甲殻類や小魚、そしてこれを捕食する大型魚と、食物連鎖が崩れ去ったのである。また海苔の色落ちも窒素不足が原因だった。つまり、豊かな海ときれいな海は違うものだったのである。

このことが分かり始めてから、瀬戸内海沿岸各地では豊かな海を取り戻す試みが始まっている。例えば、「かいぼり」の推進だ。兵庫県は全国で一番ため池の数が多い。農閑期の冬にはため池の水を底に溜まった泥とともに川へ流す取り組みを行っている。この活動によって泥に含まれる栄養塩が海へ運ばれ、海苔の色落ちやイカナゴの漁獲量の減少を防ぐ効果が確認されている。また、下水放流水に含まれる栄養塩類の量を調節して、瀬戸内海の貧栄養化を軽減する試みもなされている。このような試みによって、瀬戸内海はやや豊かさを取り戻しつつあるようだ。今注目されているＳＤＧｓの先駆的な取り組みといえよう。

＊　　＊　　＊

４００種以上の魚介が生息し、灘と瀬戸が繰り返す地形で発生する高速潮流が「旨い」魚を育む瀬戸内海。この天然の生簀の成立は、約３００万年前に太平洋プレートに押し負けて沈み込みの方向を北西へと変えざるをえなかったフィリピン海プレートの運動が鍵を握っている。この大事件によって地盤の古傷であった中央構造線が再び動き出し、その北側の地帯には低地と高地が繰り返すシワが発達したのである。つまり、美味なる魚を育む瀬戸内海は、強烈な地殻変動の結果誕生したものであり、当然のことながら活断層が多く直下型地震に見舞われる危険性が高い地域である。恩恵だけをちゃっかりと楽しむのは少し虫が良すぎるというものだ。いつ起きてもおかしくない直下型地震という試練に対しても、覚悟を持って備えたいものである。

江戸前魚介 ―地震と引き換えの海の幸―

「江戸前」といえば、もともと江戸城の前、すなわち羽田沖から佃島《つくだ》、そして江戸川河口の葛西周辺の漁場を指したという。江戸時代後期の文政年間（1818〜1830年）に華屋與兵衛《よへえ》が、この豊饒《ほうじょう》の海で採れたネタを酢飯に乗せて握って出したものが江戸前寿司の源流といわれている。

寿司といえば奈良時代より続く発酵食品である「なれずし」が主流であった当時、さっと作れてさっと食べることができる「早ずし」は江戸庶民の心を鷲掴みにしたようだ。現在でも江戸前寿司の顔である酢漬のコハダも、與兵衛の考案だという。煮ても焼いても食えないこの魚を、なんとか美味く食したいという執念さえ感じる。当時は米酢がまだ高級品だったが、酒粕を発酵させた赤酢が考案されたことも早ずしブームに火をつけた。天保３年（１８３２年）には、当時は下魚といわれたマグロの大群が江戸前へ押し寄せた。このマグロをなんとか寿司ネタにしようと、「漬け」を考案したのも與兵衛だという説もある。

しかし、江戸前のネタを江戸前寿司の定義とすれば、今の東京にはもはや江戸前寿司は存在しない。江戸前だけではとても賄《まかな》いきれず、全国いや世界各地から選りすぐりの食材が集まり、おそらく世界でトップクラスの美食としての寿司を提供する店も多い。そのような店は当然ながら江戸庶民が小腹の空いた時に立ち寄った屋台寿司とは異なり、最高級レストランとなっている。

このようにすっかり様変わりした江戸前寿司ではあるが、今でも江戸前寿司の伝統は脈々と受け継がれているように思う。単にいいネタを酢飯と合わせた寿司であれば全国どこでもいただけるのだが、もともと鮮度が落ちやすく癖のある江戸前魚介をきっちりと仕込みをして、味つけされたネタは秀逸だ。高級店へはおいそれと行けない私だが、下町の寿司屋にふらりと入って、こんな江戸前寿司に出会うと嬉しくなってついつい飲みすぎてしまう。

そんな江戸前寿司で、ちょっと最近気になっていることがある。赤酢を使う店が増えてきているようなのだ。テレビのグルメ番組などでも、「伝統的な赤酢を使った店」と紹介されることもある。

ある意味で米酢の代用品として使われ出した赤酢だが、もちろん濃厚で甘みと丸み、それに香りもあり、生臭みのあるコハダなどの「ひかりもの」をしっかりと締めるにはもってこいである。一方でシャリに合わせるとなると、これは個人の好みの問題であろう。豆腐のところでもお話ししたように、このような商業主義が見え隠れする「風潮」には流されないようにしたいものだ。ちなみに私にとっては、赤酢と塩だけのシャリ酢はちょっと塩からくて、ビールが欲しくなってしまう。米酢と砂糖、それに塩を混ぜた寿司酢の方が好みである。いずれにせよ、シャリも命といわれる江戸前寿司では、口の中でシャリがパラッとほどけるものでなければいけない。

豊かな内湾

庶民を熱狂させた江戸前寿司のネタは多様である。例えば、スズキ、カレイ、ヒラメ、ウナギ、アナゴ、コノシロ（コハダ、シンコ）、アサリ、ハマグリ、バカガイ、赤貝、それにマグロ。大小様々な魚に、貝類も豊富だ。まずはこんなにも豊かな東京湾の地形や地質と魚介類の関係について概観してみることにしよう。

東京湾は、神奈川県横須賀市・観音崎と千葉県・富津岬に囲まれる内湾である（図表4－8、次ページ）。行政上は浦賀水道も東京湾に含められるが、ここでは狭義の東京湾を取り扱うことにする。浦賀水道は水深７００ｍにも達するが、内湾の最深部は70ｍ程度で、湾奥にむけて浅くなる（同図表）。特に隅田川、荒川、江戸川が流れ込む北部域では、三番瀬で代表されるような干潟を含む浅海域が広がっている。さらには、江戸幕府によって文禄3年（１５９４年）から60年間にもわたって実施された「利根川東遷」以前は、関東平野最大の河川である利根川水系の大部分は東京湾北部へ流れ込んで、広大な干潟を形成していた。

このような深さ十数ｍまでの海底には、河川から運ばれた比較的粒度が粗い砂が堆積している（同図表）。このような河川水の影響を受ける汽水域かつ砂質の浅海では、アマモやコアマモなどの海草がいわゆる「藻場」を作り、スズキの幼魚であるセイゴ、ボラ、クルマエビ、イシガニなどが生息する。また海草が少ない砂地の海底にはアサリ、バカガイ、ハマグリが、またやや泥がちの海底にはアカガイと、貝類も豊富だ。東京の名物料理の一つである

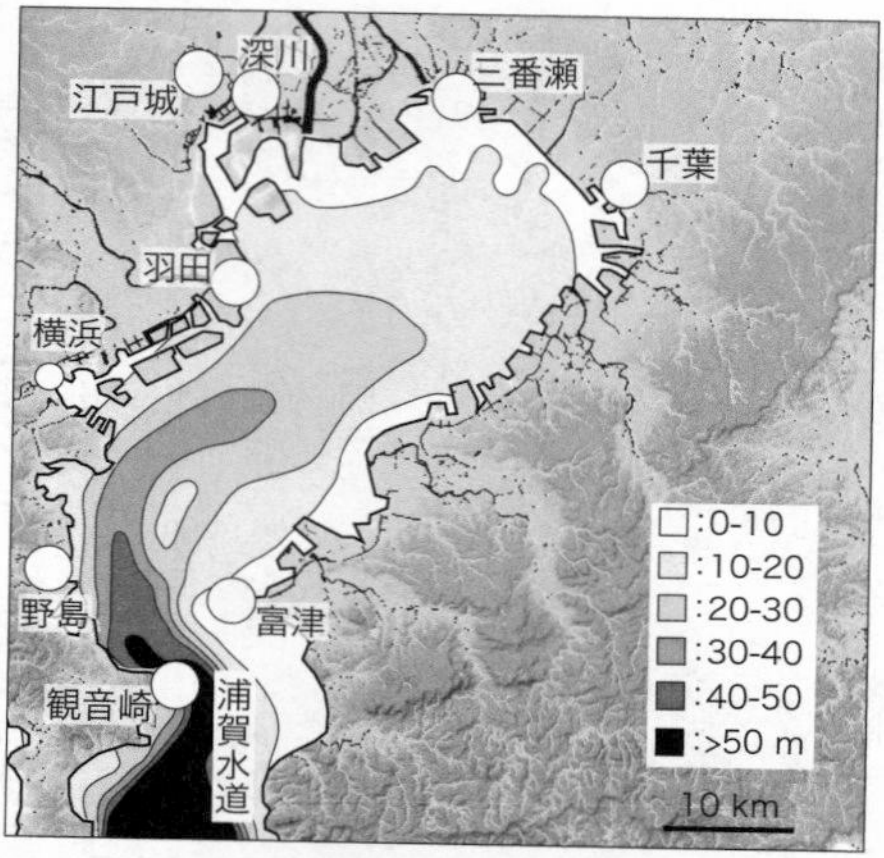

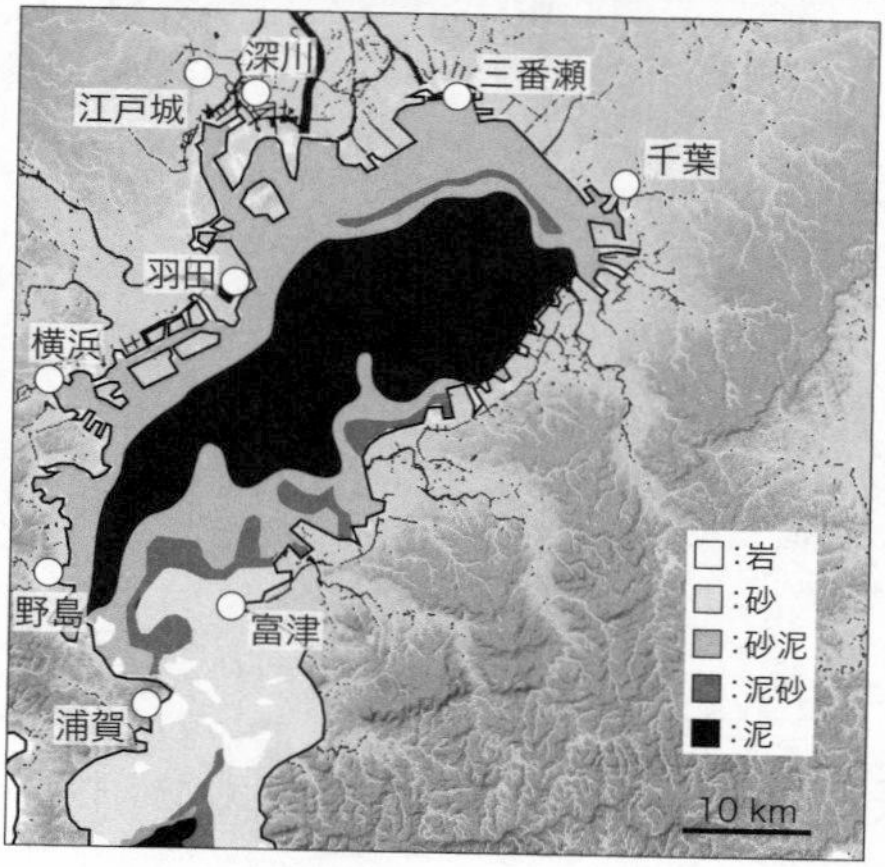

図表4-8　東京湾の水深（上）と底質（下）

出典）海上保安庁海洋情報部「東京湾の海底地形図」および水産庁「昭和 56 年度漁場改良復旧基礎調査報告書」をもとに作成。

「深川めし」。現在では、あさりの炊き込みご飯であるが、そのルーツは、深川など東京湾北部で大量にとれたバカガイ（アオヤギ：現在の千葉県市原市青柳地区が名前の由来）を塩茹でしてご飯にのせた、漁師の賄い飯といわれている。

一方で、もう少し沖合では粒子の細かい泥が海底を覆っている。このような泥質の海底を住処とする魚の代表格がマアナゴだ。その名前（穴子）から分かるように、海底に穴を掘って群れを成している。江戸前のアナゴといえば「羽田沖」と相場は決まっている。西のアナゴは高砂沖の播磨灘（図表４－５、126ページ）が有名だが、江戸前の方が泥がちであるために特有の香りがあるので料理の主流は煮穴子である。一方、高砂沖の瀬戸内海ものは焼き物が多い。東西いずれのアナゴも、河川から森の養分が運ばれてプランクトンが発生し、これを捕食する甲殻類やゴカイ、小魚などの餌が豊富な場所に暮らしている。

通常いただくマアナゴは、体長40㎝くらいまでなのだが、時には「伝助アナゴ」と呼ばれる巨大なものに当たる。かつては役に立たない代物としてこの名が付いたというが、きちんとぬめりを落として骨切りした上で焼き霜造りでいただくと、その脂の乗った美味さに驚く。またマアナゴの幼生（レプトケファルス）は、高知では「のれそれ」、淡路島では「はなたれ」、岡山では「べらた」などと呼ばれて、透明で甘みのあるものを三杯酢でいただくと最高である。ただ、最近は東京湾も瀬戸内海もマアナゴの漁獲量が減少しているので、せめて大きくなってからいただこうかと、できるだけ食さないように心掛けている。

内海で平均水深が20m程度の東京湾ではあるが、大型魚のスズキは現在でも全国屈指の漁獲量を誇っている。一方で、かつてはマグロも湾内へ入り込んできたようだ。特に天保3年（1832年）は大飢饉が始まった年であったが、東京湾周辺ではマグロが大漁であった。あまり脂っこいものを好まなかった当時の人々にとって鮪は下魚で、多くは畑で肥料として使われたのだが、それでもまだ余るくらいに獲れた。そこで寿司職人が思いついたのが、当時生産量が増えてきた醤油と合わせた「漬け」であった。これが江戸っ子の間で人気となり、今でも江戸前寿司の華ネタとなっている。

このように豊かな海の幸を育む東京湾だが、一体どのようにしてこの内湾ができあがったのであろうか？

房総半島が支える東京湾・関東平野

東京湾が内湾である理由は、この湾が房総半島によって外洋である太平洋と遮断されているためだ（図表4-9）。また東京湾の背後には、日本一広大な関東平野が広がっている。そ

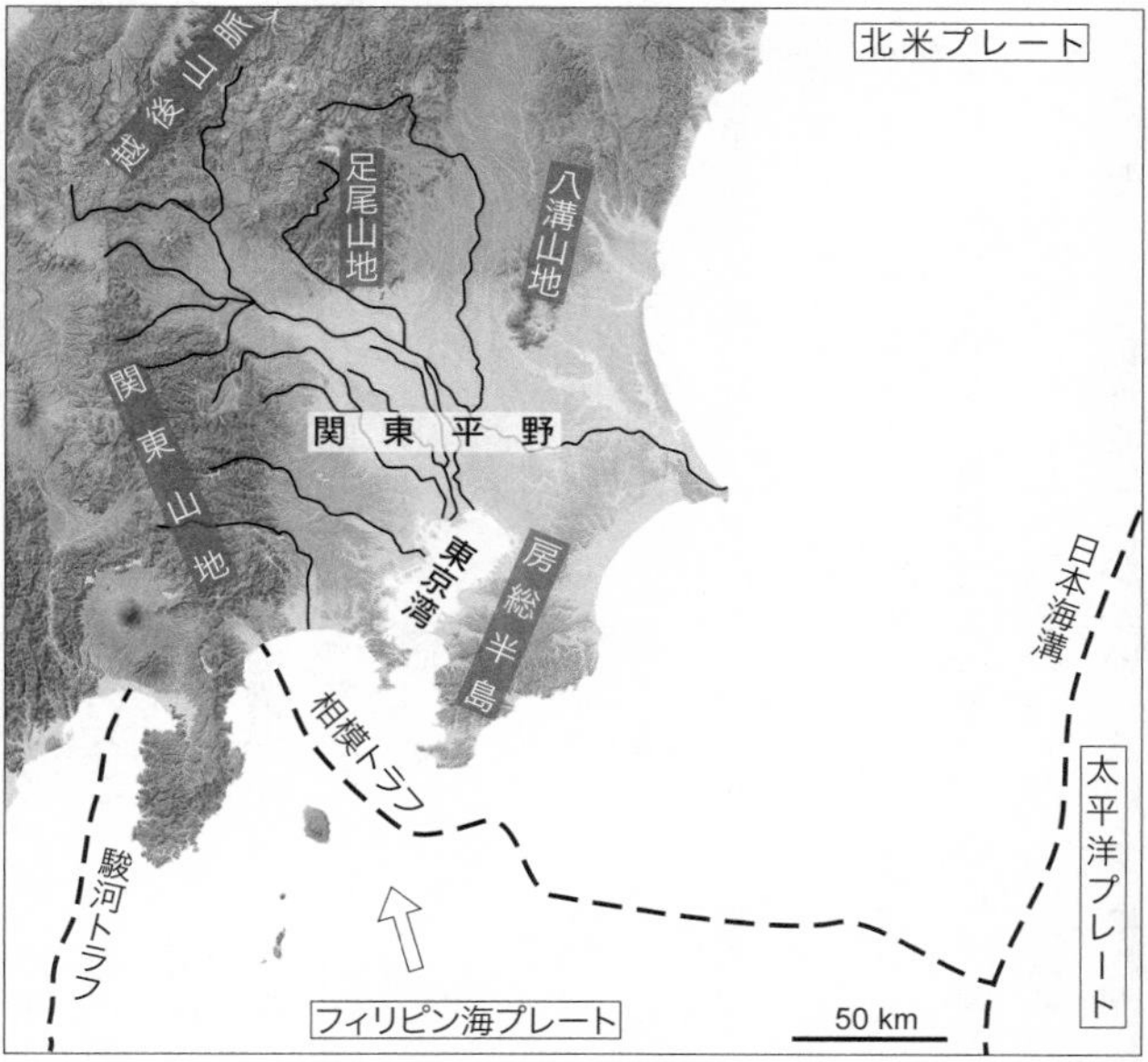

図表4-9　関東平野とその周辺の河川（黒い実線）および地形

出典）産業技術総合研究所地質図ナビをもとに作成。

して東遷以前の利根川をはじめ、関東平野を流れる多くの河川が東京湾へと流れ込んでいる。

関東山地、越後山脈、足尾山地に源流を発しているこれらの河川が運ぶ土砂が房総半島に堰き止められるように堆積することで、関東平野は広がった。図表4－9に示すように、関東地方の東側には水深6000mを超える日本海溝が走り、もし房総半島が存在しなければ、河川から運ばれる土砂はどんどんと日本海溝まで運ばれてしまい、関東平野は形成されなかったであろう。つまり、房総半島の出現が東京湾、そして関東平野の形成に大きな役割を果たしたのである。

関東平野周辺の山地は、5000万年前以前に形成された花崗岩や変成岩などの岩石や地層で造られている。一方、平野部は500万年前以降に堆積した比較的新しい堆積物が占めている。このように形成された時代に大きなギャップがある場合、古い岩石や地層のことを地質学では「基盤岩類」と呼ぶ。

基盤岩類は古い時代に形成されたもので時間をかけて圧縮されて硬く、いわゆる「岩」や「石」と呼ばれるものである。新しい地層では「砂」や「泥」と呼ばれるものも、基盤岩類では「砂岩」や「泥岩」となる。こうした硬さの違いは、例えば地震が起きた場合の波の伝わる速さや揺れの違いとなって現れる場合が多い。このように物性に注目した場合は「地震基盤」という表現が用いられる。そして、この地震基盤と地質学的な基盤とはおおよそ対応をつけることができる場合が多い。さらには「工学的基盤」という考え方もある。ビルを建設する場合には、柔らかくて多様な特性を持つ表層地盤ではなく、比較的均質な構造を持つ「工学的地盤」に達するまで杭を打ち込んでビルの揺れを抑える。この工学的基盤は地震基盤や地質学的な基盤よりは浅い所に位置する。

地下にある巨大な〝お椀〟の謎

では、関東平野と東京湾のでき方を考えるために、関東地方の基盤の形状を見ることにしよう（図表4－10、次ページ）。この地下構造は、地下の天然ガスの分布や首都圏を襲う地震が起きた場合の揺れの大きさを予測するために行われた、多数のボーリングなどの地下構造探査の結果明らかになったものだ。

この図表を見ると、関東平野の地下には巨大なお椀状の凹地が存在していることが分かる。関東山地から房総半島南部の嶺岡《みねおか》山系、そして銚子の犬吠埼、茨城県ひたちなか市、さらには八溝山地、足尾山地と、関東平野を取りまく地域には基盤岩が露出している。この縁から東京湾の真下に向かって基盤岩の深度は４０００ｍ以上も深くなっているのだ。

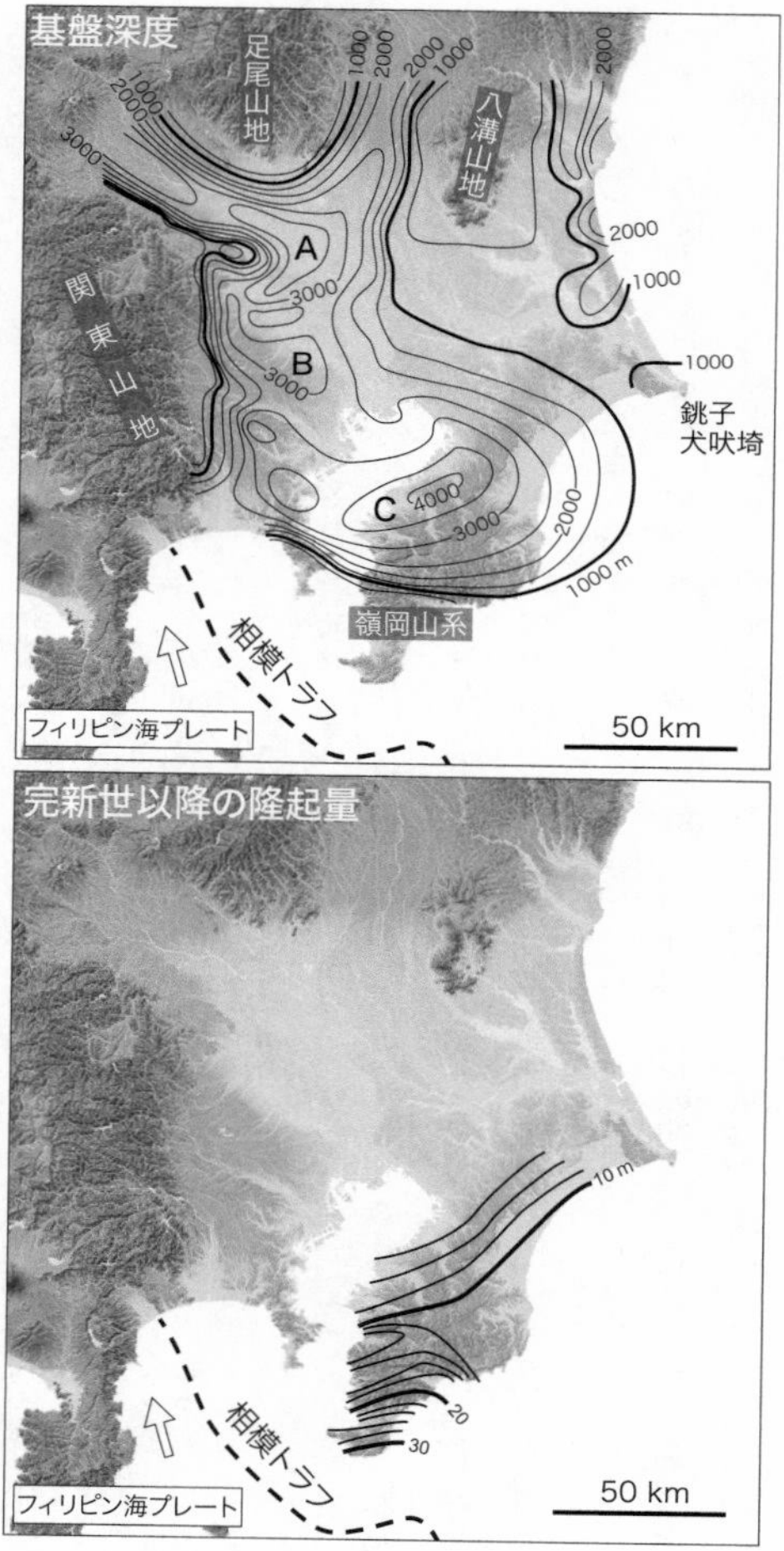

図表4-10　関東平野の地下に潜む基盤岩が形作るお椀状の凹地　この凹地にはA、B、Cの3つの中心がある（上図）。房総半島では、完新世（約1万年前）以降、隆起が進行してお椀の縁を形成している（下図）。

出典）鈴木(2002：防災科学研究所研究報告)、Shishikura（2014: Episodes）をもとに作成。

この凹地、特に関東平野北部域のもの（図表4－10のAとB）については、詳しい基盤構造と地質構造の解析によってその形成メカニズムが解明されつつある。産業技術総合研究所によると、この凹地の形成は、第1章で述べた日本列島のアジア大陸からの分離と太平洋への移動によって形成されたというのだ。現在の関東地方を含む東日本が、反時計回りに回転しながら大移動する過程で発達した断層系に沿って、基盤が沈降したという。しかし、東京湾の直下、図表4－10のCの凹地については、未だその形成メカニズムは不明である。そこで、ここではこの「東京湾地下盆地」のでき方を考えてみることにしよう。

その際に重要と思われるのが、地下盆地の東縁で起きている隆起現象だ（図表4－10下）。このデータは、岩礁の平均海水面付近に固着するカキやフジツボなどの生物遺骸群集の年代と現在の標高を調べることによって明らかにされたものである。その結果から、房総半島の南部から北東部にかけて、ちょうど東京湾地下盆地の縁を囲むように隆起が進行していることが分かる。この盆地の形成と隆起の原因は何であろうか？

2011年3月11日に発生した東北地方太平洋沖地震は、強烈な揺れと津波によって東日本大震災を引き起こした。このような海溝型巨大地震は、沈み込むプレートによって引きずり込まれていた大陸（日本列島）側の地殻（プレート）が跳ね上がることで発生する。この

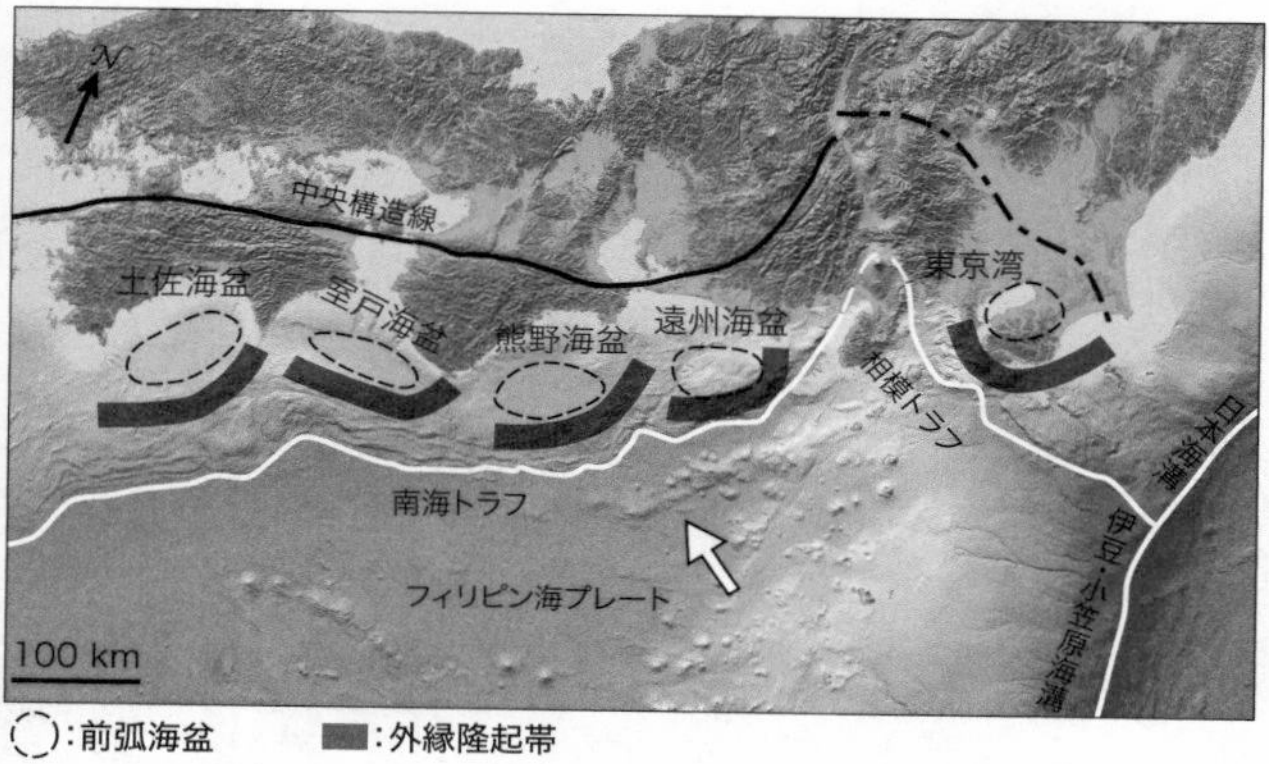

図表4-11　フィリピン海プレートの斜め沈み込みによってトラフ沿いに形成されつつある外縁隆起帯と前弧海盆　これらは海溝型巨大地震時の物質移動が造る隆起域と沈降域である。

出典）産業技術総合研究所地質図ナビをもとに作成。

跳ね上がりによって地殻物質は海溝側へと移動して、地震発生域の海底付近を隆起させる（図表4－11）。この急激な隆起が津波を引き起こすのだ。

しかし、地殻物質が深い所から沈み込むプレートに沿って隆起域へ流れ込むと、地殻の深部では物質が減少してしまう。その結果、海溝型巨大地震の発生に伴って、隆起域と沈降域がペアで形成されるのだ。この現象については、のちにもう少し詳しく解説しよう（160ページ参照）。

西日本では、過去に起きた南海トラフ巨大地震によって生じた隆起と沈降によって、トラフに沿うように外縁隆起帯と前弧海盆《ぜんこかいぼん》（沈降域）が規則的に造られている（図表4－11）。隆起域が逆L字型の形状を示しているのは、フィリピン海プレートが南海トラフに対して斜交するように沈み込んでいるためである。

このフィリピン海プレートは、相模トラフから関東地方へも沈み込んでおり（同図表）、1923年の大正関東地震（関東大震災）、1703年の元禄関東地震などの海溝型巨大地震が繰り返し発生してきた。これらの相模トラフ沿いの海溝型巨大地震でも、プレートの跳ね返りによって海溝の陸側に隆起域が形成されたとすれば、房総半島周辺の隆起現象（図表4－10、図表4－11）をうまく説明することができる。実際に大正関東地震ではこの辺りの海岸で隆起が認められた。そうであるならば、東京湾直下に存在するお椀状の地下沈降盆地は、相模トラフ沿いで起きてきた海溝型巨大地震によって、逆L字型の隆起帯の陸側にペアで造られた沈降域と考えることができよう（図表4－11）。

しかしながらこのメカニズムだけでは、4000m近い東京湾の凹地を造るのは難しいように感じる。というのも、海溝型巨大地震に伴って沈降が起きた地域では地殻が薄くなるために、マントルがゆっくりと移動して、ある程度は沈降を回復させるのである。巨大な東京湾地下盆地の成因はまだ謎が多い。

東京湾の豊かな海の幸が、地震という厳しい試練と引き換えの恵みであることは間違いない。東京湾の恩恵を最も享受している首都圏では、今後30年間に震度6弱以上の強い揺れに見舞われる確率が80%にも達する。こんなことを言うと「何しようぞ　くすんで　一期は夢よ　ただ狂え」（閑吟集《かんぎんしゅう》）と言われてしまいそうであるが、このような諦念に基づく刹那的享楽主義だけで江戸前寿司をいただくのは、あまりにも身勝手というものであろう。

＊　＊　＊

いちご煮・真牡蠣　―三陸海岸の不思議な地形―

三陸。日本史上最大の内戦といわれる戊辰戦争後に、それまでの陸奥国は陸奥、陸中、陸前に分割された。そしてこれら陸のつく三国は「三陸」と総称されるようになった。ただ現在では北上山地とその東側の沿岸部を指すことが多いようだ（図表4－12）。

北上山地のせいで陸の孤島という表現がぴったりの隔絶感がある三陸海岸は、まるで豊かな海の恵みと引き換えであるかのように古代から幾度となく大津波に襲われてきた。また急

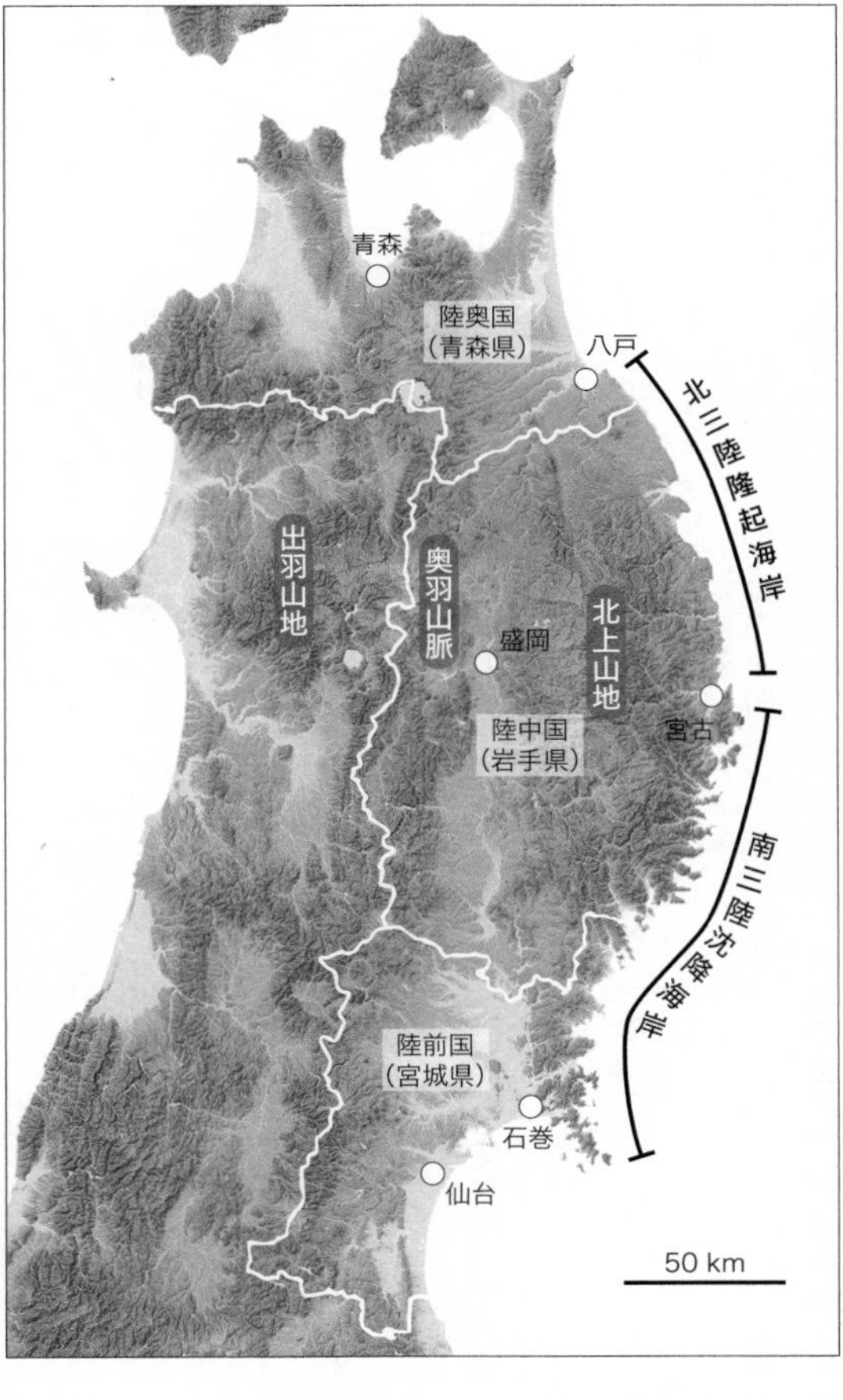

図表4-12　三陸地方（陸奥・陸中・陸前）の沿岸域をなす三陸海岸　北部と南部で対照的な地形が発達する。

出典）産業技術総合研究所地質図ナビをもとに作成。

峻な地形のために耕作はままならず、かろうじて北部域にある平坦地は不毛な火山性土壌が厚く堆積し、しかも「やませ」と呼ばれる冷たい風が東から吹きつけて停滞するために冷害が頻発した。しかし、この地の人々は、日本列島からの過酷すぎるほどの試練を受けながらも、粘り強く営みを続け特有の食を育んできた。

この三陸海岸の食を代表するのが、北部域である八戸周辺の郷土料理である「いちご煮」と南三陸海岸で育つ「真牡蠣」であろう。

厳しい食料事情だったからこそ

名前だけを聞くと「イチゴの煮物??」と怪訝《けげん》がる向きも多いだろうが、いちご煮の正体は汁ものである。しかも使われている食材は、高級食材の代表格でもあるウニとアワビ。いわゆる潮汁の一種で、乳白色のスープに沈むウニの姿が朝もやに霞む野イチゴに見えることから命名されたそうだ。

北部三陸海岸、八戸市の南部から階上《はしかみ》町に続く種差海岸・階上海岸一帯は、南部とは対照的に直線的な海岸線をなす断崖が続く（図表4－12）。このような断崖の海岸は磯となり、海底にはウニやアワビが大好物の海藻が生い茂る。

最近ではウニといえば北海道産エゾバフンウニが全国の名代寿司屋を席巻している。大振りで色鮮やかで、加えて濃厚な味わいのこのウニは確かに美味い。北海道の海底に林立する昆布に含まれる旨味成分グルタミン酸をたっぷりと取り込んでいるように思える。一方で、この三陸海岸や魯山人も絶賛の山口県北浦の海岸のウニはやや控えめだが、いかにも奥深い味がある。おそらく、昆布単一ではなく多様な海藻を食べて育つからであろう。そしてこのウニと、海藻の旨味がとりわけ肝に溢れるアワビという三陸の海の幸を使った漁師料理がいちご煮の源流だという。

やがて大正時代になると、いちご煮は料亭料理の華として碗で出されるようになり、今でも八戸周辺ではハレ食の吸い物として、お盆や正月、祝い事などの席で出されている。

こんないちご煮の謂《いわ》れを聞くと、「昔の漁師さんは贅沢極まりないものを食べていたんだね」と私たちはついつい羨ましがってしまう。しかしかつてのこの地方の様子を伺うと、どうもそんな豪勢な話ではなさそうだ。

２０２１年に「北海道・北東北の縄文遺跡群」が世界遺産に登録されたように、縄文時代の北東北は温暖な気候で、森と海の恵みに溢れ人々は豊かな暮らしを送っていた。しかし、やがて温暖期は終わり、弥生時代になって西日本から南東北で米作が広く行われるようになったころには北東北の気候は米作には適さなくなってしまった。その結果、青森県では縄文遺跡に比べると弥生遺跡の数は非常に少ない。

そんな悪条件の中でも人々は懸命に米作りに取り組んだようだ。それでも「やませ」のせいで度々冷夏に見舞われ、苦しい米事情が続いた。夏に太平洋から吹きつけるこの冷風は八甲田山や十和田山などが並ぶ奥羽山脈にぶつかるために、八戸周辺域に冷たい空気が停滞する。このような状況で作物が不作の時、漁師さんにとっていちご煮は決して贅沢な食べ物ではなかった。生きるためにウニとアワビを食べるしかなかったのだ。

いちご煮とともに北三陸八戸地方の名物といわれるのが、「せんべい汁」だ。そしてこの郷土料理からも、劣悪な食料事情と闘った人々の生活を読み取ることができる。米と違って比較的冷涼な気候に強い小麦を栽培し、保存しやすいせんべいとして、それを味噌汁や鍋に入れた。これがせんべい汁の原型である。

真牡蠣を育むリアス海岸

生ものの魚介を食べる習慣があまりない欧米でも牡蠣は別格だ。例えばフランスの冬のアントレといえば、ブルターニュ、カンカル産の生牡蠣が圧倒的に人気である。それに合わせるのはもちろん「シャブリ」。フルーティーな中にも火打ち石を打った時の香りともいわれる香としっかりした辛口を、ミルキーで濃厚な生牡蠣と闘わせながら楽しむことができる。これが食中酒の醍醐味だ。

ブルターニュといえば、２０１１年の大津波で我が国の牡蠣の一大産地である南三陸海岸が壊滅的な被害を受けた際に、「France o-kaeshi 作戦」と銘打って筏《いかだ》や縄、作業着などのカキ養殖に必要な装備を送って下さった。ブルターニュ地方では過去に幾度か牡蠣の病気が蔓延して壊滅の危機に陥ったのだが、その時に真牡蠣の幼生を送って窮《きゅう》地《ち》を救ったのが三陸だった。元は平型の真牡蠣が養殖されていたブルターニュ地方だが、今では厚みのある三陸型も人気だという。大好物の生牡蠣をいただく時に、私はいつもこの話を思い出してこみ上げるものがある。

夏がシーズンの例えば能登半島の岩牡蠣とは違い、三陸産の養殖真牡蠣は秋が深まり始めると旬を迎える。ヨーロッパではRの付かない月（5月～8月）の牡蠣は食べるなと言われる。産卵期で味が落ちるからだ。これはカンカルや三陸などで養殖されている真牡蠣に当てはまる法則だ。

三陸の牡蠣は養殖といってもプリプリかつミルキーでそれは素晴らしい。大津波のあとは養殖量を抑えて、大きくて旨味たっぷりの真牡蠣を出荷するようになったのだ。三陸の牡蠣といえば、NHKの朝ドラ『おかえりモネ』で、牡蠣養殖を営んでいたおじいちゃんが幼いモネに言った言葉を思い出す。「山の葉っぱは海の栄養になるのさ」。

そう、三陸特に南三陸には鋸《のこぎり》の刃のように狭い湾や入江が入り組んだ「リアス海岸」が発達していて、この穏やかな内湾へは背後の北上山地の森から栄養分が運ばれて植物プランクトンが湧き、立派な真牡蠣が育つのだ。

昔地理の授業で習ったように、リアス海岸は谷の発達した山地が沈降したことで谷が海に沈み、尾根が半島のように突き出して入り組んだ地形となったものだ。つまり南三陸は「沈降海岸」なのである（図表4－12、153ページ）。

北部は隆起し、南部は沈む三陸海岸

八戸－階上の北三陸は隆起海岸で磯浜となりウニやアワビが育つ。一方で南三陸は沈降してリアス海岸となり真牡蠣が育まれる。

三陸海岸の背後には北上山地が南北に走る（図表4－12）。おおよそ1億年前という古い時代の花崗岩や地層、それに変成岩などからなる地盤が隆起してこの山地を形成している。先

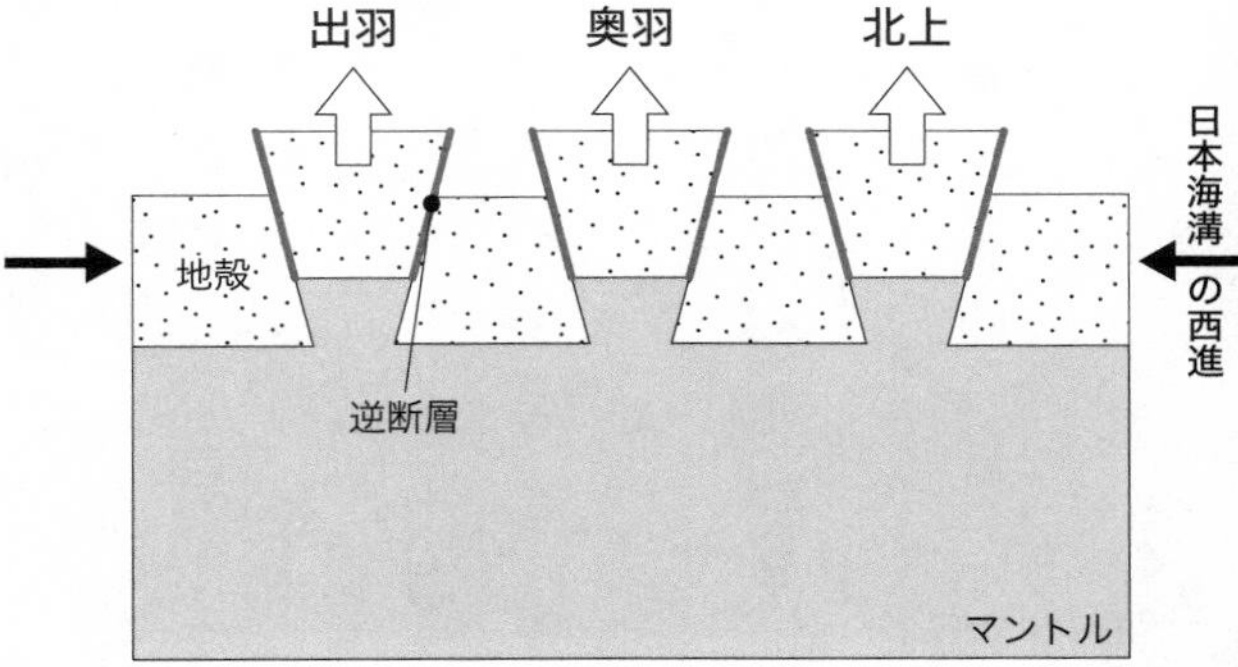

図表４-13　北上山地を含む東北地方の山地形成メカニズム

にも述べたように、東北地方には北上山地以外にも奥羽山脈、出羽山地などが南北方向、つまり列島や日本海溝の延びの方向に揃うように配列している（図表４－12）。そしてこれらの山地の間には、低地や盆地が分布する。

このような山地と低地の並行配列は、太平洋プレートとフィリピン海プレートの鬩ぎ合いの結果、約３００万年前から日本海溝が西向きに移動するようになったことが大きな原因だ。強烈に圧縮されるようになった東北地方の地盤には断層が発達して、それを境にして山地が隆起し、取り残された所が低地や盆地となったのだ（図表４－13）。

三陸海岸の背後にある北上山地の隆起は今も続いている。だからこそ、北三陸では崖が続く海岸となっているのだ。では、なぜ南三陸は沈降してリアス

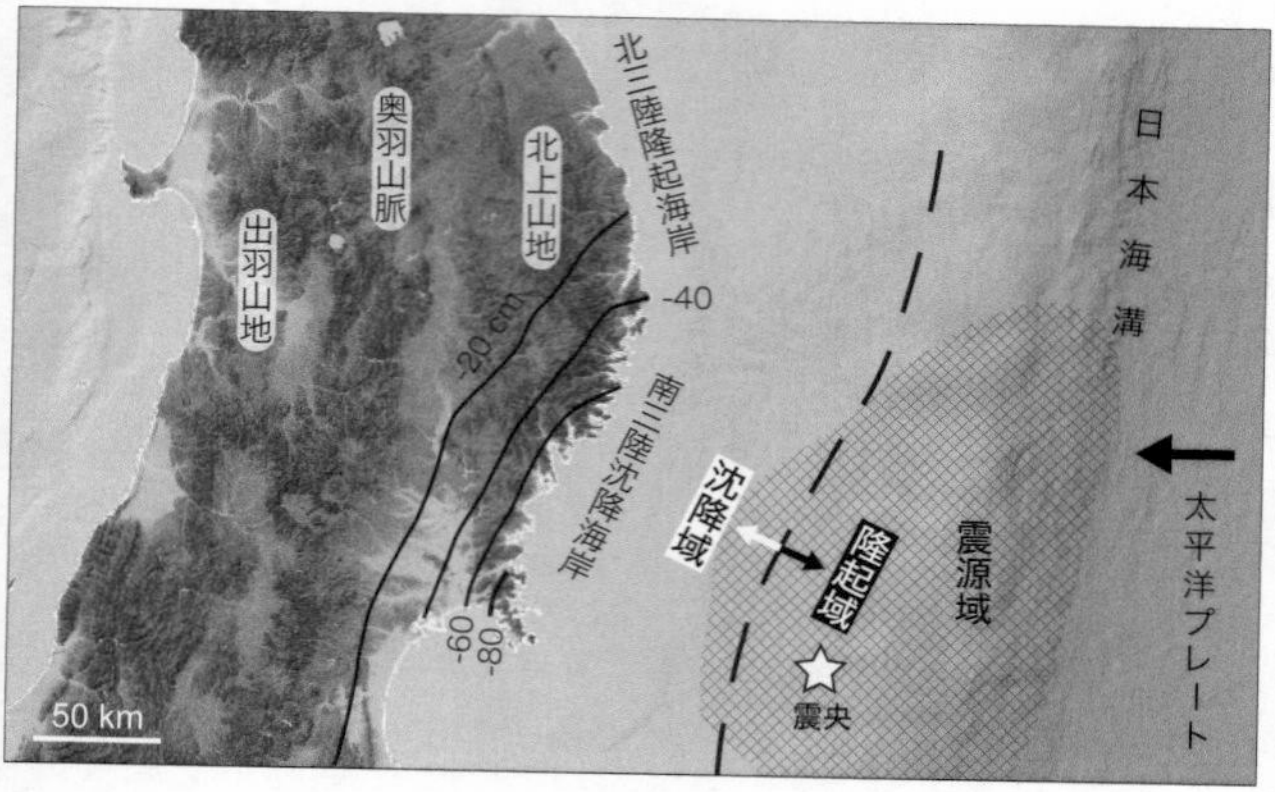

図表４-14　東北地方の山地および2011年に発生した東北地方太平洋沖地震の震源と地殻変動

出典）産業技術総合研究所地質図ナビ、国土地理院、海上保安庁のデータをもとに作成。

海岸ができたのだろうか？

２０１１年３月11日に発生して未曾有の大災害を引き起こした東北地方太平洋沖地震。この海溝型巨大地震は、先にも述べた通り、日本海溝から沈み込む太平洋プレートが地下へ引きずり込んでいた東北沖の地盤（プレート）が限界に達して跳ね返り、２つのプレートの境界が広範囲でずれたことで起きた（図表４－14の震源域）。

東北沖では跳ね返ったプレートが海水を押し上げて、あの巨大津波が発生した。つまり、津波は急激な海底の隆起が原因なのだ（同図表）。

一方で、地震発生時には宮城県の海岸に沿って急激な沈降が認められた。三陸海岸

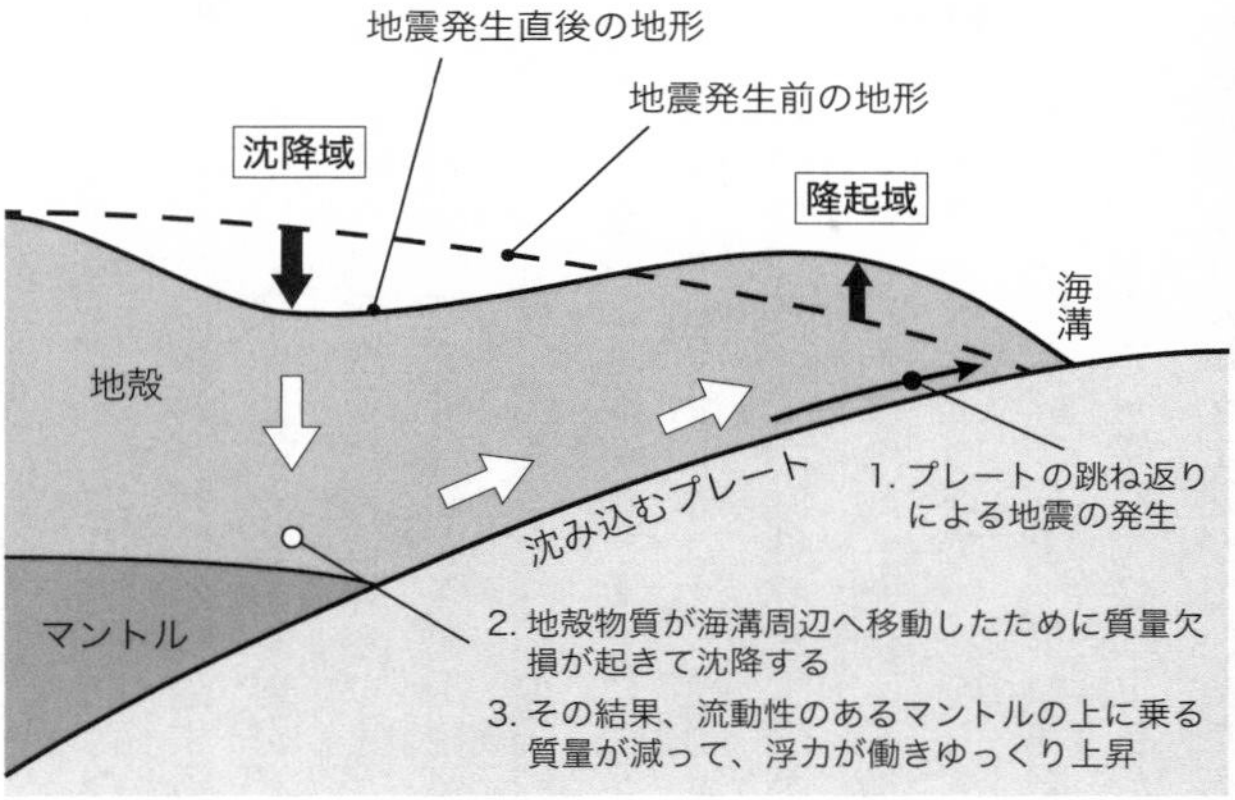
地震発生直後の地形
地震発生前の地形
沈降域
隆起域
海溝
地殻
沈み込むプレート
1. プレートの跳ね返りによる地震の発生
マントル
2. 地殻物質が海溝周辺へ移動したために質量欠損が起きて沈降する
3. その結果、流動性のあるマントルの上に乗る質量が減って、浮力が働きゆっくり上昇

図表４-15　海溝型巨大地震に伴う地殻変動のメカニズム

の南端に当たる牡鹿半島では１ｍも地盤が沈降した。その後の調査で、このような沈降は震源域の陸側の海域でも広範囲に認められた（同図表）。なぜこのような沈降が起きたのだろうか？

地震を起こしながら跳ね返った地盤の動きは、想像を絶するものだった。地震発生前後の海底地形の解析から、地盤は水平方向に50ｍ以上も海溝方向へ移動し、同時に10ｍ程度の隆起を引き起こしたのだ（図表４－15）。

この地盤の跳ね返りに伴って、震源域陸側の地盤深部の物質も海溝側へと移動したと考えられる。その結果、この領域の地下では質量欠損（物質がなくなってバランスが崩れること）が生じて、地盤沈下が起きたのだ（同図表）。先に述べたようにこのメカニズムが、江戸前寿司のネタとなる魚介を育む東京湾の形成にも一役買っている。

しかしこの沈降域は、時間が経過すると隆起に転じる。物質移動と沈降によって地殻が薄く、つまり軽くなったために、流動的で重いマントルの上に浮かんでいる状態にある地殻が重力のバランスを取るために浮かび上がるのだ（図表4－15）。実際、ＧＰＳ観測によると南三陸沿岸の沈降域では現在も隆起が続いている。

海溝型巨大地震が起きると、その震源域の陸側は一旦急激に沈降する。その後、この沈降域では薄くなった地殻を補うようにマントルが上昇して沈下した地盤は上昇回復する。しかし、その回復は地震発生時の沈下量を完全に補うことができないようだ。なぜならば南三陸では、長い時間スケールで見ると沈降が卓越してリアス海岸が発達しているのだ。つまり南三陸では、過去に何度も起きた巨大地震時の累積沈降量が、回復期の隆起と北上山地の上昇を合わせた隆起量を上回っているのである。

一方で北三陸でも、２０１１年の地震発生時には沈降が起きていた（図表4－14）。当然過去に起きた地震でも同様に沈降は生じたと考えられる。しかし、北上山地の隆起量がこれらの地震による沈降量を上回っていたために、この辺りは隆起海岸となっているのだ。

もしこの推論が正しいならば、日本海溝沿いで過去に幾度も発生してきた巨大地震は、北三陸沖よりは南三陸沖に集中していた可能性がある。もちろん北上山地の隆起量が南北方向に違いがあるかどうかを評価する必要があるが、三陸海岸に見られる地形の違いが、将来の地震発生予測を行う際に重要であることは間違いないであろう。

＊　＊　＊

三陸の恵み、いちご煮と真牡蠣はまさに変動帯・日本列島ならではの宝物であることはご理解いただけたであろうか？　三陸海岸の背後には北上山地があり、この山地は軽い花崗岩でできていて、日本海溝が西進しているために生じる圧縮力によって隆起している。そのために北部三陸海岸では磯浜が発達し、ウニやアワビが生息するためにいちご煮文化が発達した。一方で南三陸は、これまで度々起きてきた海溝型巨大地震による地殻変動で沈降が進んでリアス海岸となった。この静かな内湾には北上山地から森の栄養分も流れ込むため、牡蠣の養殖には最適の場所となったのである。このようなジオの背景を知ると、三陸海岸の逸品をいただく際には、私たち変動帯の民は恩恵に浴するだけでなく、試練に対峙しなければならないことを思い出したいものだ。

第5章

未来の日本列島の姿と大変動の贈りもの

山梨ワイン ――〝王国〟を生んだ伊豆半島の衝突――

いわゆる西洋料理の食中酒として欠かすことのできないのがワインだ。アルコール類はなんでも来いの私だが、体質的にフルボディーは苦手なので、もっぱら赤ワインはピノ・ノワールである。透き通ったルビー色が特徴のこのワインは、華やかな香りと滑らかさが際立つ。産地としては本家本元のフランス・ブルゴーニュが圧倒的に有名だが、調査などで何度も訪れてすっかりその自然に魅了されたニュージーランド産もよくいただく。また白ワインはいわゆる辛口が好みであるので、爽やかさが際立つソービニヨン・ブラン（もっぱらニュージーランド・マールボロ産）と、キレに加えてわずかな塩味または苦味が楽しいシャルドネ（なんといってもブルゴーニュ産シャブリ）が多い。したがって自宅でワインを開ける時には、赤は鰻の蒲焼、漬け鮪にカツオのたたき、白は白身の魚やカニ・エビ、それに貝類を合わせることが多くなる。

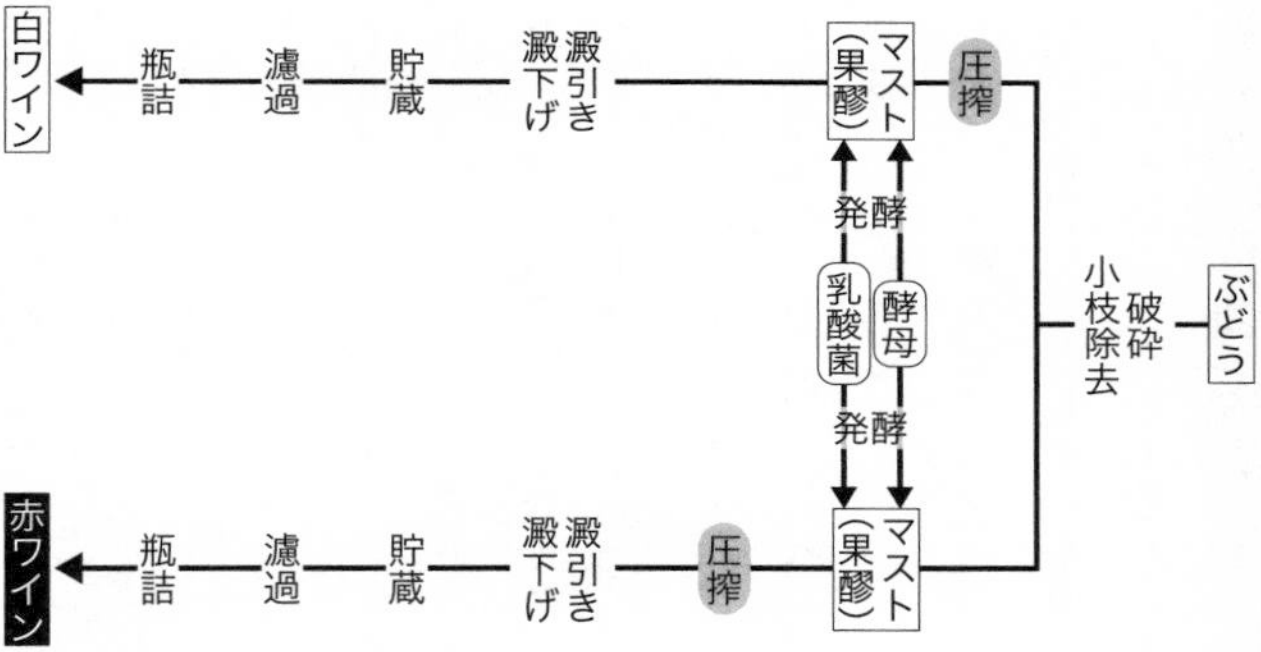

図表５-１　ワインの製造工程

ワインの作り方

ワインは日本酒と同じ「醸造酒」に分類されるが、両者には決定的な違いがある。ワインの原料となるブドウに含まれる炭水化物（糖質）はブドウ糖なので、酵母の作用でアルコール発酵することができる。一方、日本酒の原料である米の炭水化物はデンプンであり、そのままではアルコール発酵しない。そこで麹菌の働きを借りてデンプンをブドウ糖に変えるのだ。したがって、ワインの製造工程は日本酒と比べるとシンプルである（図表５－１）。もちろん、シンプルであることが簡単なことを意味するわけではない。

赤ワインと白ワインの違いは使われるブドウの違いだけによるものではない。同じブドウを用いても赤にも白にもなる。最大の違いは発酵と圧搾の順序で、圧搾を行いブドウの皮や種を取り去ってから発酵させるのが白ワイン、発酵後に圧搾を行うのが赤ワインである（図表5－1）。

ワインの発酵過程では大別すると2種類の微生物が活躍する。一つはアルコール発酵を担う酵母であり、もう一つがマロラクティック発酵を進める乳酸菌だ（同図表）。アルコール発酵はその名の通りアルコールを生成する発酵で、酵母が糖分をアルコールと炭酸ガスに分解する。一方のマロラクティック発酵ではアルコールは生成されない。乳酸菌がワイン中のリンゴ酸から乳酸と炭酸ガスを作り出す。この発酵はアルコール発酵に続いて行われ（赤ワインでは圧搾後に行われることも多い）、ブドウの持つ酸味をまろやかにして、雑菌の餌となるリンゴ酸を減らすことでワインの安定性を高める効果がある。ただ、爽やかな酸味が特徴の白ワイン、例えばソービニヨン・ブランでは乳酸菌を加えないで、マロラクティック発酵を省く場合もある。

ワインのアルコール発酵を担う酵母は決して単一の株ではなく、いろんな種類がある。それぞれの地域や地区に特有かつ複数の酵母がブドウの表面に付着していて、かつてはこれらの「自然酵母」の働きがワイン製造の主役を演じていた。しかし、このような製法ではどの酵母がアルコール発酵を担うかが予想できないために、極端にいうとできあがってみないとどんなワインになるかが分からないことが多かった。さらに自然酵母では概してアルコール発酵が進みにくいこともあった。このような場合にはブドウ糖が予想以上に残留するためにシャキッとしたワインにはならない。

こうしたリスクを回避するために、優れたワインを産出するブドウ畑やワイナリーから酵母を採取し、強い発酵力を持つ酵母を分離する試みが行われた。代表的なものは、ブルゴーニュ大学で分離に成功した「サッカロマイセス・セレビシエ」だ。まず自然酵母による多様な発酵を進ませ、その後にこの「培養酵母」を用いてアルコール発酵を完結することで、個性を保ちながら安定してワインを醸造することが可能となったのである。

最近では自然志向の風潮が強くなり、培養酵母を使用せず自然酵母のみで発酵を行う「自然派ワイン」による攻勢が強くなっているようだ。このことを売りにする人たちは、培養酵母を用いるとワインの個性は薄れて退屈になると主張することが多い。しかし、この意見には科学的根拠はない。なぜならば、先に述べたように自然酵母が働いたあとに培養酵母がアルコール発酵を進めるのであり、自然酵母による個性は十分に発揮できるはずだからだ。さらにいうと、ワインの個性は酵母だけで決まるものではない。ワイン作りの工程には数え上げればきりがないほどの選択肢があり、それぞれの選択の組み合わせによりワインの個性が生まれるのだ。先の豆腐のところでも述べたが、「自然」とか「天然」という言葉に必要以上の重みを持たせて短絡的な自然志向にあやかる、または煽るのはいかにも不自然であろう。私個人は、自然酵母をことさら強調した自然派ワインは飲まない方が安全だと心得ている。

ワインの個性を表現する一つに「辛口」「甘口」という表現がある。もちろん合わせる料理や雰囲気、それに気分や好みによってこれらは選択されるもので、決して優劣を示すものではない。

先にも少し触れたように、これらの違いを決定的に左右するのは発酵の進み具合、すなわちブドウ糖の残留具合であろう。アルコール発酵を意図的に止めるにはいろんな技があるようだが、最も確実な方法は、アルコール濃度を上げることである。酒精強化ワインに分類されるポルトガルの「ポート」がその代表格で、アルコール濃度の高いブランデー（70度以上）を加えることで発酵を止めて、独特の甘味とコクを生み出す。またもともと糖度の高い果汁を使うことでアルコール発酵が完了しないワインも甘口となる。ブドウの表面に発生したカビが水分を奪うことで糖度が高くなる「貴腐ワイン」や、気温が下がってブドウ中の水分が凍結した際の果実部分だけを用いる「アイスワイン」なども甘口ワインとなる。

日本ワインを牽引する甲府

食の多様性が進んできた日本では、ワインの消費量はここ30年で3倍ほどになったそうだ。1990年代後半には、ワインはブームではなくすっかり定着したようにも見える。

しかしその多くは輸入物で、国産ブドウを用いた「日本ワイン」は国内消費量の5%程度だという。そんな中でワイナリー数、生産量でトップを走るのが山梨県だ。世界最大級のワインコンクールである「デキャンタ・ワールド・ワイン・アワード2021」で最高賞に次ぐプラチナ賞に輝くなど、山梨ワインの頑張りは目立つ。

ブドウの生育には乾燥した気候が必要だ。特に赤ワイン用のブドウは、適度な乾燥ストレスがかかると色素が多くなり、香気成分も増えることが明らかにされている。また日照時間が長く、かつ昼夜の寒暖差が大きいと糖度が上がるという。

このようなブドウ栽培条件にピタリと当てはまるのが甲府盆地だ。

関東山地、赤石山脈（南アルプス）、それに御坂山地に囲まれた甲府盆地（図表5－2、次ページ）は雨が少なく乾燥している。都道府県別降水量ランキングで見ると山梨県は年間1000㎜程度で、同じく盆地が多い長野県や瀬戸内式気候で有名な岡山県に次いで全国第3位の少雨県である。また、ウェザーニュース発表の2021年雨・雪なし日数ランキングに

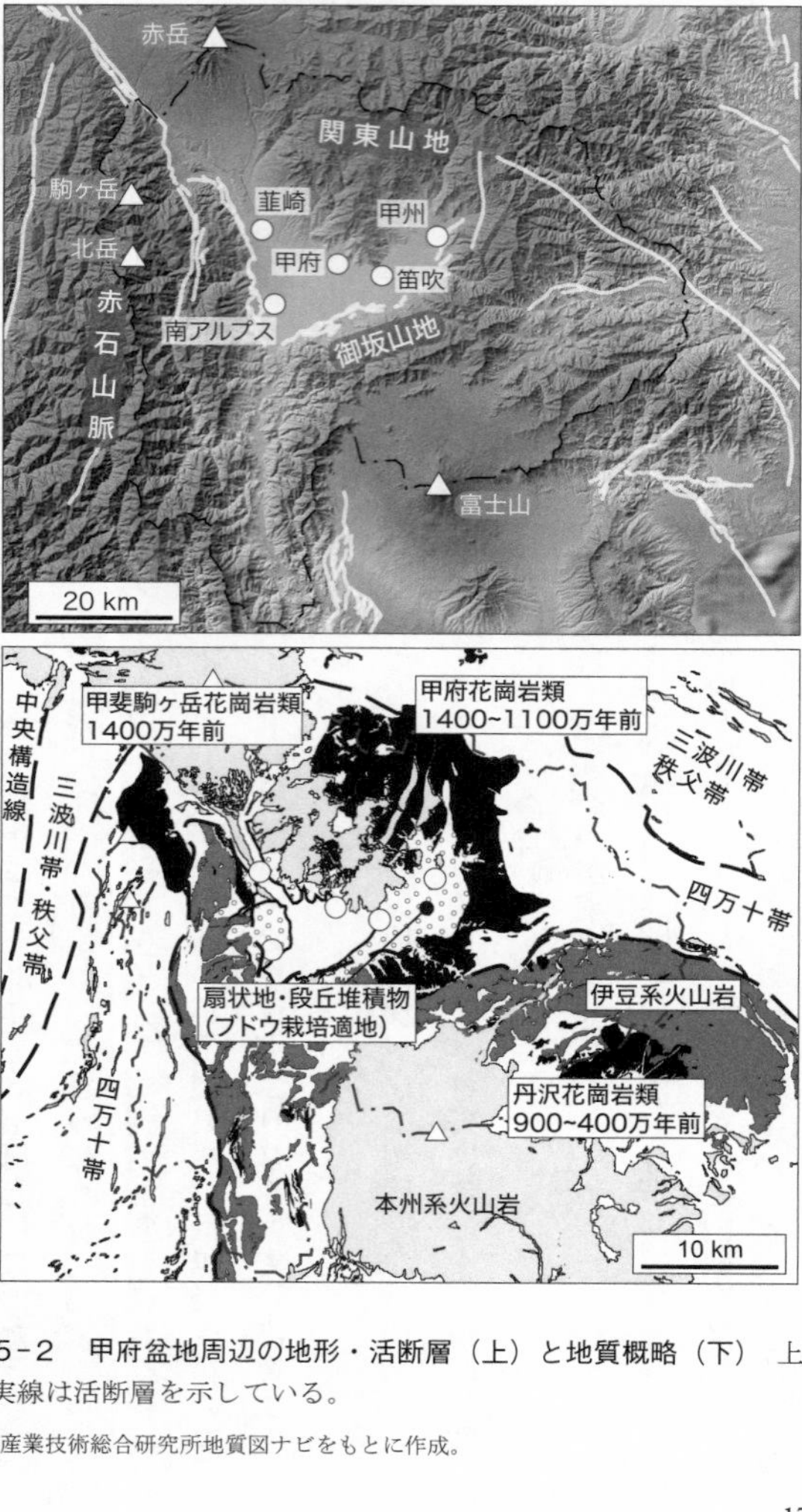

図表5-2　甲府盆地周辺の地形・活断層（上）と地質概略（下） 上図で白い実線は活断層を示している。

出典）産業技術総合研究所地質図ナビをもとに作成。

よると、山梨県は202日と堂々の国内第1位である。年間の6割にあたる日で傘が要らないのだ。もちろん日照時間も長く、甲府市は全国の県庁所在地の中でトップである。風が山地を越える際に雨となって水分が取り去られるために盆地内では降水量が減り、雲も発生しにくくなるのだ。

これらの気象条件に加えて、甲府盆地の土壌もブドウ栽培に適している。主要なブドウ産地である甲州、笛吹、南アルプス、韮崎《にらさき》などは周囲の山地から流れ出す河川が造る扇状地、あるいは段丘と呼ばれる地形であり、耐水性の良い泥が少なく砂や礫が多い土壌となる。つまり水捌けが良く、ブドウの根が乾燥状態に晒されるのだ。「テロワール」という語をご存じの方も多いだろう。これは広い意味ではブドウ畑の土壌、地形、気候など、ブドウの生育環境を総称した概念を表すものだが、甲府盆地はまさに最適なテロワールであるといえるだろう。

もう少し土壌の特性に焦点を絞ってテロワールが語られる場合も多いようだ。例えば、有名なワイン産地では、特にその土壌の性質がワインに現れているというのだ。その代表格はシャルドネ白ワインの最高峰ともいわれるブルゴーニュのシャブリ地区のキメリジャン土壌だろう。これは約1億5000万年前のカキの殻が堆積した地層だ。シャブリはよく「火打ち石の香り」がするといわれる。ただ、このスモーキーな香りを生み出す成分はすでに同定されており、決してこの成分はキメリジャンに由来するものではなく、発酵過程で生成されるそうだ。またボルドー大学の研究によると、少なくともボルドー地域では、ワインの特徴や品質と土壌の化学組成との間には明瞭な相関は認められなかったという。むしろ先ほど述べたように、ブドウの根が置かれる乾燥状態が大きく影響する。ワインの品質や特徴を左右する重要な要素は、土壌の成分よりも降水量と水捌けにあるようだ。

ただ、甲府では土壌についての興味深い取り組みも行われている。

山梨の郷土料理の一つは「あわびの煮貝」だ。鮑を醤油ベースの出汁で煮込んだものだが、海のない山梨県で鮑とはいかにも不思議である。海産物への憧れが強かった甲斐《かい》の人々が、塩漬けや乾燥ものではなく生に近い海産物を食したいという欲求から、静岡産鮑を醤油漬けにして馬の背に乗せて運んだところ、馬の体温の影響もあってほどよく味が染み込んで美味であることを発見したという。もちろん庶民には思いつかない術だが、いくら身分の高い武士とはいえ、ここまで拘ったかどうか……。

この名産品の起源はまた別に考えるとして、とにかく山梨では、特に最近、市場から運んだ鮑の殻が不要となる。あるワイナリーが着目したのはこの鮑の殻（主成分は石灰質）を土壌改良に使うことだった。テロワール論でよく言われる石灰質土壌である。このワイナリーの報告によると、殻をまぶした土壌で育ったブドウ、それにそのブドウを用いたワインにはカルシウムが多く含まれているという。ワインとそのテロワールを科学する上で興味深いデータである。

なぜ甲府は盆地となったのか？

ワイン王国・山梨のテロワールは盆地特有の気候と、周囲の山地から運ばれた水捌けの良い土壌である。つまり、盆地が美味いワインを育んでいるのだ。だがここで満足していたのでは美食地質学とはいえまい。なぜこの地に盆地が形成されたのであろうか？

甲府盆地は3つの山地・山脈、すなわち関東山地、御坂山地、それに赤石山脈が取り囲んでいる（図表5－2）。つまり、この盆地はこれらの山々が隆起して高くなったために形成されたのだ。これらの山地を構成している地層や岩石、それに山地から流れ出した礫などが堆積した時代などの地質学的な情報を参考にすると、これらの山地は同じ時代に形成されたものではなさそうだ。

最も古いのは甲府盆地の北－北東側に位置する関東山地だ（同図表）。この山地の主体を

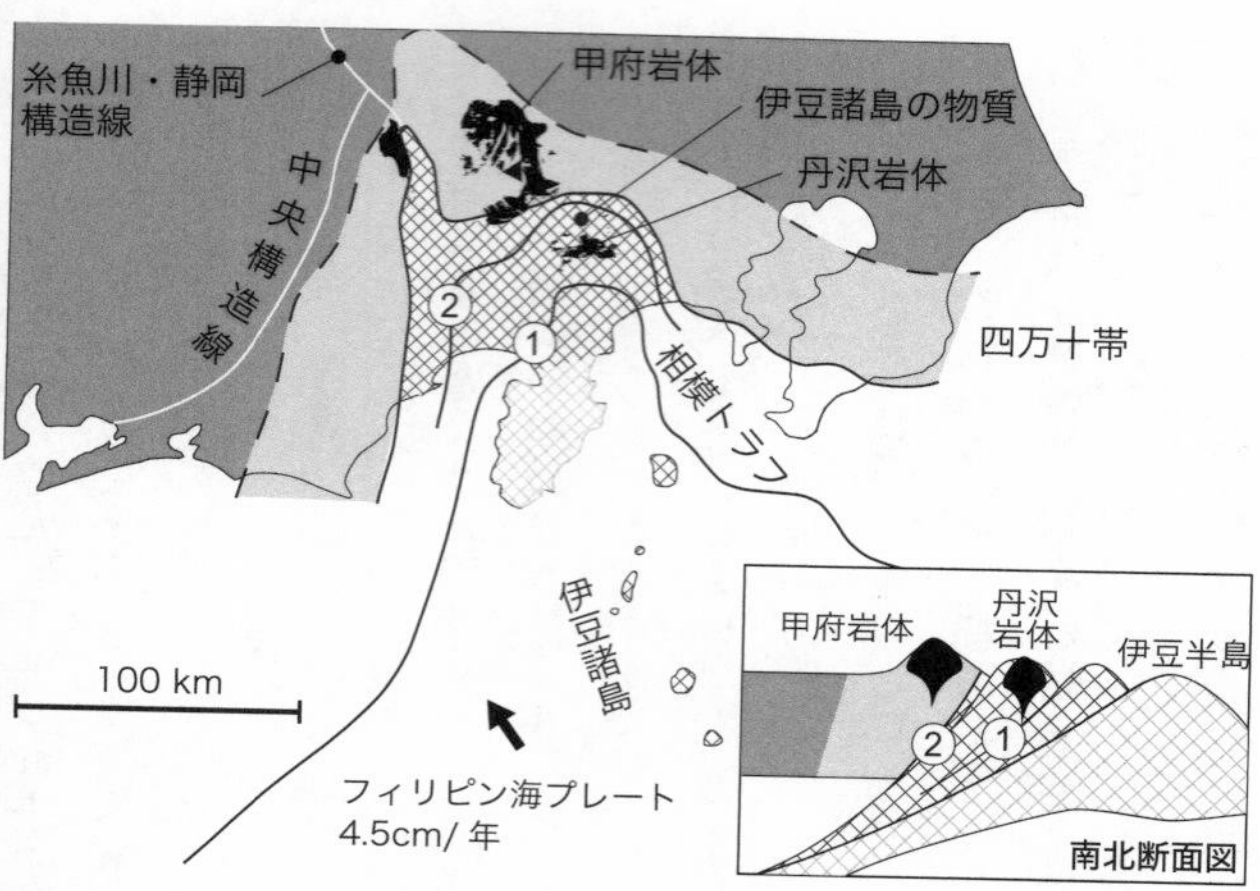

図表5-3　伊豆衝突帯の地質構造

なすのは、九州から四国、紀伊半島、中部地方を経て関東地方まで帯状に分布する「四万十帯」と呼ばれる地層群（図表5-3）で、深海底や海溝に溜まったチャート、泥、砂などがプレート運動によって大陸の縁に掃き寄せられた「付加体」だ。地層そのものの形成時期は約1億年～千数百万年前と幅が広い。そしてこの四万十帯の地層に「甲府花崗岩体」が貫入して、国師ヶ岳や甲武信ヶ岳などの2500m級の山地を形成している（図表5-2、172ページ）。この花崗岩は今から千数百万年前に形成されたもので、この年代はほぼ山地の形成時期と一致する。

一方で盆地の南側に東西に走る御坂山地

は、関東山地と全く異なる地層からなる（同図表）。その多くは約千数百万年前に海底火山で噴出した溶岩やそれが破砕された岩片からなるのだが、注目するべきはその化学的特徴である。この溶岩類は、本州の火山で噴出するものに比べてカリウムが少なく、この特性は伊豆半島から南へと連なる伊豆・小笠原諸島の溶岩などと一致する。すなわち御坂山地を造るのは千数百万年前に伊豆諸島にあった海底火山の噴出物なのだ。さらに御坂山地の東では「丹沢花崗岩体」がこれらの地層中に貫入している（同図表）。そして先に述べた甲府盆地北縁の関東山地と同じように、この花崗岩類が形成された千数百万年前に御坂山地の隆起も始まったのである。

では、このような関東山地と御坂山地を構成する物質はどのような変動によってもたらされたのであろうか？　この問題を解く鍵はこの辺りの地質構造にある。

もう一度、図表5－3をご覧いただこう。九州からほぼ真東へと延びてきた中央構造線と呼ばれる大断層や、四万十帯が大きく北へと屈曲しているのだ。そしてこの屈曲部に伊豆半島が食い込んでいる。第1章で述べたように、日本列島は約2500万年前にアジア大陸から分離して太平洋側へと移動し、おおよそ1500万年前にはほぼ現在の位置に到達した（図表1－3、23ページ）。そしてこの日本列島、正確にいうと現在の関東地方から九州にか

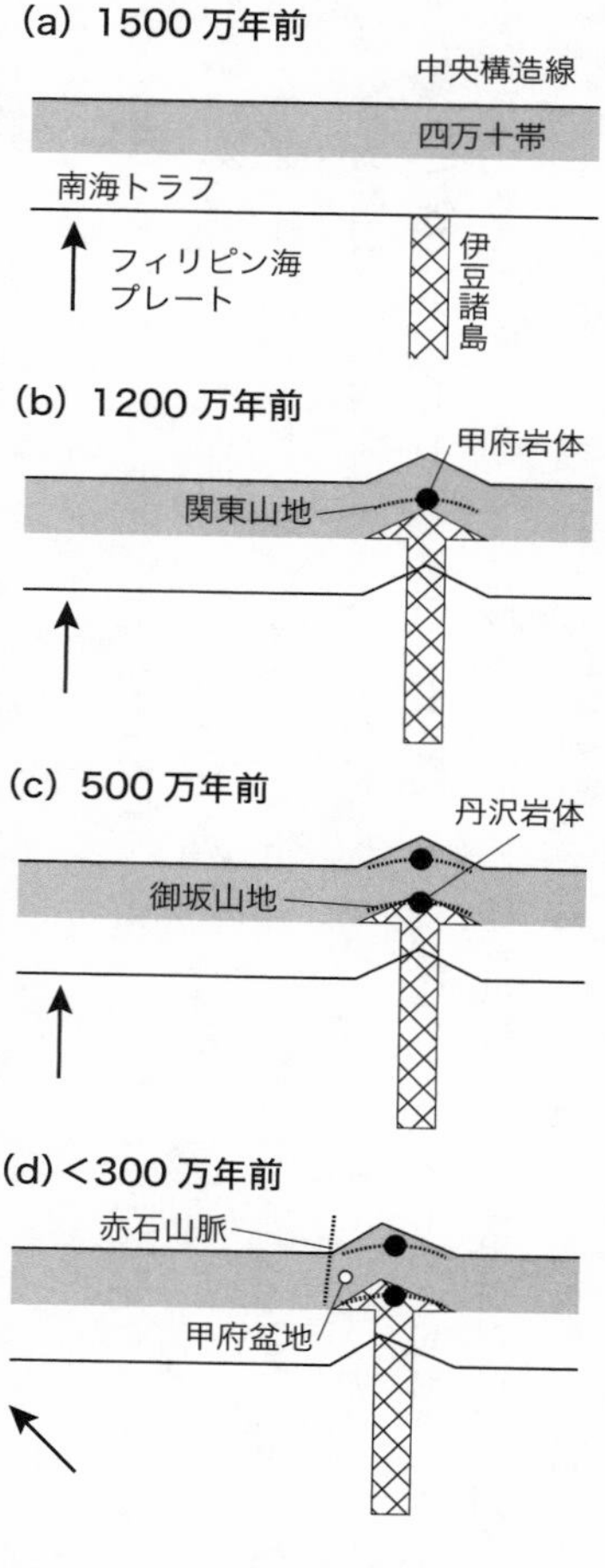

図表5－4　伊豆衝突帯と甲府盆地の発達

けての地下へと、フィリピン海プレートが沈み込み始めたのである（図表5－4）。この沈み込みによって、フィリピン海プレートの上に成長していた伊豆諸島が本州へと衝突することになった。それ以来、伊豆諸島の物質が次々と押しつけられていったのである。地質構造が大きく屈曲し、その部分を伊豆諸島の物質が埋めているこの地帯は「伊豆衝突帯」と呼ばれている（図表5－4）。

この衝突の過程で、地下へと押し込められた伊豆諸島の地殻が融けて大量のマグマが造られた。これらは安山岩～流紋岩質のマグマで、周囲の地層に比べても軽い傾向にあるので、冷え固まりながらも上昇を始めたのだ。これらの花崗岩体の上昇と、伊豆衝突に伴う圧縮の影響で関東山地や御坂山地が隆起したのである（同図表）。

さて次は、甲府盆地の西側に壁のように立ちはだかる赤石山脈（図表5－2、172ページ）を考えてみよう。この山脈には赤石岳や北岳など9つの3000m峰があり、甲斐駒ヶ岳など10の山が日本百名山に選定されている。赤石山脈は現在でもおおよそ年間数㎜以上の速さで隆起しており、この隆起速度は日本列島の中でもトップクラスだ。このような赤石山脈は、関東山地や御坂山地よりは遅れて約200万年前から隆起し始めた。この時期に山地から運ばれた礫からなる地層が周辺地域に分布しているのだ。

この上昇開始時期から判断すると、赤石山脈を隆起させたのはフィリピン海プレートの運動である可能性が高い。第1章で述べたように、約300万年前に太平洋プレートに押し負けたフィリピン海プレートが、運動方向を北向きから45度西へと変化せざるをえなかったのだ。その結果伊豆衝突帯の西部では、フィリピン海プレートの沈み込みによる圧縮をまともに受けるようになり、南北方向に延びる赤石山脈が形成されたと考えられる（図表5－4）。

日本列島は大きくなる？

　山梨ワインを生み出した甲府盆地の地形や地質は、伊豆諸島が本州に衝突するという大事件によって誕生した。この衝突は今からおおよそ1500万年前に始まり、現在の山梨県周辺の「伊豆衝突帯」に伊豆諸島の火山性物質をギュッと押し込めるように付け加えてきた。そしてつい最近（といっても約100万年前だが）、伊豆諸島の中でも最大規模の海底火山が本州へと突き刺さった。これが現在の伊豆半島である（図表5－3、図表5－4）。

　伊豆諸島や伊豆半島の衝突は、ワイン以外にも私たちに素晴らしい贈り物を与えてくれた。それは毎年日本人を楽しませてくれる桜（ソメイヨシノ）である。もともと本州に分布したエドヒガンと伊豆諸島の固有種であったオオシマザクラが、伊豆諸島の北上と衝突によって交配して誕生したのがソメイヨシノなのだ。

　一方で伊豆衝突ほどの大変動は、当然私たちに大きな試練も与える。伊豆衝突帯には、南海トラフの延長をはじめとする活断層が密集する（図表5－3）。これらの断層はいつ直下型地震を引き起こしてもおかしくない。さらに恐ろしいことに、この直下型地震は過去に富士山の山体崩壊を引き起こしたこともあるのだ。また陸に近い相模トラフでは、フィリピン海プレートの沈み込みによって幾度も海溝型巨大地震が発生してきた。例えば、1703年の元禄関東地震、それに10万人以上の死者・行方不明者を出した１９２３年の大正関東地震（関東大震災）などである。

ワイン話の最後に伊豆衝突帯の将来を予想することにしよう。

伊豆諸島の地盤はフィリピン海プレートの一部ではあるが、ほかの部分と比べると軽い特徴がある。その原因は、地下深くでできたマグマが地表に溶岩を噴出して火山島を造ると同時に、地下では溶岩が冷え固まって花崗岩や閃緑岩といった二酸化ケイ素成分が多くて軽い岩石ができることで、軽い「大陸地殻」を造り出しているからだ。海の中で大陸?? と訝しく思われるだろうが、何を隠そうこのプロセスこそが、第１章で触れたように、太陽系惑星の中で唯一地球だけに存在する「大陸」を造り出したのである。

さてこの大陸地殻を含む伊豆諸島の地盤は、フィリピン海プレートが南海トラフ、駿河トラフ、相模トラフから地球内部へ沈み込んでいくのだが、その際にこの地盤は軽すぎるためにプレートから剥がれて本州へと押しつけられるのだ。つまり、本州は伊豆諸島の衝突によって、約１５００万年前からだんだんと大きくなってきたのである。

このような伊豆諸島の衝突はこれからも続くことは確かだ。だから、日本列島は伊豆衝突によって大きくなる可能性がある。

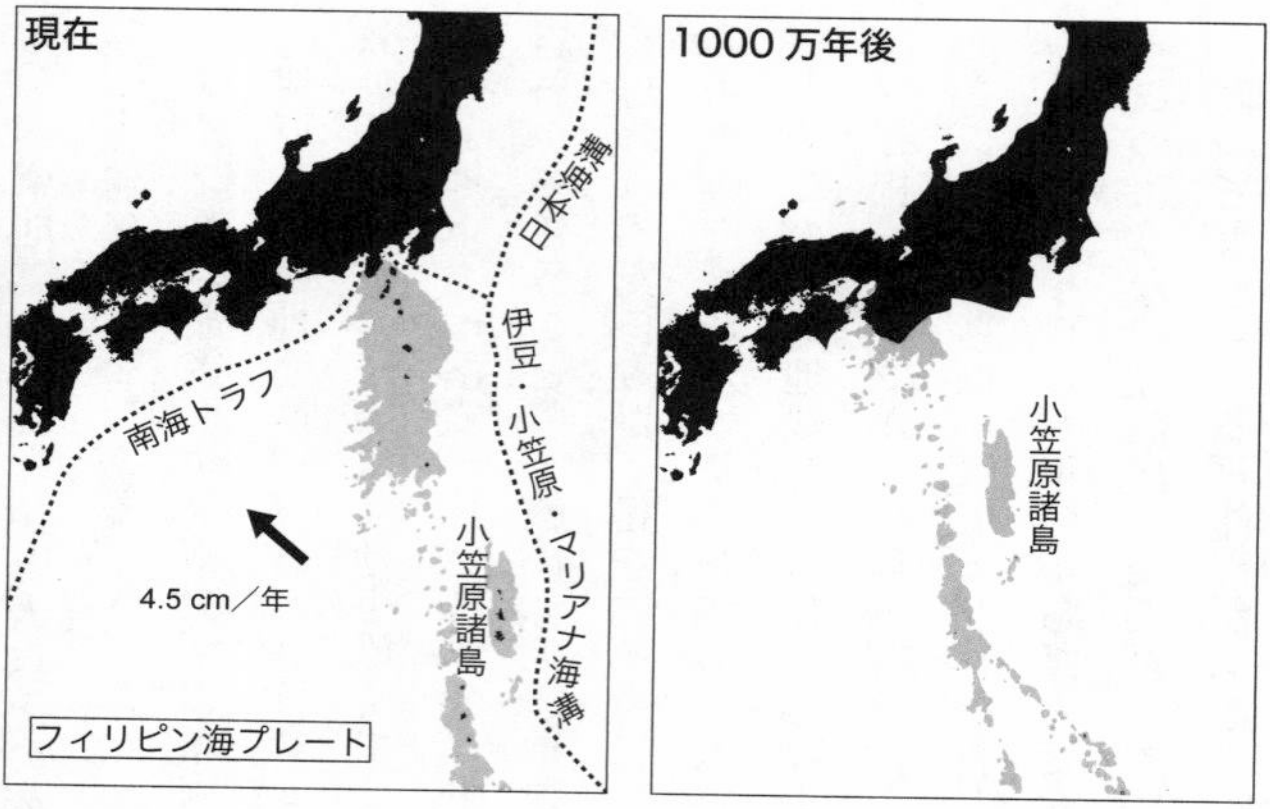

図表5-5　大きくなる日本列島　伊豆・小笠原・マリアナ諸島の地下で造られている大陸地殻が日本列島に衝突して列島を大きくする。

この「日本列島拡大」の様子をシミュレーションすると、図表5－5のようになる。静岡県から愛知県、三重県の沿岸が相当ふっくらとなっているこの日本列島は如何であろうか？　ただしこの時間スケールは1000万年というものであることにはご注意いただきたい。

＊　＊　＊

最近では地域振興の目玉として、ワインの製造が日本各地で行われている。ワインに適したブドウの栽培やワイン醸造には、8000年ともいわれるほど長い、人類とワインの交わりの歴史がある。だからそれなりのワインを作って地域振興を図るには、相当の熱意と知恵が必要であることを覚悟しなければならない。その意味で、山梨のワイン製造に携わってきた人たちの取り組みは大いに参考になるに違いない。寒暖差が大きく乾燥気候である盆地の特性を生かし、さらには周囲の山地から流れ出た土砂が扇状地をなし、ブドウの根に乾燥ストレスを与えることができる。このような地勢を最大限に生かして、醸造技術に磨きをかけてきたのである。そして、このようなブドウ栽培に適した盆地を形成したのが、伊豆諸島の本州への衝突、という大事件なのだ。

サバ・ビワマス・ハマグリ　―日本のくびれは魚介の宝庫―

中部地方では、伊勢湾と若狭湾が内陸へ入り込み、さながら日本列島の「くびれ」のように見える（図表5‐6、次ページ）。さらにこの地帯には、日本最大の湖である琵琶湖も位置する。このような地形から、１９６０年代には「中部横断運河」の建設が検討されたこともあった。くびれているのはこの地帯が周囲に比べると地盤が沈んでいて、そのために低地となっているからだ。

このように日本海側から低地が続く地形は気候にも多大な影響を与えている。冬季に日本

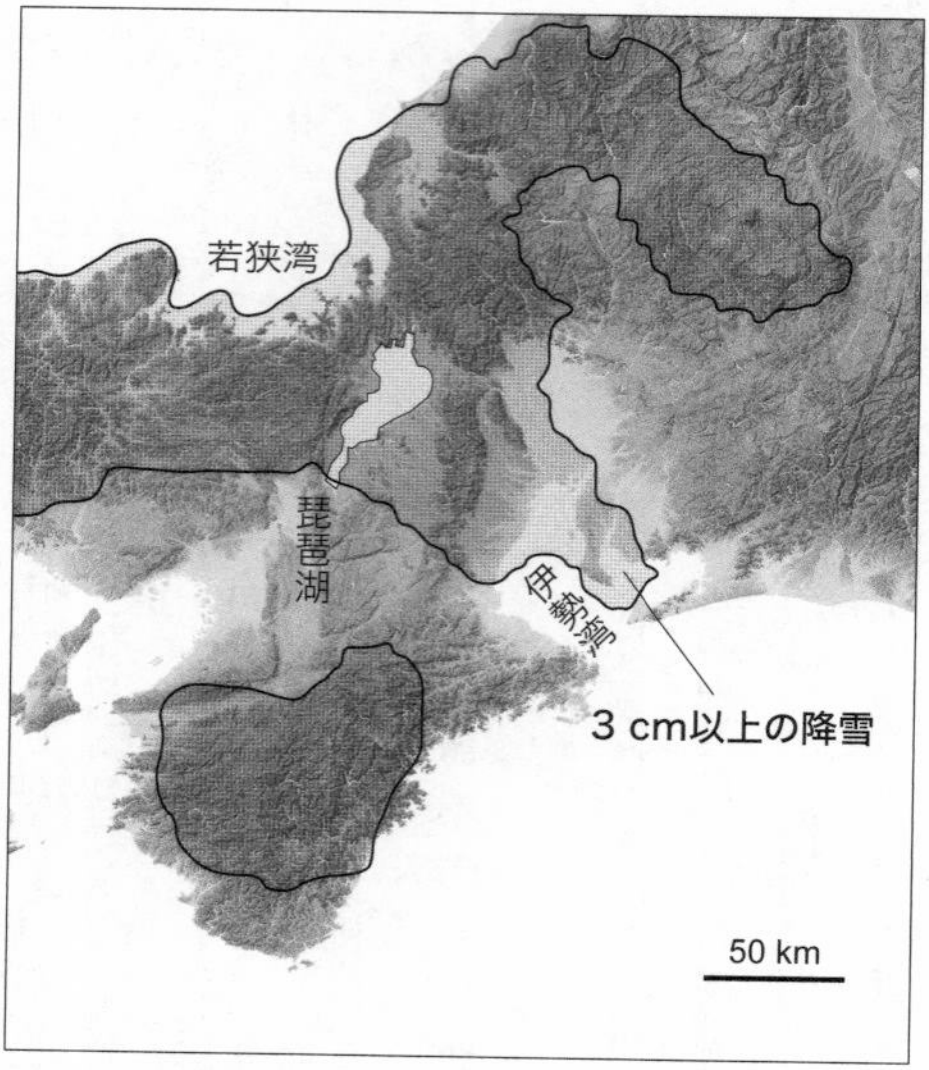

図表５－６　日本列島のくびれを形成する若狭湾－琵琶湖－伊勢湾　この低地には冬の冷たい風が日本海から流れ込み、しばしば降雪に見舞われる。

出典）産業技術総合研究所地質図ナビおよび気象庁データをもとに作成。

列島へ吹きつけるアジアモンスーンは日本海を越える際に大量の水分を含むようになる。これが日本列島の脊梁《せきりょう》山地を越える際に大雪を降らせるのだ。一方で、天下分け目の合戦で有名な関ヶ原周辺は内陸部にあるにもかかわらず降雪量が多く、名神高速道路でも毎年のように規制が行われる。さらに名古屋から三重県にかけての伊勢湾西岸地域もしばしば大雪に見舞われる。例えば、図表５－６に示すのは、２０２１年12月27日の中部地方周辺の３㎝以上の降雪予想である。このような降雪は、冬の風が若狭湾から琵琶湖を経て伊勢湾へと低地を通って流れ込むからである。

またこの「中部低地」には、リアス海岸が発達する若狭湾、日本最大の湖・琵琶湖、それに本州へと入り込んで内湾を造る伊勢湾など、いかにも地殻変動が活発に起きていることを連想させる地形が続き、その恵みである食材にも恵まれている。

御食国若狭

海の幸に恵まれる若狭湾。古く若狭国は京におわす天皇に食材、特に海産物を献上する「御食国《みけつくに》」の一つだった。これらの食材は若狭の中心地であった小浜と京都を結んだ通称「鯖街道」を通って運ばれた（図表５－７）。その際には腐敗防止のために開いた魚に「浜塩」

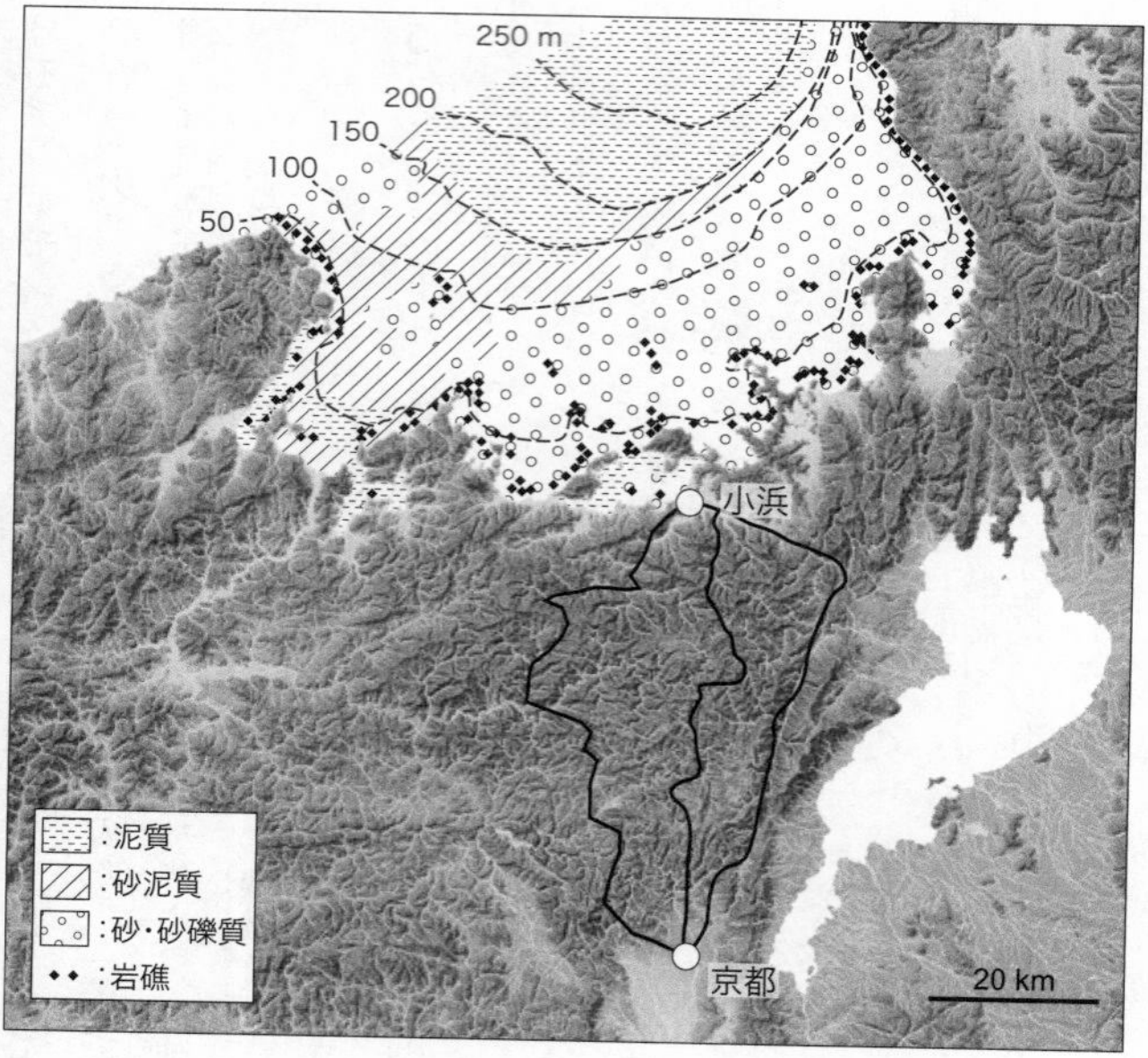

図表5-7　多様な魚介を育む若狭湾の地形と底質　これらの食材は「鯖街道」（黒線）を経て京都まで運ばれていた。

出典）産業技術総合研究所地質図ナビおよび志岐（1985：日本全国沿岸海洋誌）をもとに作成。

を施したが、京都へ着くころにはちょうど臭みや余分な水分が抜けて食べごろになったという。この絶妙の距離感で手に入る鯖を、京都の人たちはハレの日のご馳走として大事に育んできた。やがて江戸時代になり、この庶民のご馳走が「料理」へと進化する。京料理の美しさと技で、兎を思わせる柔らかい曲線の断面を持つ「鯖姿寿司」を生み出したのだ。

サバは日本周辺に多く見られる回遊魚であり、全国各地で水揚げされる。それでもなお若狭湾がサバ名産地として名を馳せる理由の一つが、この湾が産卵地となっているために、湾内へ脂の乗ったサバが入り込んでくるからだ。地盤の沈降で鋸の刃のように入り組んだリアス海岸ではすぐ背後に山が迫り（図表５－７）、窒素などの森の栄養分が内湾へと運ばれることで植物プランクトンが湧き、これを求めて小魚、そしてサバが集結するのだ。

旨味の濃集した鯖の生食は魅惑的である一方で、アニサキス症が心配だ。〆さばが大の好物でほぼ毎日のように酒の当てとして食していた叔父貴《おじき》が、七転八倒した姿を思い出すと恐ろしくなる。最近ではレーザーを使ってアニサキスを見つける装置も開発されているらしいが、やはり太平洋側のサバは火を通すか一旦冷凍にした方がよさそうだ。太平洋サバに寄生する「アニサキス・シンプレックス・センス・ストリクト」は、宿主のサバが死んだあとに寄生していた内臓から筋肉へと移動するらしい。だから、丁寧に内臓を取り去ってもまだアニサキスは潜んでいるのだ。一方で、九州から日本海側のサバに寄生する「アニサキス・ピグレフィー」は内臓にとどまる傾向が強いために、比較的リスクが低いという。もちろんリスクゼロとはいかないので、お気をつけいただきたい。

さて鯖とともに若狭の名物といえば「グジ（アマダイ）」だ。この名の由来は諸説あるのだが、おでこがでて優しそうな顔つきが尼さんに見えたとか、その顔の形から「屈頭魚」と書いて「クズナ」と呼び、それが変化してグジになったというものもある。

グジが若狭湾の名物となった最大の理由はこの湾の底質と地形にある。沈降海岸であるために背後の山から河川の土砂が流れ込み、水深50～100mの海底は砂礫質となる所が多く、これがグジの産卵場所としてうってつけなのだ。しかも、この辺りには山からの水が海底で湧水となっているところも多くあり、このような場所では砂がかき混ぜられて酸素が行き渡ることで、グジの餌となるエビやカニが湧くように育つという。このように恵まれた環境で育つグジを、網ではなく釣りか延縄《はえなわ》でとってATPの消費を抑える「若狭グジ」が全国に名を馳せるのは当然といえよう。

どんな料理法でも美味さが引き立つグジだが、私の大好物はなんといっても昆布〆だ。水分が多く柔《やわ》い身質であるが、浜塩と昆布で水分が抜けてグルタミン酸の旨味の乗った身はねっとりもっちりとして格別である。また鱗が細かいことを逆手にとって鱗ごと焼く若狭焼き。鱗を立てないようにじっくり焼くのがコツだが、弱火だけだとパリパリした食感が楽しめなくなる。炭火を使うことがかなわない家庭では、熱めの油をさっとかけて鱗を軽く揚げるようにすることが多い。グジは甘味が魅力なので、合わせるお酒は少し酸味が立つように燗をすると最高だ。

若狭湾の幸は魚だけではない。湾の東に続く越前海岸は絶壁で磯が続き、海藻類やそれを食べるアワビやウニも豊富だ。ちなみにこの海岸線は活断層と一致して、東側が盛り上がっているのに対して西側が沈降して若狭湾を造っている。また湾の内側にも、沈降したかつての山々が岩礁をなす場所がいくつもあり、貝類の生息場所となっている。

小学生のころ、夏休みには小浜の近くにある小さな漁村で夏休みを過ごすのが我が家の恒例行事になっていた。先日50年以上ぶりに懐かしい地を訪れたが、景色や海は全く以前と変わることなく穏やかだった。泊めていただいたお家のお兄ちゃんと潜ってサザエを捕りまくって、夜に10個以上も食べた。するとその夜中にサザエの角に責め立てられて痛くてたまらない夢を見た。きっと食べすぎのせいだったのであろう。

琵琶湖の多様な生態系

日本列島のくびれのど真ん中に位置する琵琶湖は、東京都23区がすっぽりおさまる670㎢の面積がある日本最大の湖である（図表5－8）。周囲を1000m級の山々に囲まれた盆地状の構造をなし、大小450本もの河川が流れ込む一方で、流れ出すのは瀬田川と人工の京都疏水のみである。その平均水深は約41m、最深部は約104mに達する。またこの湖はあとで述べるように今から約400万年前に誕生したことが分かっており、国内最古、世界でも有数の「古代湖」である。

このような地形と長い歴史を持つ琵琶湖は生物相が多様で、約600種の動物と約500種の植物が生息するといわれる。その中にはニゴロブナ、ビワマスやセタシジミなどの固有種やコアユやスジエビなど、年間1000トン近い漁獲量を誇る種もいる。しかし、オオクチバス、コクチバス、ブルーギル、チャネルキャットフィッシュなどの外来種による食害のために在来種の漁獲量は減少を続けている。

琵琶湖に特徴的に生息する魚介類はこの地域特有の食文化を育んできた。その代表格の一つが「鮒《ふな》ずし」であろう。これはアジア大陸内陸部に起源を持つ「なれずし」の一種であり、国内ではすでに奈良時代の木簡に記述がある。いわば現代寿司の原型である。

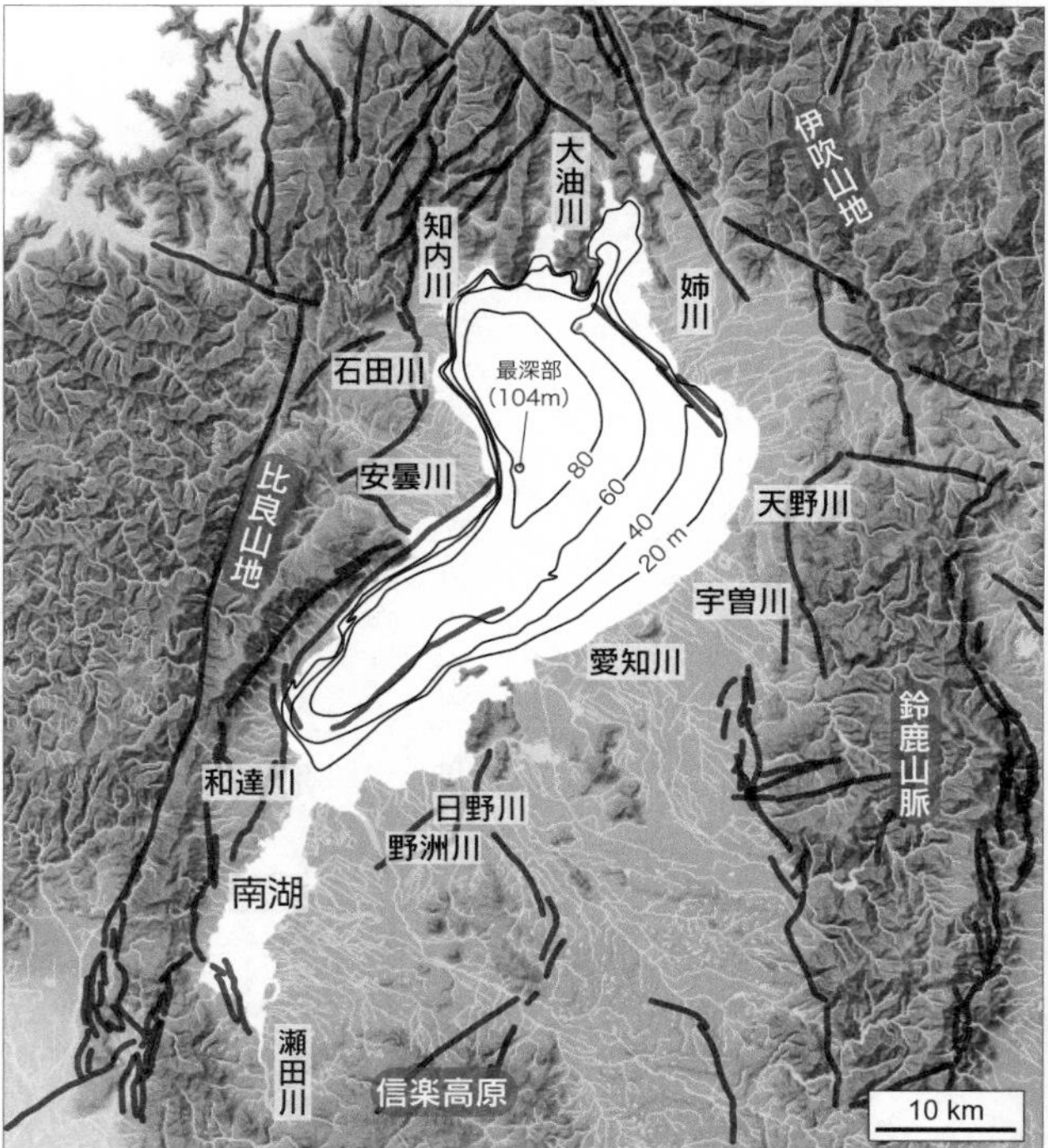

図表５−８　日本最大の湖・琵琶湖周辺の地形と活断層（黒線）

出典）産業技術総合研究所地質図ナビおよび水資源機構の水深図をもとに作成。

かつての琵琶湖周辺では、梅雨時などには水田と川が一面となり、そこにニゴロブナが遡上して産卵したようだ。このように一時期に多量に獲れるニゴロブナの保存食として鮒ずしが誕生したといわれている。春に捕獲したニゴロブナを下処理後に重石をのせた落とし蓋をして夏まで塩漬けし、水洗いと陰干しをする。その後、米と合わせて乳酸発酵させると、年末年始に食べごろになる。ペースト上になった米を落として鮒を薄切りにしていただくのだが、鮮やかなオレンジ色の卵が見た目にもきれいで、口に運ぶと強い酸味と特有の香り（生臭さ）はあるが、その後に広がる濃厚な旨味の虜になってしまう。

琵琶湖固有の魚といえば、ニゴロブナのほかにも例えば「ビワマス」を思い浮かべる人も多いだろう。生物学的には明瞭な区別がないサケ類の一種のサクラマスの仲間だが、ビワマスは降海せず淡水に暮らす「陸封型」で、その意味ではヤマメに近い。ただビワマスは母川回帰本能を持ち、成魚は10月中旬～11月下旬に琵琶湖から生まれた川へ遡上し産卵を行う。まるで広い琵琶湖を海のように感じているのだ。ビワマスが海へ降ることを諦めて陸封型のマスとして琵琶湖に暮らすようになった時期については、遺伝子を調べることで、おおよそ50万年前であるとされている。ビワマスはまさに琵琶湖が大切に育んだ魚なのだ。

ビワマスは脂の乗った見事なオレンジ色の身が特徴だ。２～４年間琵琶湖で大きくなる間はコアユやヨコエビを捕食し、アユから脂を、そしてエビから色をもらうといわれる。本マグロのトロにも劣らないほどの脂の甘味を堪能するには和風マリネが良い。塩と砂糖をまぶして一晩ほど置いて身をしっかりとさせたあと、オリーブオイルと青ジソ、タマネギなどと合わせて半日ほど寝かせて、酢であえた大根おろしをのせていただく。さらに焼き物、特に胡麻の香ばしさとの相乗効果が際立つ利久焼きも素晴らしい。また最近ではすっかりポピュラーになったアトランティックサーモンの炙り寿司だが、ビワマスの脂の乗りは寿司めしとの相性が抜群だ。

琵琶湖の陸封種といえば「コアユ」もよく知られている。清流の女王と呼ばれ日本各地の急流・清流で見られるアユは、産卵も生まれも川だが、孵化後間もなく海に降り、ある程度まで成長してから川に戻ってくる。これは両側回遊と呼ばれる。海では豊富な動物プランクトンを、河川では珪藻などのコケや水生昆虫を捕食して、30㎝程度まで大きくなる。それに対しておよそ10万年前に陸封型となり、ミジンコが主食の琵琶湖のアユは10㎝程度までしか大きくならない。このために湖産アユはコアユと呼ばれる。ただビワマスと同じように琵琶湖へ流れ込む河川を遡上するものもいて、この遡上系は湖水系に比べると大きく育つ傾向があるようだ。

コアユは他地域のアユに比べて縄張り意識が強く、友釣りを行うには好都合であるそうだ。そのこともあってコアユは全国各地の河川で放流されて、太公望を魅了している。しかし海水耐性を持たないコアユが両側回遊のアユと交配して誕生した稚アユは海に降っても翌年遡上しない。だから太公望の欲望を満たすためだけにコアユの放流を続けると、天然海産アユの資源減少を招くことになる。古事記や万葉集にも登場するアユは、日本の食文化を支えてきたといっても過言ではない。私たちがこれからもアユとともに文化を育んでいくためにも、アユの資源保護は必要不可欠であろう。

小ぶりなコアユは丸のまま食べることができるのが最大の特徴だ。もちろん他地域のアユ同様に塩焼きも素晴らしいが、私は特有の苦味も含めて香りが立つ天ぷらが大好物だ。また年末から2月くらいまでの間に獲れるアユの稚魚は体が氷のように透き通っていて「氷魚《ひうお》」と呼ばれる。釜揚げでいただくと、稚魚とはいえアユの香りがほのかに口の中に広がり、まさに「琵琶湖のダイヤモンド」である。

琵琶湖の形成史

琵琶湖は、断層を伴う地殻変動によってできた、低地に水が溜まった「断層湖」であるとよくいわれる。確かにその西岸、比良山地との境界に沿って「琵琶湖西岸断層帯」が走り（図表5－8、191ページ）、琵琶湖あるいは近江盆地は相対的に沈んでいる。しかし、琵琶湖はその誕生以来この地に留まっていたわけではない。実はかつては現在の位置から50㎞以上も南にあった湖が、400万年ほどの時間をかけてゆっくりと北上してきたのだ。

このような琵琶湖の移動史は、古代の琵琶湖に堆積し、その後の地表に露出するようになった「古琵琶湖層群」と呼ばれる地層の堆積年代や分布、それに琵琶湖で行われた最深1400mにおよぶボーリングで採取された試料の解析などから明らかになったものだ。その移動の様子を概観してみよう（図表5－9、次ページ）。

今から約400万年前は、フィリピン海プレートはほぼ真北に運動して、日本列島の下へ沈み込んでいた。このプレートの圧縮によって中央構造線は逆断層運動を起こし、南側は隆起する一方で、北側には沈降域が形成され、低地にはほぼ東西に延びる「東海湖」が形成された。これが琵琶湖の原型である。

第1章でも述べたように、約300万年前に巨大な太平洋プレートに押し負けたフィリピン海プレートは運動方向を45度西向きへと変化させ、日本海溝の西進による大規模な東西圧縮がこの周辺にもおよんだ。それとともに、中央構造線の南側の地塊が西向きに移動するこ

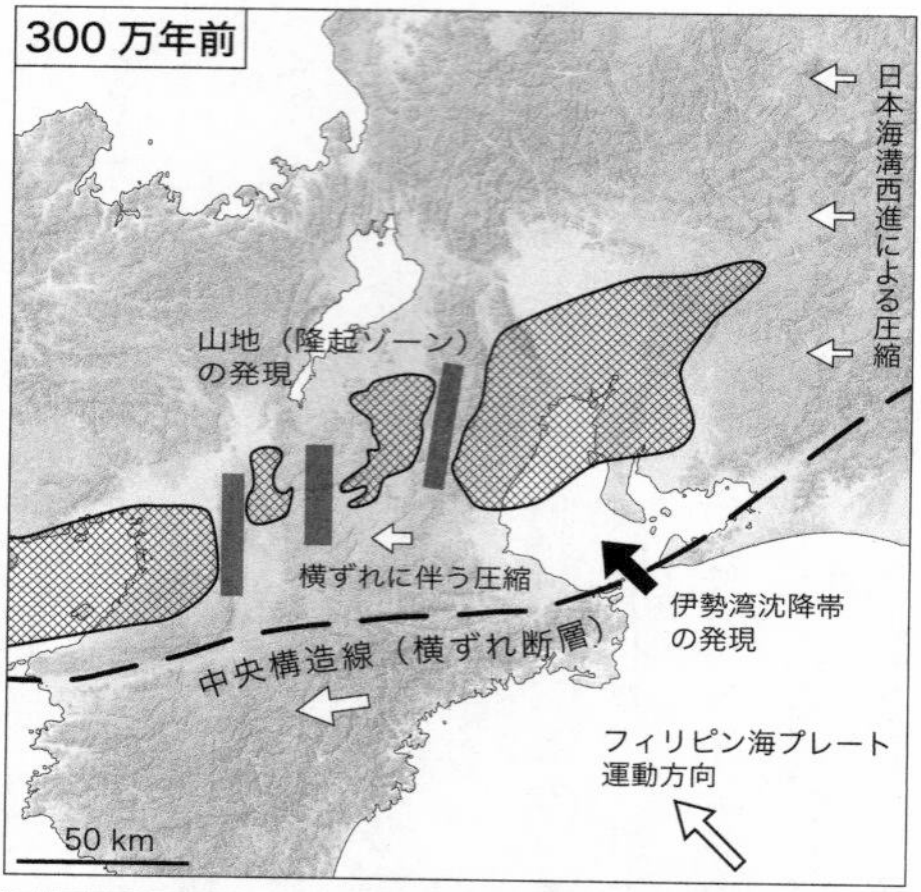
300万年前
日本海溝西進による圧縮
山地（隆起ゾーン）の発現
横ずれに伴う圧縮
伊勢湾沈降帯の発現
中央構造線（横ずれ断層）
フィリピン海プレート運動方向
50 km

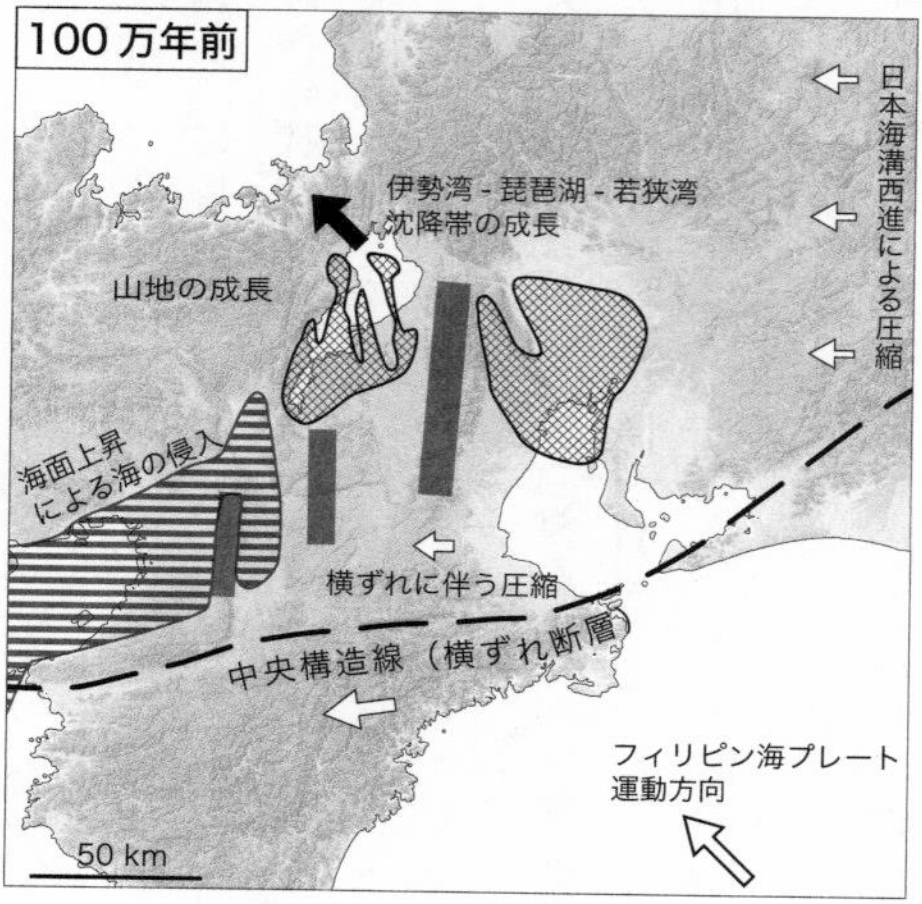
100万年前
日本海溝西進による圧縮
伊勢湾 - 琵琶湖 - 若狭湾沈降帯の成長
山地の成長
海面上昇による海の侵入
横ずれに伴う圧縮
中央構造線（横ずれ断層）
フィリピン海プレート運動方向
50 km

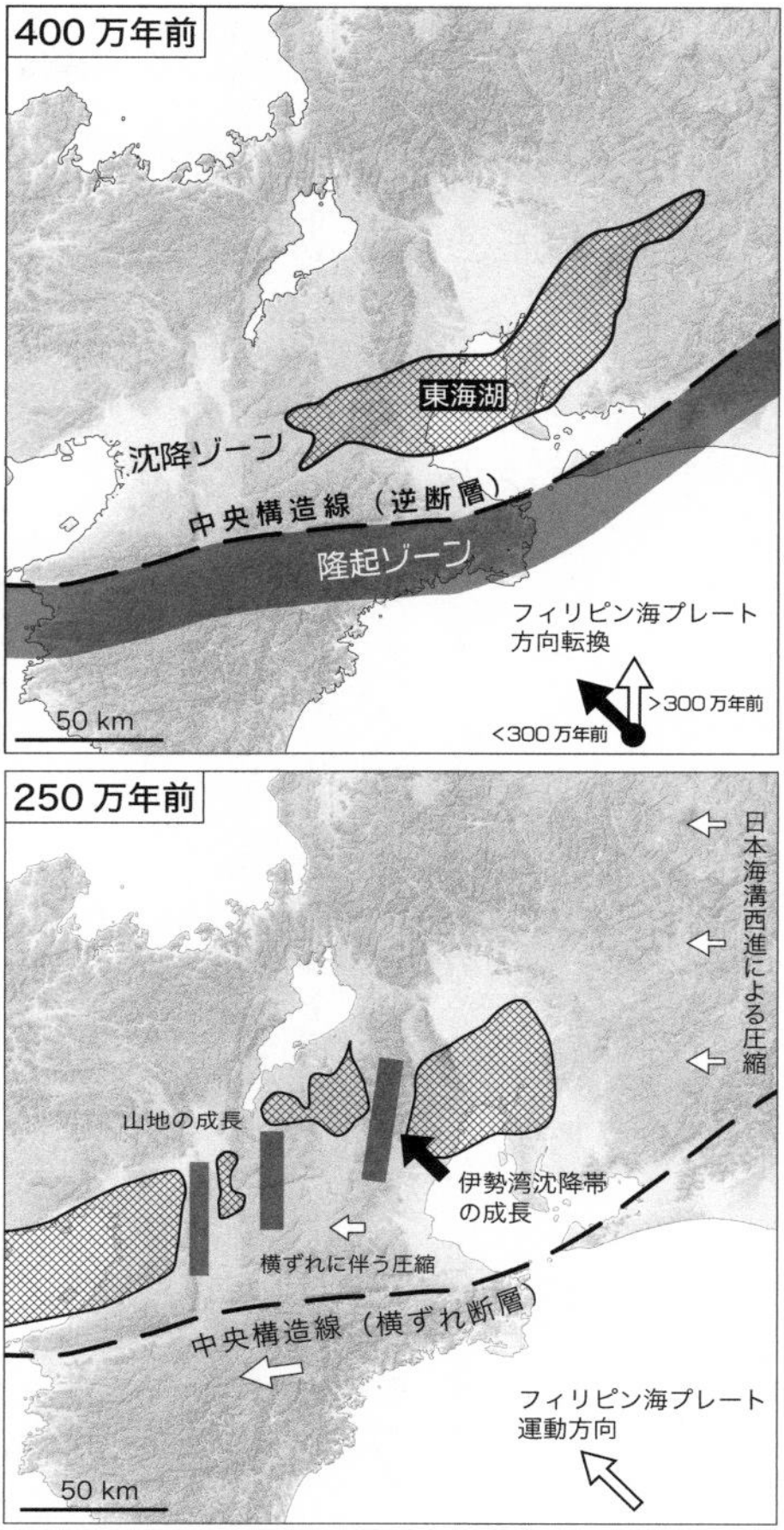

図表5-9　琵琶湖400万年の発達史

出典）琵琶湖博物館里口氏の原図をもとに作成。

とで、構造線の北側には北北東－南南西方向の軸を持つシワ、つまり隆起域と沈降域が形成され始めた。この地殻変動によって東海湖は分断され、同時に瀬戸内地域にも現在の奈良盆地や大阪湾の原型となる沈降域が形成された。

それ以降、琵琶湖は北上を続け、おおよそ100万年前にはほぼ現在の位置まで移動してきたのだ。また、このころには瀬戸内海域にあった低地が顕著になり、海水面が高い時期には海が侵入し、一方で低海水面期には湖水化するようになった。

琵琶湖が北上したのは、300万年前以降に低地の形成が徐々に北へと広がっていったことが原因だと考えられる。この様子を図表5－9では「伊勢湾（－琵琶湖－若狭湾）沈降帯」の成長と示している。このような沈降がなぜ起きたのかは、のちに述べることにしよう（205ページ参照）。

海ともつながっていた琵琶湖

このように、フィリピン海プレートの運動によって北へと移動してきた琵琶湖であるが、この古代湖の発達と固有種の成立、特にかつては海へと降っていたビワマスやコアユが陸封されたこととの関連を考えてみることにしよう。

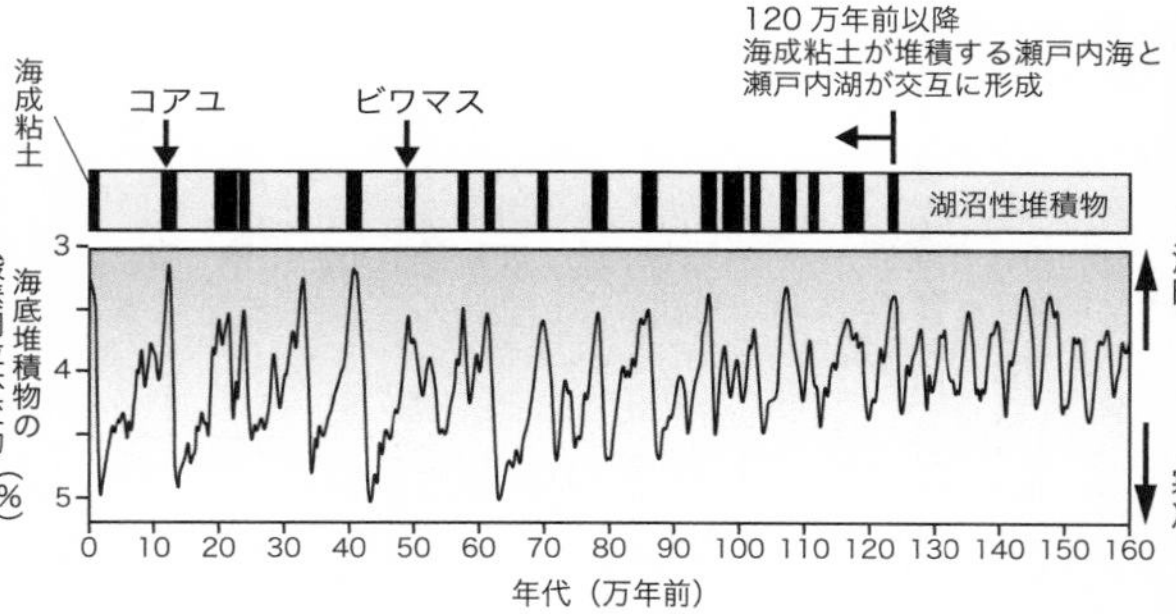

図表5-10　遺伝子時計で推定されるコアユ、ビワマスの「陸封」時期

そのために知っておかねばならないことがある。それは、大洋の海底に溜まった堆積物の化学組成（酸素同位体比）が、海水温（気温）の指標となることだ。この関係に基づいて太平洋や大西洋などの海底堆積物を分析することで、過去の気候変動の様子が相当よく分かってきた（図表５－10）。他方で瀬戸内海東部の大阪湾周辺に分布する地層の詳細な調査によって、海が内陸まで侵入した時期に堆積した「海成粘土」が湖沼の堆積物に幾度も挟まれることも明らかになった。

　このような海の侵入と後退は、温暖期には海水面が高くなり、逆に寒冷期には極域に氷河が形成されるため、海水面が低下するという気候変動に対応している（図表５－10）。そして瀬戸内海域では、温暖期には例えば図表５－９の約１００万年前の地図に示すように、現在の大阪湾から京都盆地にかけて海が広がっていた。

ここで遺伝子時計が示すビワマスの陸封時期である50万年という値を参考にすると、その直前まで温暖期であったために琵琶湖は海に近く、マスは大阪・京都湾と琵琶湖の間を行き来していたと考えられる。しかし、その後に海が後退して琵琶湖が海から離れたことでマスは降海を諦めて琵琶湖に暮らすようになった。こうしてビワマスが誕生した。

同様にアユについても、約10万年前の温暖期には両側回遊を行っていたものが、その後の寒冷期に京都・大阪湾も湖となって琵琶湖から見ると海が遠ざかってしまったために陸封されて、淡水型のコアユとなったといえよう。

このように、私たちが美味しくいただくことができる琵琶湖特有の魚たちは、プレート運動による古代湖の北上と、瀬戸内地域のシワ状構造の発達、それに気候変動が育んだものなのだ。

沈降と隆起が育む伊勢湾の幸

年間総貨物取扱量で国内トップを走り続ける名古屋港。この港が成立しているのは、太平洋から伊勢湾が内陸まで入り込み、穏やかな内海となっているからだ（図表5－11）。この内海には、木曽三川と呼ばれる木曽川、長良川、揖斐川が流れ込み、広大な砂泥質の底質が広

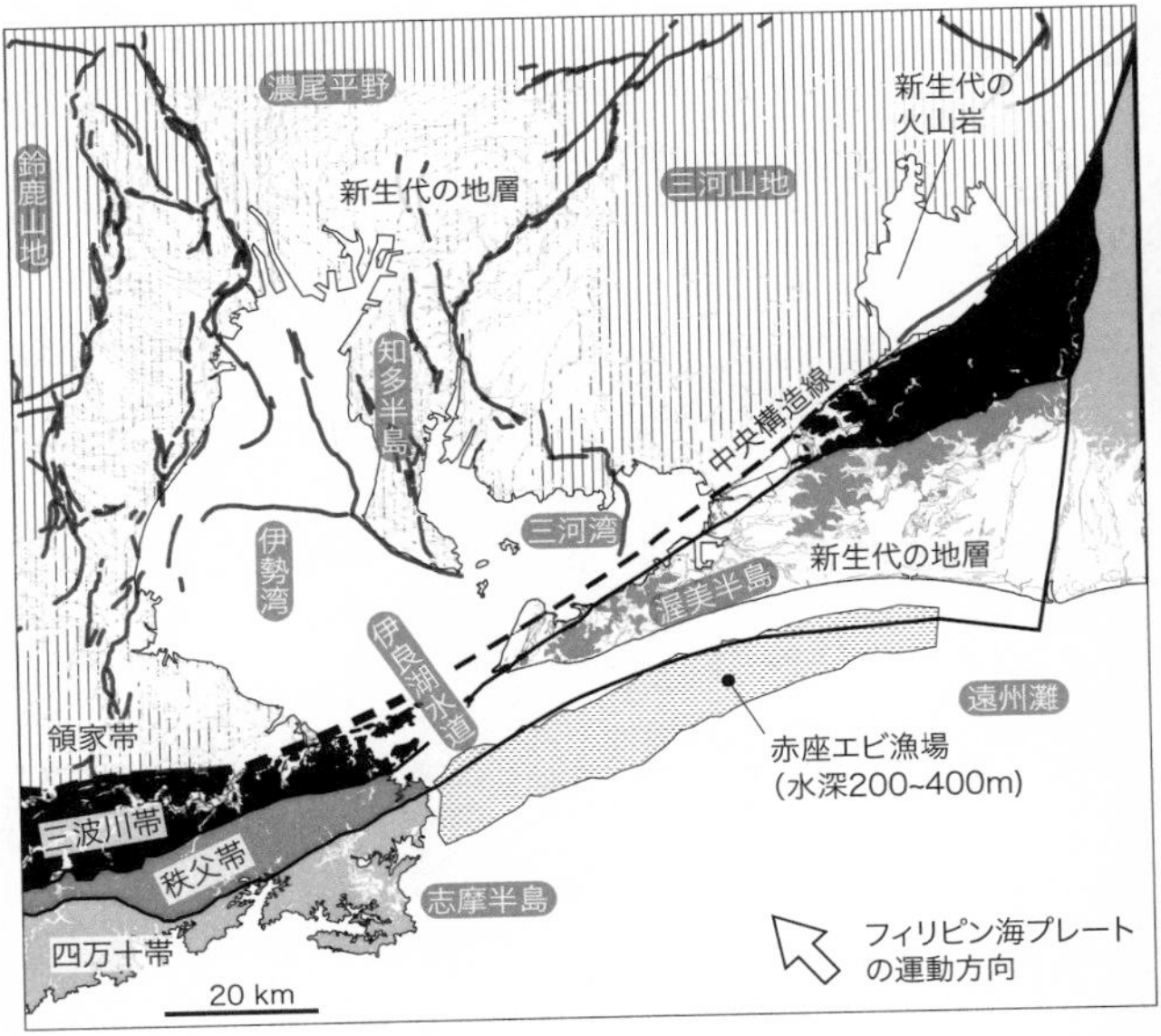

図表5-11　三河湾周辺の地形、地質と赤座エビの漁場

出典）産業技術総合研究所地質図ナビをもとに作成。

がっている。弥次喜多道中でも登場し、「その手は桑名の焼き蛤《はまぐり》」の洒落言葉でも知られる桑名は、伊勢湾の奥に位置する東海道五十三次の宿場町で、木曽三川の淡水の影響を受ける河口付近の砂泥がハマグリの生息に適していたのだ。

伊勢湾の東縁には知多半島が南北に延び、遠州灘に沿うように発達した渥美半島とともに三河湾を囲んでいる（図表5－11）。水深が10ｍ以下というこの内湾はほぼ全域が泥質の海底からなり、流入する河川から森の栄養分が供給されるためにアサリやミルガイなどの一大産地となっている。

一方で渥美半島と志摩半島に挟まれ、伊勢湾や三河湾と太平洋をつなぐ伊良湖水道（同図表）は潮流が速く、海底が削られるために水深が40ｍを超え、周辺には砂地が広がっている。このような砂地の海底といえばトラフグの産卵場所として最適である。果たして三河湾口に浮かぶ日間賀島《ひまかじま》は全国屈指の天然トラフグ水揚げ量を誇り、対岸の三重県志摩地方では「あのりフグ」として知られている。

また三河湾に位置する漁港、例えば蒲郡《がまごおり》は「赤座エビ」の水揚げでも名を馳せる。和食ではほとんど使われないが、イタリアンではスキャンピ、フレンチではラングスティーヌと呼ばれる高級食材だ。体長20㎝ほどの細身でハサミが長い。クルマエビと比べるとやや脂が多くねっとりとしている。すっきりした白ワインとともにいただくマリネやフリットは格別だし、ほかのエビと同じように温かい方が甘みが引き立つので、香草で香りづけたグリルなどはプリプリ食感と旨味の両方を堪能できる。

水揚げは三河湾の漁港だが、実は赤座エビの漁場は渥美半島沖の水深300m前後の深海底だ（同図表）。南海トラフへと続くこの砂地のスロープが赤座エビの生息に適しているという。

このように伊勢湾や三河湾で豊かな魚介が育まれるのは特有の地形による。そしてこの地形を造り出すのが地質と大地の動きである。

伊勢湾が大きく内陸へと入り込んでいるのは、地盤が沈んでいるためだ。伊勢湾とその北側の濃尾平野は、東の三河山地、西の鈴鹿山地に挟まれた低地をなし、これらの境界には活断層が分布している（同図表）。そして三河山地と沈む伊勢湾の間には段差が生じ、これが南北に延びる知多半島となっているのだ。

ではなぜ渥美半島は東西に延びた陸地となったのであろうか？　この半島には志摩半島から続く「三波川変成帯」や「秩父帯」と呼ばれる岩石や地層が地盤を造っている。また三波川帯は「中央構造線」を境に北側の「領家帯」と接している。秩父帯は約2億年前にアジア大陸の縁に付け加わった海洋物質からなる付加体だ。一方の領家帯は、秩父付加体より大陸の内陸地域に、約1億年前に花崗岩が大規模に貫入したものだ。そしてこの大規模なマグマ活動の時期に、プレートの沈み込みによって地下数十㎞にまで持ち込まれていた岩石が急激に上昇して、領家帯と秩父帯の隙間に割り込んできたのが三波川帯である。

さてこのような地質帯が東北東－西南西方向に帯状配列している渥美半島の地下には、南海トラフからフィリピン海プレートが沈み込んでいる。これまで何度か触れてきたように、このプレートの運動方向は北西向きであるために、西日本の大部分でほぼ東西に延びる中央構造線は横ずれ断層として活動している（例えば図表4－6、132ページ）。しかし中部地方では少し様子が違う。先に述べたように、伊豆諸島が本州へと突き刺さるように衝突しているために、中央構造線が北へ屈曲しているのだ。その結果この地域は、中央構造線に対してフィリピン海プレートは垂直方向に沈み込むこととなり、強い圧縮を受けることになる。このような力がかかると中央構造線は逆断層、つまり南側の地塊が隆起する断層として活動することになる。こうして三波川帯や秩父帯が隆起して渥美半島となったのである。

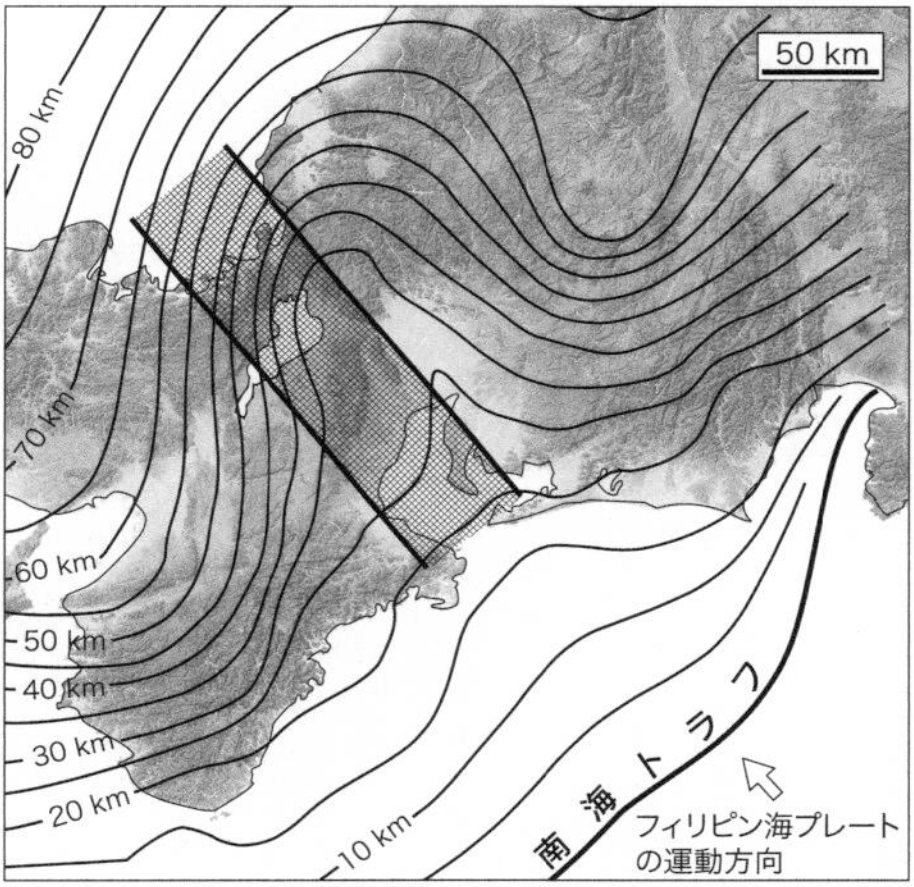

図表5-12　中部沈降帯と周辺地域のフィリピン海プレート上面の深度

出典）産業技術総合研究所地質図ナビをもとに作成。

くびれはどうやってできたか？

日本列島が大きくくびれている中部地方。くびれの北端である若狭湾は、リアス海岸が発達する沈降海岸である。また琵琶湖は、現在の伊勢湾の西側にあった古代湖が、沈降域、すなわち盆地が北へと進展したことによって今の位置へ移動してきた。一方で伊勢湾・三河湾地域では、フィリピン海プレートの運動に伴う圧縮が渥美半島の隆起を引き起こしているが、伊勢湾や知多半島は、沈降に伴う地形である。すなわち、このくびれ地域に共通する地殻変動のキーワードは「沈降」である。そこでこのくびれの部分を「中部沈降帯」と呼ぶことにしよう（図表5－12、前ページ）。

中部沈降帯はいつから沈み出したのか？

東海地方から琵琶湖周辺の地層から判断すると、この沈降帯は400～300万年前からでき始めたようだ（図表5－9、196ページ）。約300万年前には、それ以前は北向きに沈み込んでいたフィリピン海プレートが、太平洋プレートに押し負けて「45度カックン」とその運動方向を変えてしまった。この大事件が中部沈降帯の形成を加速したと考えられる。

ではなぜこの地域に沈降帯が形成されているのだろうか？

この問題を解く鍵は、中部地方の地下におけるフィリピン海プレートの形状にある。実は中部地方の下では他地域に比べてフィリピン海プレートが浅い位置にある、言い換えると沈み込みの角度が緩くなっているのだ（図表5－12）。なぜこのように沈み込み角度が急変しているのかはまだよく分かっていないが、この現象が中部沈降帯の形成に関連があることは確かなようだ。

プレートが沈み込むと、その運動によって陸側（中部地方直下）のマントルの物質も引きずり込まれる（図表5－13）。沈み込み角度が大きい場合には、引きずり込まれた物質を補うようにマントルの中に「補償流」という流れが造られる。

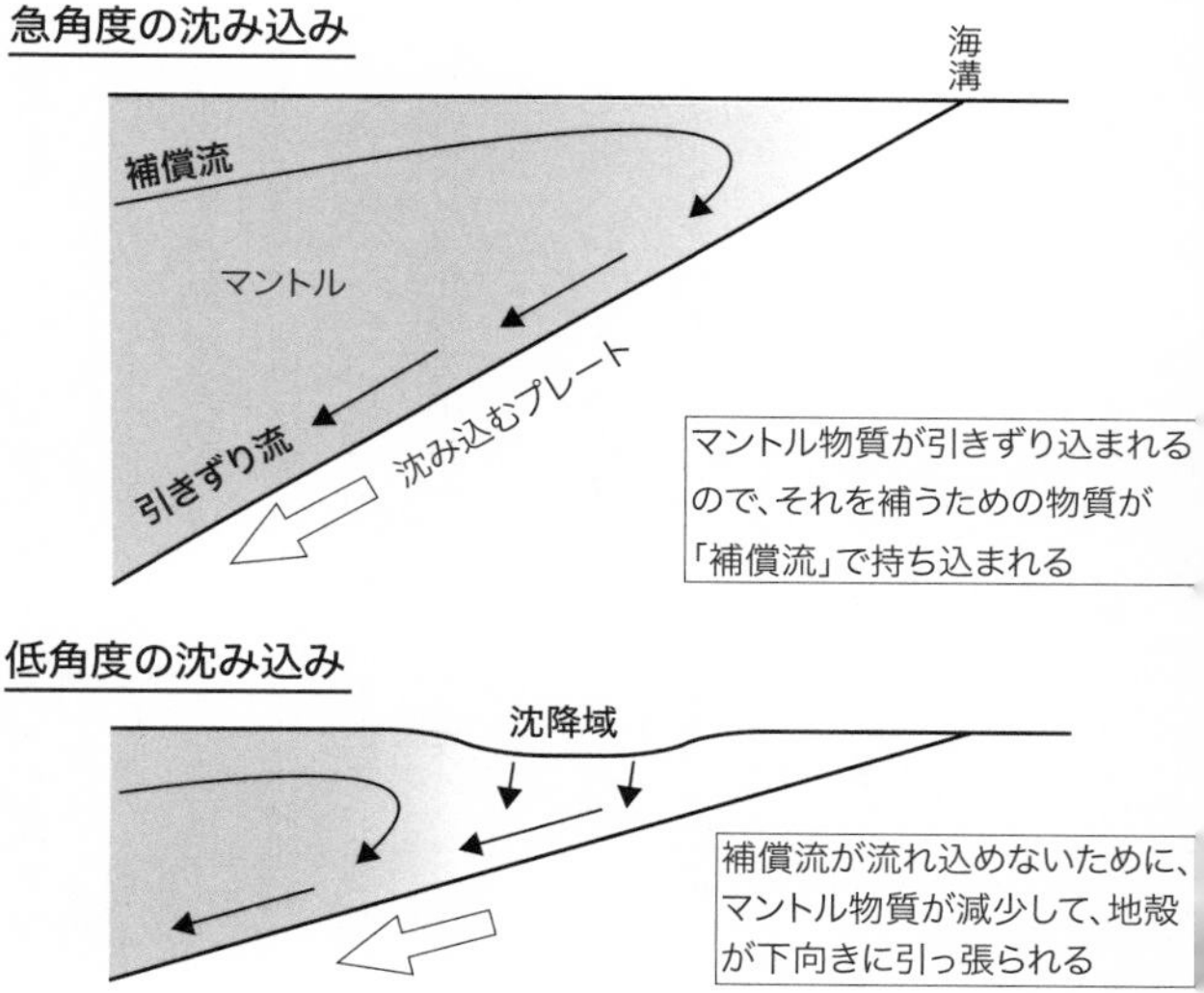
急角度の沈み込み
海溝
補償流
マントル
引きずり流
沈み込むプレート
マントル物質が引きずり込まれるので、それを補うための物質が「補償流」で持ち込まれる
低角度の沈み込み
沈降域
補償流が流れ込めないために、マントル物質が減少して、地殻が下向きに引っ張られる

図表5-13　プレートの低角沈み込みで起きる沈降

一方で沈み込み角度が小さい中部日本では、この補償流が、海溝に近く温度が低い領域へは進入できない（同図表）。そのために、中部地方の地下ではマントル物質がどんどんと引きずられて削り取られていくのだ。マントル物質が減ってしまった所では、その上の領域が沈んでしまうことになる。

こうして若狭湾－琵琶湖－伊勢湾のラインで沈降が起きている。そしてフィリピン海プレートの沈み込み角度が大きくならない限り、この中部沈降帯の沈降は続くと考えられる。つまり、やがてこの地帯は海面下に没して海峡となり、本州島は2つに分裂してしまう可能性が高い。

中部沈降帯ではこれからも地盤沈下が進行し、本州は2つに分裂する。これは「中部沈没」と呼んでもいいほどの大事件である。しかし安心してほしい。このような「中部沈没」は、100万年以上の時間をかけてゆっくり進行するはずである。だから近い将来に沈没してしまうことはない。

ただし、このような地殻変動はゆっくりではあるが現在進行形であり、その影響で将来、1891年に起きた日本史上最大級の内陸直下型地震である濃尾地震（M8）のような地震を引き起こすことは確実だ。伊勢湾、琵琶湖、それに三河湾の豊かな恵みと地震という試練は、変動帯日本列島の両面であることを改めて心得ていただきたい。

「日本沈没」は起きるのか？

さてここで「中部沈没」という言葉が出てきたので、「日本沈没」についても少し触れることも一興であろう。

1973年刊行の小松左京作『日本沈没』は、当時まだ我が国では受け入れを拒絶する学者が多かった「プレートテクトニクス」という言葉を、瞬く間に世に広めた。その後、映画

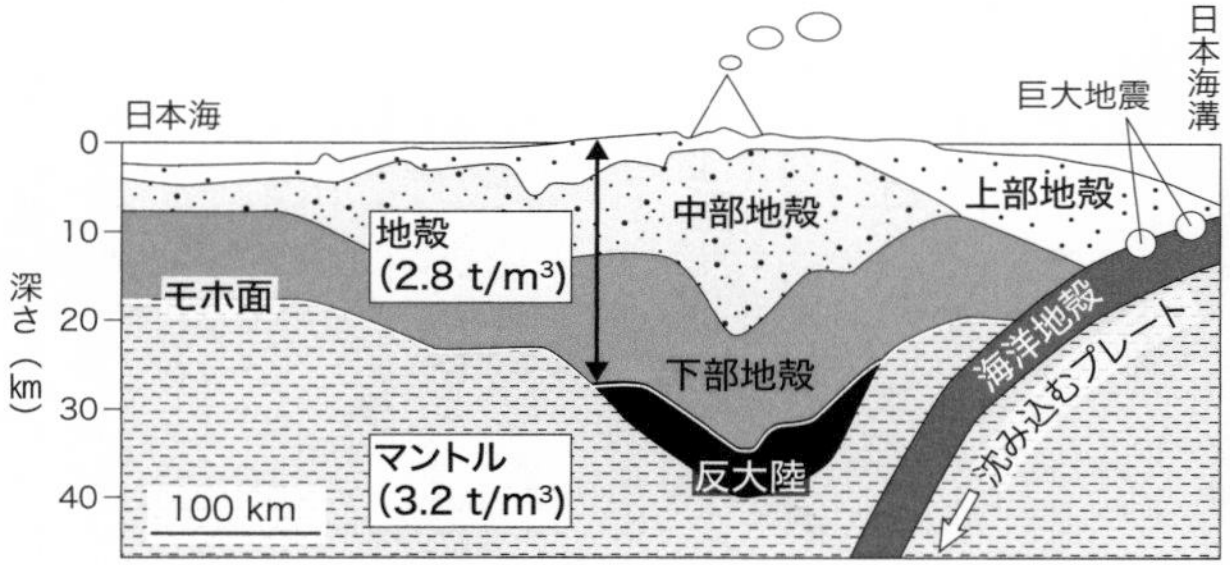

図表５-14　日本列島の模式的な地下構造　軽い地殻が重いマントルの上に浮いている。

やドラマ、それにアニメなどでも人気を博し、２０２１年に放映されたテレビドラマも地球温暖化や改ざんなど社会的関心の高い内容を盛り込んだこともあって注目が集まった。

では、そもそも日本列島が沈没することはあるのだろうか？

日本列島の地殻は、概ね30kmほどの厚さだ（図表５－14）。この地殻はマントルに比べて軽い岩石からなる。つまり、氷が水に浮かぶのと同じように、マントルの上に地殻が浮かんでいるのだ。しかもその重さ（密度）の違いが大きいために、地殻は安定して浮き続けている。このような状況では、地殻をマントル内へ沈める、すなわち日本沈没が起きることとは非常に困難だ。

原作で示されたように、海溝から日本列島の下へと沈み込む重いプレートが日本列島の地殻を引きずり込めば、日本沈没も可能かもしれない。しかし日本列島の地殻は、ある程度引きずり込まれると跳ね返って「海溝型巨大地震」を引き起こす(図表5－14)。したがって、このメカニズムでは日本沈没は起こらない。

一方で最新2021年のテレビドラマでは、新しいメカニズムが示された。それは全地球的な温暖化によって極域の氷床が融けて引き起こされる「海面上昇」だ。確かに、海水の量が増えて海が広がると、海水の重さで地殻は沈む。しかし現時点で今世紀末までに3m程度と予想されている海面上昇では、日本沈没を引き起こすほどの効果は望めない。むしろ、3m海面が上昇することで東京周辺の広い範囲が水没することの方がずっと深刻である。ただ、この場合は沈没というのは不適切で、水没と呼んだ方が良いだろう。

最新の科学的知見に基づけば、日本沈没を引き起こす可能性があるのは、日本列島の地下に潜む「反大陸」であろう。これは、2006年に『日本沈没』を映画化する際に、監督であった樋口真嗣さんに「科学的に嘘でない方法で日本沈没を起こしてほしい」と依頼されて、考えたものである。

図表5－14をご覧いただこう。日本列島の地殻の下に「反大陸」と記した領域がある。これは、日本列島のような沈み込み帯で「大陸地殻」が進化・成長してゆく過程で大陸地殻と

対を成して造られる物質だ。ここで重要なことは、この反大陸物質はマントルより重いことだ。だからこの反大陸は現在はまだ地殻の底にくっついているのだが、やがては必ず地殻から剥がれて（デラミネーション、つまり層の崩壊を起こして）マントル内を落下してゆく運命にある。私たちが行った超高圧実験によると、この反大陸はマントルの底、すなわち地下約２９００㎞の深さまで真っ逆さまに落ちてゆくはずだ。そしてデラミネーションが起きる時に、地殻は下向きに引っ張られるので、軽い地殻も一時的に沈没するのだ。

ただ、地殻はもともとマントルより軽くて浮力が働くので、反大陸が剥がれてしまうと沈没は再び隆起に転ずるに違いない。

大極的に眺めると日本列島は現在、隆起傾向にある。江戸・東京野菜の耕作地で関東ローム層に覆われている高台を造る「段丘面」は、このような隆起によって形成されたものだ。この列島全体の隆起の原因はまだ明らかにされていないのだが、私は密かに反大陸のデラミネーション後の隆起が進行しているのではないかと考えている。

＊　＊　＊

リアス海岸と呼ばれる沈水海岸が続く若狭湾。約４００万年という時間をかけて現在の位置まで移動してきた琵琶湖。そして断層に挟まれた沈降域が内湾を形成する伊勢湾。これらの水域には豊かな生態系が育まれ、美味なる食材の宝庫である。この地域は湾や湖が存在するために日本列島の「くびれ」をなしているのだが、この「若狭湾－琵琶湖－伊勢湾沈降帯」は、この地域の地下に潜り込むフィリピン海プレートの角度が著しく浅くなっているために沈みつつある。やがてこの地域には海が入り込み、本州は2つの島に分断されるに違いない。ただし、日本列島がこのような姿になるのは、おそらく100万年以上先のことだろう。

第6章

日本列島の大移動がもたらした幸福を巡る旅

カニ ―日本海はどう生まれたか―

世界一のカニ好きといわれる日本人。タラバガニ、ズワイガニ、毛ガニが三大ガニと呼ばれて人気だが、中でもズワイガニは、口中に広がる旨味と甘味が世界最強とも称される冬の味覚の王様だ。このカニの味を醸し出すのは、グルタミン酸とイノシン酸（旨味）、グリシンとアラニン（甘味）、アルギニン（苦味）などの遊離アミノ酸（タンパク質を構成しないアミノ酸）である。

もっともこれらの成分は、カニ、もっといえばエビなどのほかの甲殻類の種類によってそれほど違いはない。つまり、味だけではカニの種類やエビとの違いを識別することはなかなか困難なのだ。我が国発祥の「カニカマ」は科学的にカニの味を再現した逸品であり、私も何度か試みたが、確かに味だけではカニと区別することは難しい。

だからこそ「美味いカニ」には、大きさや身の詰まり具合、鮮度、それに茹で方などが重要な要素となる。

それもあって徹底した品質管理を行い、味を保証するためのブランディングが行われてい

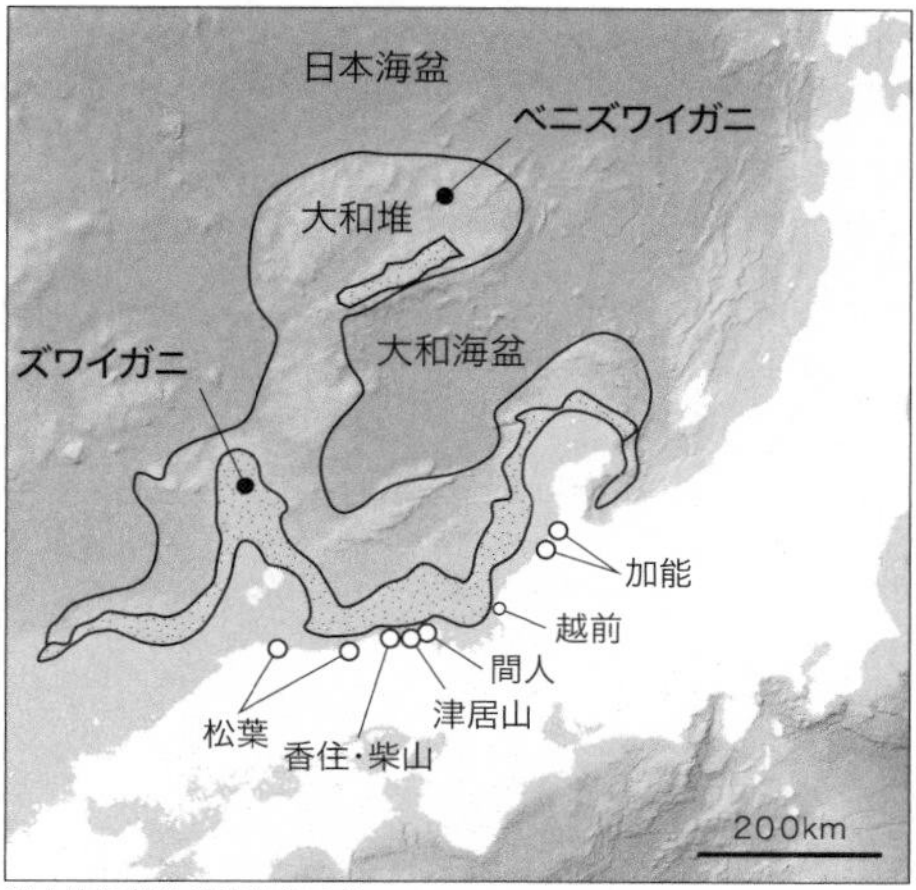

※白塗り部分は陸地を示す。

図表6－1　日本海の海底地形、カニ生息域およびブランドガニ産地

出典）産業技術総合研究所地質図ナビをもとに作成。

る。山陰から北陸にかけての一帯はズワイガニの主要水揚げ港が並び、鳥取の松葉ガニをはじめとして、漁港の名を冠したブランドガニの聖地となっている（図表6－1）。

その中で「香住《かすみ》ガニ」は、ほかとは異なりベニズワイガニである。一般的には身入りが少なく水分が多いためにズワイガニに比べて安価な場合が多いのだが、ズワイガニを凌ぐともいわれる甘みを持つ食材だ。

ズワイガニとベニズワイガニ

オスのズワイガニは今や高級食材の代表格の一つであるが、かつてはそうではなかったそうだ。鮮度が命のカニは、物流・保管の技術が発達していなかった1960年代は、水揚げ地で食される以外は畑の堆肥として使われたという。また内子（卵巣）や外子（卵）の食感がたまらないメスは、セコ、コッペ、コウバコなどと地方によって呼び名が異なるが、以前は見向きもされなかったようだ。カニ文化に詳しい広尾克子氏によれば、ズワイガニの冷凍技術を確立してその美味さを国内に広げたのは、カニ処である兵庫県豊岡市出身の今津芳雄氏だという。大阪・道頓堀に本店があり、巨大な動くカニを看板に掲げる「かに道楽」の創業者である。

ズワイガニは、水温が数℃以下で水深数十～数百mの砂泥域の海底に生息する。したがって山陰～北陸沖合が主要な漁場となる（図表6－1）。一時は1万トンを超えた漁獲量も、乱獲などで1990年代初めには1000トン台にまで激減した。その後、資源保護策が講じられた結果、近年は4000トン程度まで持ち直している。

ベニズワイガニは、ズワイガニと異なり茹でる前でも赤っぽい色をしていることと、やや甲羅が柔らかいのが特徴だ。ズワイガニよりも深い場所を好み、その生息域は日本海中央部に存在する大和堆にまで広がる（同図表）。これら2種類の近縁種の生息水深の違いは、氷期に海水面が低下してより深い海底へ移動したズワイガニが、後氷期の水深回復時にも深海に残ってベニズワイガニへと変化したためだともいわれている。

このように冬の味覚の王者は、日本海というアジア大陸と日本列島に囲まれた特異な海で育まれている。シベリアの寒気団によって冷やされた日本海北部の水塊が、日本列島が存在することで太平洋やフィリピン海へ流れ出ることなく日本海深部に留まるために、カニが好む冷水域が形成されるのだ。一体この海は、どのように形成されたのであろうか？

当然のことだが、我が国が島嶼《とうしょ》国であり、多様な海産物が特有の食文化を育んできたのは、アジア大陸と列島との間に日本海が存在していることに大きな原因がある。もし日本海がなければ、果たして日本という国家が存在したかどうかも分からないし、たとえ存在したとしてもこの国は大陸の一部だったはずだ。しかしこんな「妄想」は、約46億年といわれる地球史の中ではほんのつい最近の地勢とよく符合するのである。実は第１章で外観したように、たった３０００万年ほど前までは日本列島はアジア大陸の一部であり、その後、大陸から分裂して太平洋へと大移動し、約１５００万年前にほぼ現在の位置まで達した結果、現在の日本海が誕生したのである（図表１－３、23ページ）。

日本海は「海」ではない？

そもそも「海」とは、液体の水が低地に溜まったものである。そしてこの地球表面の高低差ができる原因は地盤の違いにある。高地をなす陸（大陸）は比較的軽い岩石でできているのに対して、海の地盤はやや重い。このように重さの違う地殻が、柔らかくて相当に重いマントルの上に浮かんでいるのだ。すると、船が貨物を降ろして軽くなるとだんだん浮かび上がってゆくのと同じように、軽い「大陸地殻」は浮き上がり、比較的重い「海洋地殻」は沈みがちになる。つまり陸と海を分かつのは、それぞれの地盤の特性なのである（図表6－2）。

実はこの高地と低地が存在する凸凹した表面は、地球と同じく岩石と金属からなり、その形成過程もよく似た「地球型惑星」の中で地球だけが有する特性だ（同図表）。ほかの惑星は凹凸がなく、のっぺりとしている（同図表）。そして地球がこのような特異な惑星になった原因は「水」にある。

詳しく話しているとそれだけで一冊の本になってしまうので、ごく簡単に述べるに留めるが、太陽からの距離が適切で大きさも適度であったせいで、地球だけが温室効果を持つ大気を纏《まと》うことが可能となった。そのために液体の水が存在できたのだ。しかし原始地球の表面に大気から雨が降り始めたころは、まだ地表はほかの惑星と同じようにのっぺりとしていた。

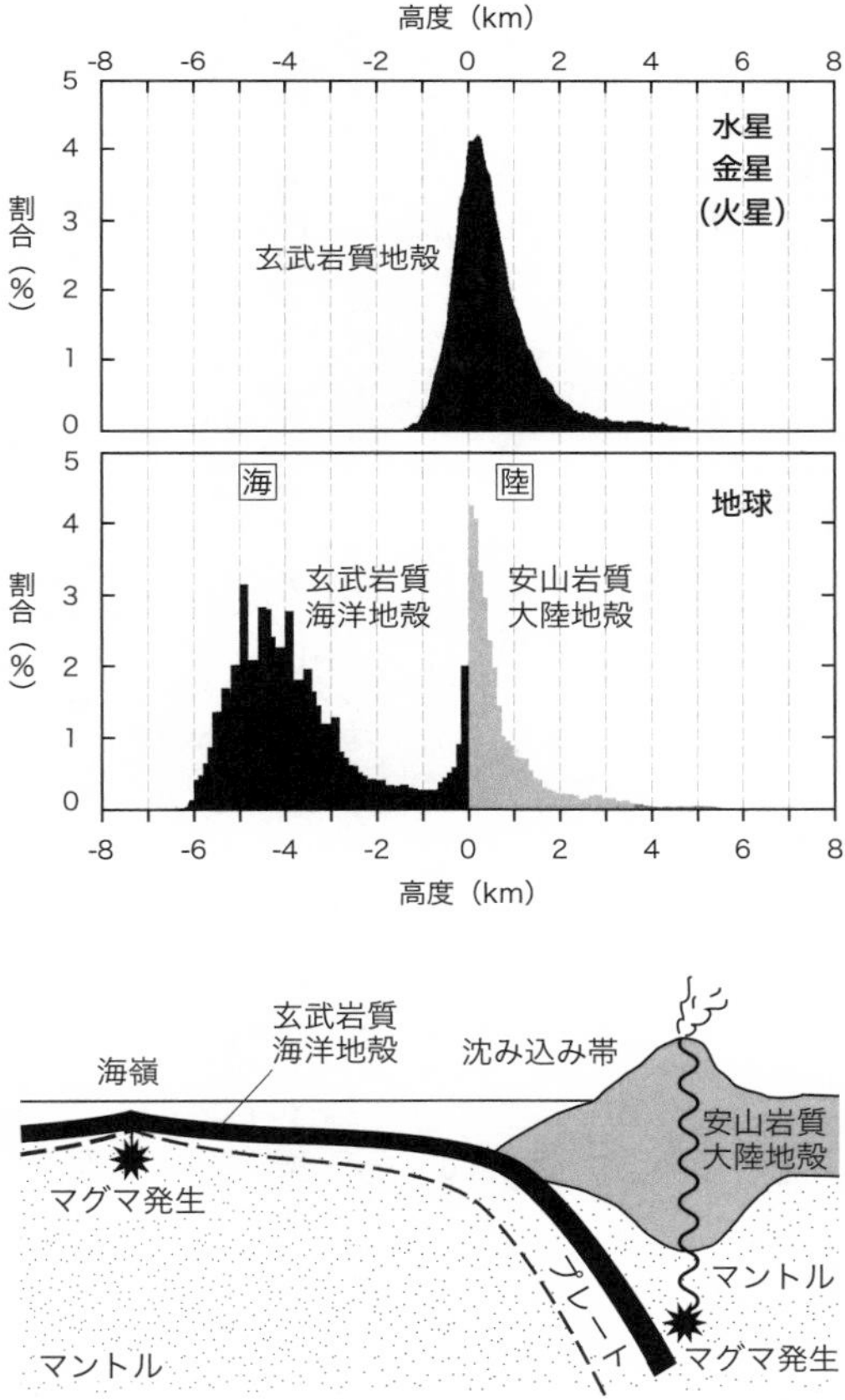

図表６-２　太陽系惑星の表面地形の特徴　地球には高地（大陸）と低地（海）が存在することが特徴（上図）。大陸は軽い安山岩質の、海底は重い玄武岩質の地殻で構成される（下図）。また大陸地殻は、プレートが沈み込む場所で起きるマグマ活動で作られる。

やがてこの水が地盤へ浸み込んで岩石の強度を下げたために「プレートテクトニクス」が作動して、その結果、沈み込み帯で軽い大陸地殻が形成されるようになって凸凹した地表となったのだ（同図表）。そうなると水は、重い海洋地殻からなる低地に集まり「海」が広がったのである。

ではこの海と陸の違いに注目して、日本海を眺めてみることにしよう。地球の海（大洋）の地盤は海洋地殻からなるのだが、日本海の地殻はその大半が大陸地殻であり、海洋地殻は北部域に限られている（図表6－3）。ベニズワイガニの生息地である海底台地の「大和堆」も、大陸地殻からなる。つまり、洪波洋々《こうはようよう》と広がる日本海ではあるが、海底の構造からは「本当の海」とは言い難いのだ。なぜ日本海の海底には、「大陸」が広がっているのであろうか？

寺田寅彦の日本列島移動説

通常の海ではなく、大陸地殻が散らばっているように見える日本海のでき方について、挑戦的かつ先見性のある説を唱えたのは、第1章でも述べた通り、かの寺田寅彦であった。1927年のことだ。

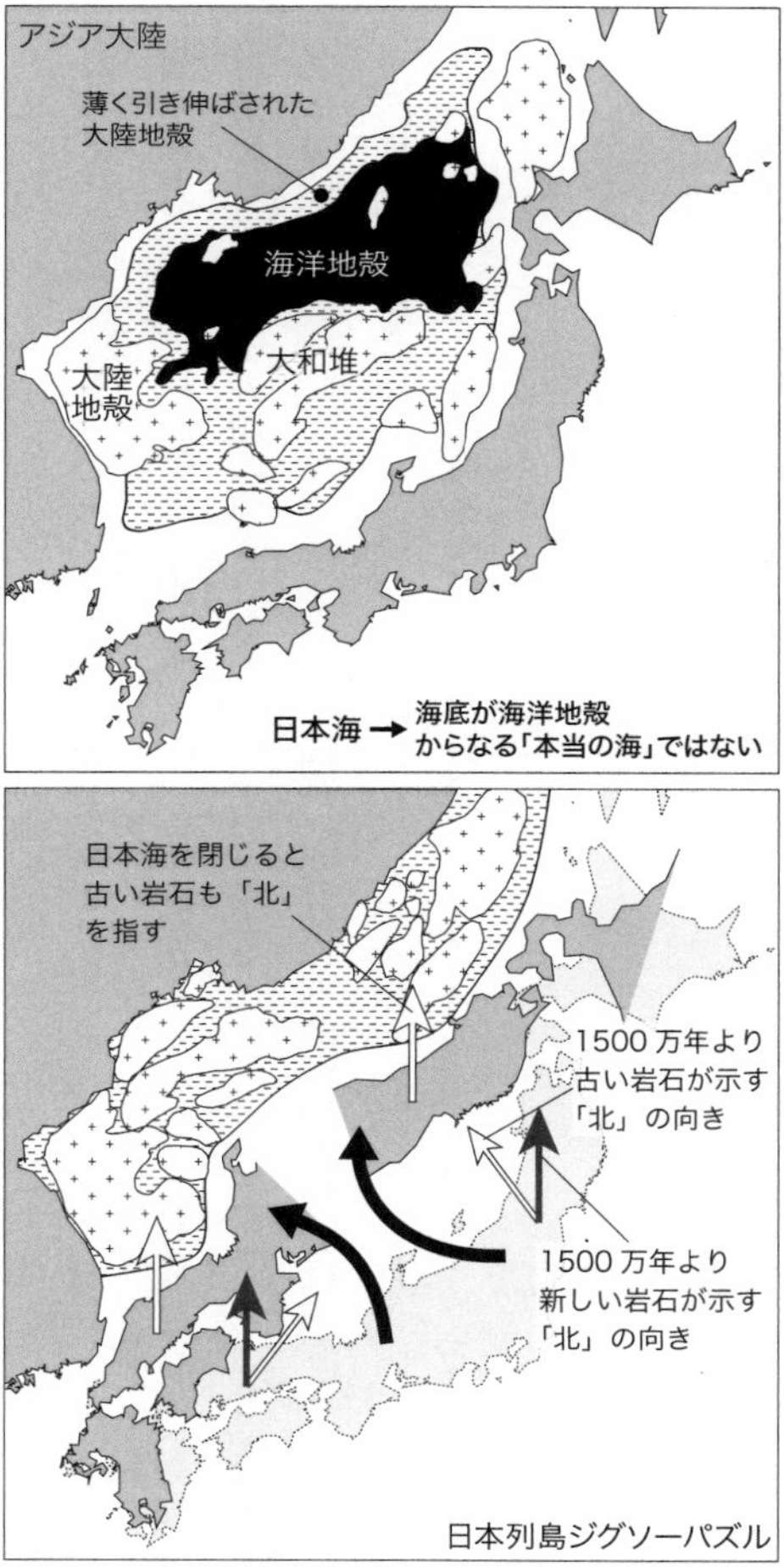

図表６-３　日本海の構造（上）と日本列島ジグソーパズル（下）

アルフレッド・ウェゲナーの「大陸移動説」に触発された寺田が発表した論文では、太平洋側とは異なり日本海沿岸にはいくつかの島や海底台地が存在し、これらが列をなしていることに注目。そして、このような島列は、日本列島がアジア大陸から分離移動した過程で、日本海の中に取り残された陸の破片と考えた。

さらに彼は自説の検証に乗り出した。もし寺田説が正しければ取り残された日本海の島々と移動を続ける日本列島の距離は刻々と広がっているはずだ。そこでこのことを検出する測量プロジェクトを提案したのだ。寺田の提案により日本測地学委員会は1928年に山形県の飛島に観測台を設置して、対岸の酒田付近に2点の観測点との間で三角測量を開始した。ただ、そのあともさらに精密な天体観測も実施されたにもかかわらず、残念ながら明瞭な結果を得ることはできなかった。それでも仮説から予想される現象を確認して仮説を検証しようとした姿勢は圧巻である。

ウェゲナーの大陸移動説は、彼自身が北極探検で帰らぬ人となったあとは、長い間、日の目を見ることはなかった。この大陸移動説の衰微、加えてあまりにも先進的であったこともあって、寺田説も日本の学界では埋もれてしまっていた。しかし、1960年代になって、大陸移動説の復活とプレートテクトニクスへの発展を牽引した「古地磁気学」（岩石に残された過去の地球磁場の記録を解析する分野）によって、日本列島移動説も再び注目されるようになった。

京都大学のグループは、日本列島を造る岩石に残された微弱な磁石の性質を用いて、その岩石ができた当時の磁極の方位つまり北極の方向を求めるプロジェクトを行っていた。そして興味深い発見をした。数千万年より古い時代の岩石では、西南日本と東北日本の岩石が示す磁北の向きが異なっていたのである（図表６－３）。もちろん最近できた岩石ではこんな現象は見られず、しっかり北を指し示している。この奇怪な結果を、プロジェクトのリーダーであった川井直人は、もともと棒状であった日本列島が過去数千万年の間のいつかに折れて曲がったと解釈した。

１９６１年に出された川井の論文では、日本列島の折れ曲がり事件と日本海の形成の関連は明瞭に述べられていなかったが、１９７０年代後半から再び京都大学のグループがこの問題の再検討を始めた。彼らはさらに多数かつ広範囲で採取した試料について精密な測定を行い、岩石の形成年代も慎重に吟味した。その結果、今から約１５００万年前にわずか１００万年ほど、地球時間で見れば極めて短期間のうちに、西南日本は時計回り、東北日本は反時計回りに回転したことを突き止めたのだ。さらに、この回転運動を考慮して現在の日本列島を元の位置まで戻し、日本海に散らばった大陸地殻の破片も動かしてやると、まるでジグソーパズルのように日本海が閉じて、日本列島はアジア大陸に納まってしまうではないか（図表6－3）。つまり1500万年以前の日本列島はアジア大陸の一部であり、回転運動を伴う日本列島の漂移によって日本海が誕生したのだ。かくして寺田説は完全に復活した。

大事件を引き起こしたマントルの動き

では、日本列島を大陸から引き裂いて太平洋へと迫り出させ、日本海の拡大・誕生を引き起こした原動力は何であろうか？　これを解く鍵は日本海の拡大前、約3000万年前にアジア大陸東縁部で起きていた火山活動にあると私は考えている。

当時、のちに日本列島になる地帯では現在の日本列島と同様に、プレートの沈み込みに伴う火山活動が、そしてさらに奥の大陸内では沈み込み帯とは性質の異なる「大陸型」の火山活動が起きていた（図6－4）。そしてこれらの大陸型溶岩の化学組成を調べると、深さ670㎞付近にある上部マントルと下部マントルとの境界付近に横たわった太平洋プレートの物質が関与していることが分かってきた。プレートの軽い部分が浮き上がることでマントル内に上昇流が生じ、それが大陸型のマグマを造ったのである。

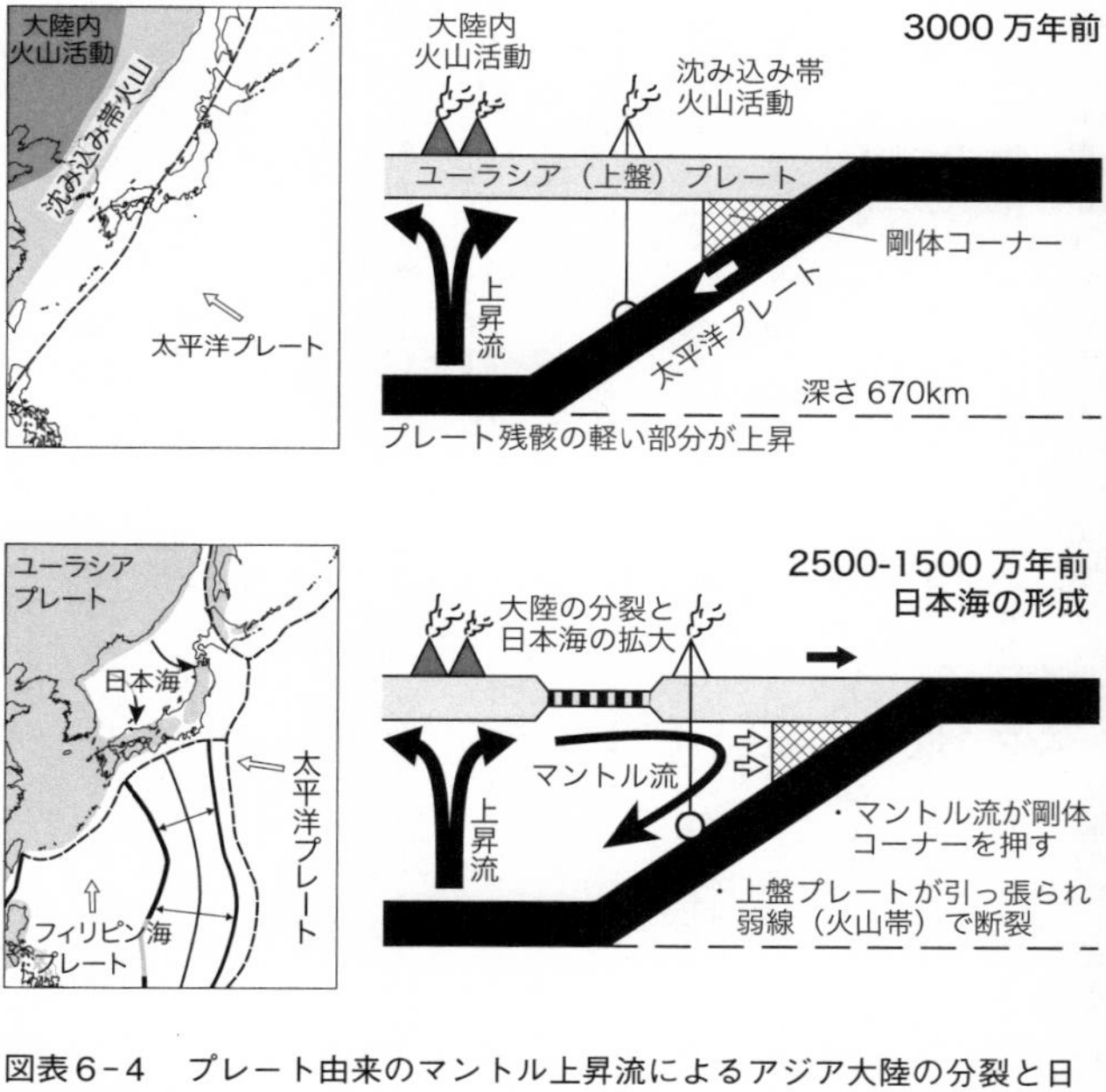

図表６－４　プレート由来のマントル上昇流によるアジア大陸の分裂と日本海の形成

このマントル上昇流は大陸プレートにぶつかると周囲へと広がり、その流れの一部が沈み込むプレートまで達することになる。一方で沈み込み帯では、海洋プレートが周囲より冷たいためにその近傍は冷やされている。その結果、上盤側のプレートと海洋プレートに挟まれた三角コーナー付近には、上盤プレートの一部として堅い楔《くさび》状のブロックが発達する（図表6－4）。大陸の下で発生したマントル上昇流がこのコーナーを押すことによって上盤大陸プレートには引っ張る力が働き、これがきっかけとなって大陸が分裂して日本列島が太平洋へ迫り出して日本海が誕生したのだ。

＊　＊　＊

日本海は世界的に見てもズワイガニやベニズワイガニの名産地である。これらのカニの生息にうってつけの冷水域が深海域に広がっているからだ。少し考えると分かることだが、もし日本海の縁に日本列島が存在していなければ、この海は太平洋とつながってしまって、冷水塊を保持することが難しくなる。日本列島が冷水を堰き止めているのだ。このような日本海と日本列島の位置関係は、今から3000万年くらい前からアジア大陸の東縁部で断裂が始まり、やがて日本列島が大陸から分裂して太平洋側へ移動するという大事件によって造られた。日本海産のカニを食す機会にはその味わいに感動するとともに、このカニを育んだ日本列島の大変動を思い起こしていただきたい。より旨味も甘味も増すこと請け合いだ。

ホタルイカ・岩牡蠣　――富山湾が深くなったワケ――

ズワイガニに劣らぬ日本海の至宝といえば「寒ブリ」。中でも富山湾の氷見《ひみ》ものが圧倒的に素晴らしい。富山地方では、寒ブリの昆布〆という類を見ない食文化が発達している。富山湾へは、日本海を南下する脂の乗ったブリがまるで定置網のような能登半島に遮られるようにして誘い込まれるのだ。そう考えると、海に突き出した能登半島が富山の寒ブリ文化を育んだことになる。また能登半島には、夏場の華である岩牡蠣や特有の製塩法が今も引き継がれている。ここでは、数々の富山・能登地方の素晴らしい海産物とこれらを育んだ背景を考えてみることにしよう。

富山湾の海産物

ブリは、その名の由来が、アブラ（↓ブラ↓ブリ）だという説もあるくらいだから、腹側の砂ずり（腹の下の膨らんだ脂肪層の部分）といわれる部位は、見事なまでに上質な脂の美味さがある。また、赤みを帯びた背は、豊潤な香りが魅力である。しゃぶも素晴らしいが、おろしたての山葵を多めにのせて、たまり醤油に浸していただくと、私には灰色の厚い雪雲と白い波を立てる黒い冬の日本海が見えてくる。そう、ほかの青もの（シマアジ、ヒラマサ、カンパチ、ハマチなど）とは違い、ブリは断然冬が旬なのである。

春に九州・西方沖で生まれたブリの幼魚モジャコは、対馬海流にのって北上し、夏から秋にはハマチに育ち、そして冬には立派なブリとなる。いわゆる出世魚だ。能登半島沖に留まる群もいるが、多くはさらに北海道で秋ごろまで回遊し、晩秋になると日本海を南下し始める。そして冬の北陸の名物ともいえる冬季雷とともに、まるで誘い込まれるように富山湾へと入ってくる。ブリ漁の始まりを知らせるこの雷は、「ブリ起こし」ともいわれている。

このようにブリは日本列島の北西側の日本海を広く回遊するのだが、その生態には回遊魚の代表であるマグロと決定的な違いがある。マグロは海中の酸素を取り入れるために口を開けて泳ぐことが必須である。それに対してブリは、金魚よろしく口パクすることで酸素を取り込むことができるのだ。この機能のおかげで、ブリはある意味で養殖に向いた魚といえる。ただ、一般にメタボの養殖物は脂が多く白くギトギトしており、上品な脂の旨さを刺身で楽しむには向かないものが多い。

しかし、このような一般論と一線を画す養殖ブリもある。私がその美味さに脱帽したのは、産卵地に近い鹿児島県・長島町を訪れた時のことだ。この地は、オリジナル餌の開発などで高品質の養殖ブリを育てて、ブリ養殖の聖地と呼ばれる。イリコで取って島で採れたアオサを加えた出汁をくぐらすしゃぶや、サッと表面を焼いてタマネギ、ネギ、生姜のすりおろしをあしらったタタキ。島の名産芋焼酎「島美人」とともにいただいたブランドブリ「鰤王《ぶりおう》」は、氷見の寒ブリとはまた違うブリの魅力を教えてくれた。食材への愛情と感謝、それを生かす料理法、さらには合わないはずがない地元の銘酒。料理の基本中の基本を改めて知らされた気がした。

ブリ談議はこのくらいにして話を富山湾へ戻そう、この湾は島国日本にあっても特異な存在だ。なんとその深さが1000m以上にも達する。伊豆半島が本州へと突き刺さったことで、プレートが沈み込むために深海に凹地をなす南海トラフ（海溝）が陸域近くに入り込む相模湾、駿河湾とともに、日本三深海湾といわれている。しかし、プレート境界をなす海溝は富山湾には存在しない。その代わりにこの湾内には、かつてアジア大陸を分裂させて日本海を生み出した大事件の痕跡である「断裂帯」が残っている（図表6－5、次ページ）。この

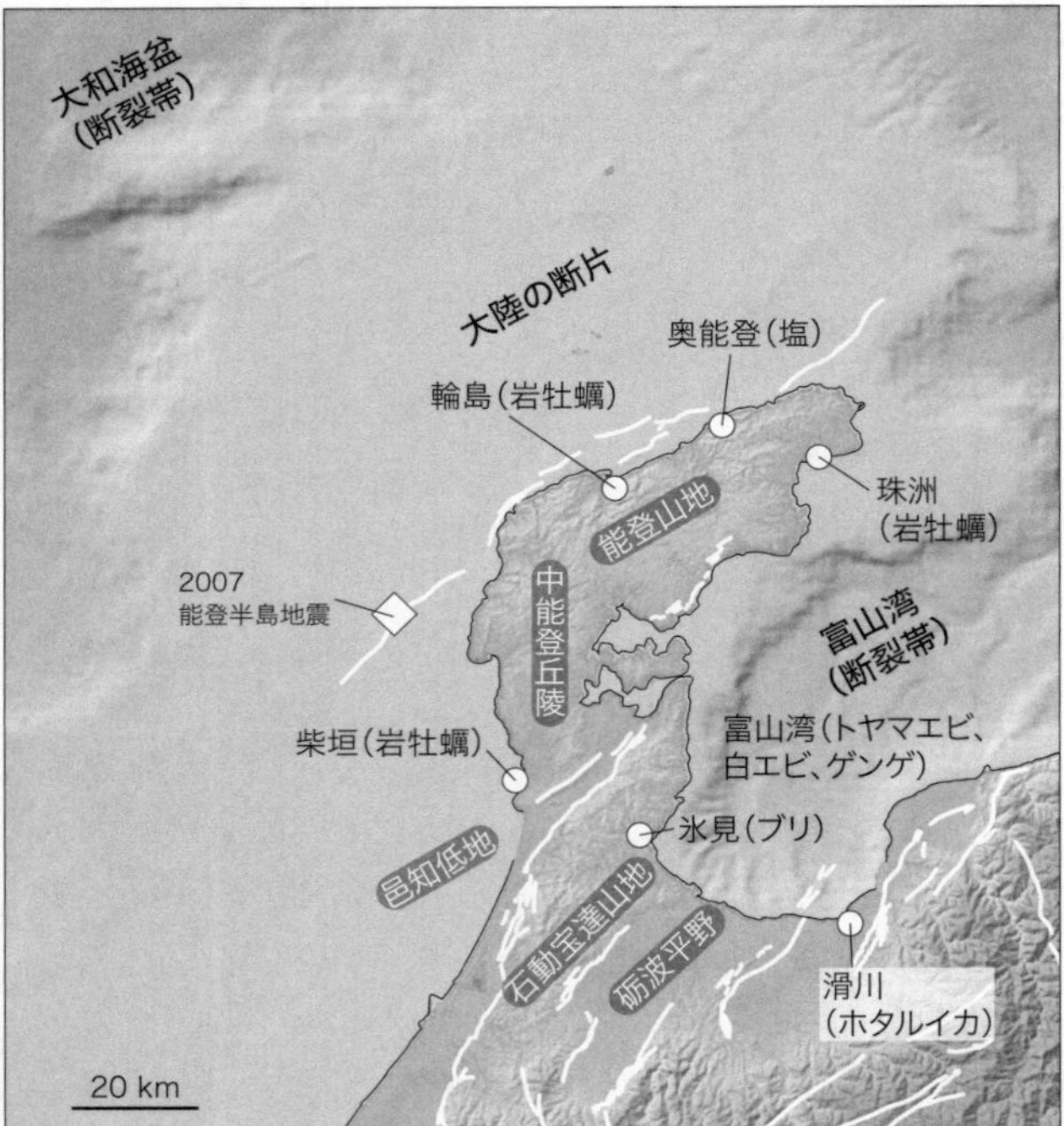

図表6-5　能登半島周辺の地形、活断層分布（白線）および食材

出典）産業技術総合研究所地質図ナビをもとに作成。

断裂帯の形成についてはのちに能登半島や周辺の地形と合わせて説明することにして（234ページ参照）、ここでは深海の富山湾の恵みの話を続けることにしよう。

この断裂帯の延長である富山湾の海底にある海底谷に群れをなすのがシロエビだ。体長は約６㎝と小粒だが甘味と旨味は格別で、水揚げ直後は、透明感のある淡いピンク色をしていることから「富山湾の宝石」と称される。また深海魚特有のプルプルのゼラチン質が特徴のゲンゲも名物である。しかし、なんといっても富山湾の名を全国に知らしめているのは、同じく深海系の「ホタルイカ」であろう。

３〜６月になると、富山湾では青白い光を発するホタルイカが海岸に打ち上げられる幻想的な光景が繰り広げられる。「身投げ」である。これを引き起こしているのがメスのホタルイカだ。普段は深海に暮らしているのだが、産卵のために海岸近くまで浮上するのである。漁獲量だけでは、深海底引き網漁で捕獲する兵庫県にはおよばないのだが、富山湾では海岸近くまで上がってきたメスのみを定置網で獲るために、大振りでプリプリしている。最近ではスーパーでも見かけることも多いホタルイカではあるが、これらに比べると圧倒的に立派な富山産はメスなのである。

ホタルイカは日本海から富山湾へ入ってくる。これは栄養分豊かでホタルイカの餌である

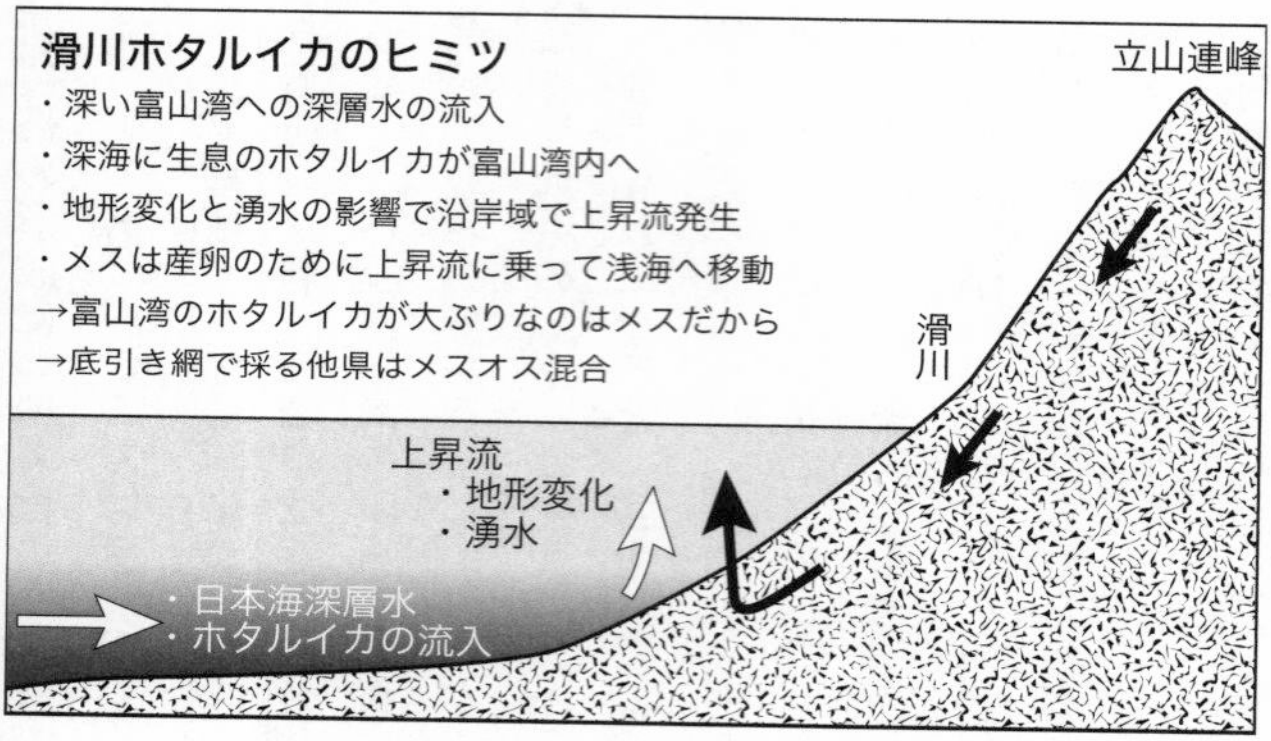
滑川ホタルイカのヒミツ
・深い富山湾への深層水の流入
・深海に生息のホタルイカが富山湾内へ
・地形変化と湧水の影響で沿岸域で上昇流発生
・メスは産卵のために上昇流に乗って浅海へ移動
→富山湾のホタルイカが大ぶりなのはメスだから
→底引き網で採る他県はメスオス混合
立山連峰
滑川
上昇流
・地形変化
・湧水
・日本海深層水
・ホタルイカの流入

図表6-6　富山湾のホタルイカ事情

動物プランクトンが豊富な海洋深層水が、深海の続きである富山湾へ流れ込むために、ホタルイカがこの流れに乗ってくるのだ（図表6－6）。そして富山湾は沿岸域で急激に浅くなる。この海底地形が流れ込んだ日本海深層水の上昇を引き起こす上に、背後に聳《そび》える立山連峰の雪解け水が伏流水として富山湾の地下で湧き出す。この淡水は海水より軽いために上昇流となるのだ。このようにして形成される上昇流に乗ってメスは浮上して産卵に至るのである。

やはりホタルイカは滑川まで出かけて、鮮度を生かした釜揚げでいただくのが一番だと思う。深海に潜む海底での営みに思いを馳せながら富山湾を眺め、さらに振り返って豊かな水の源となる立山連峰を仰ぎ見る。こうしてオンリーワン食材が生まれる背景を理解した上でいただくホタルイカに勝るものがあろうはずがない。

海洋深層水の恵み

先に南三陸の真牡蠣を取り上げたのだから、岩牡蠣も取り上げないわけにはいかないだろう。身は白く、クリーミーな味わいの牡蠣は、タウリン、亜鉛、カルシウム、グリコーゲンなどの栄養素にも富む。そのために乳製品に喩えられることが多く、真牡蠣は「海のミルク」、岩牡蠣は「海のチーズ」と呼ばれる。しかし、これらの対応が味わいにも当てはまるかどうかはよく分からない。もちろん２種類の牡蠣にはいずれにも特有の味わいがあり甲乙つけ難い。個人的には岩牡蠣は生で、そして真牡蠣はフライなど火を通すことで、よりそれぞれの特徴が引き立つように感じる。

真牡蠣は先に紹介した南三陸海岸や志摩半島などのリアス海岸や多島海で複雑に入り組んだ海岸の多い瀬戸内海の入江で育てられる。外海に比べて海が穏やかで、筏を浮かべやすいのだ。一方で岩牡蠣は、島嶼部や半島など海流の影響が強い海で育つようだ。南三陸海岸などでは森の恵みが湾へ流れ込んで牡蠣の餌となるプランクトンが湧く。一方で岩牡蠣はより深い５～20ｍの岩場に生息している。このような深さまでは太陽光が十分に届きにくい上に、海水に比べて軽い河川水による栄養塩の供給も困難になる。そのため植物プランクトンの量は少なくなり、岩牡蠣は真牡蠣に比べて成長が遅い。こうした恵まれない環境でも、岩牡蠣は少しでも栄養塩が多くプランクトン豊富な場所を選んで生息しているようだ。

能登半島をはじめとして隠岐諸島、五島列島、室戸岬、足摺岬、それに志摩半島などの岩牡蠣の名産地は、いずれも強い海流に晒される位置にある。このようなところでは、表層水に比べて栄養塩に富む海洋深層水が湧き上がっているのだ。

能登半島と引き裂かれた大陸

これまで述べたように、富山湾や能登半島で特有の絶品海産物が育まれるのは、能登半島が日本海へと突き出した半島であることに原因がある。なぜ能登半島はこのような形をして、富山湾がこの半島に囲まれた深海となったのだろうか？　そのためには、3000～2000万年前にタイムスリップする必要がある。

何度もお話ししたように、今から約2500万年前より古い時代は、日本列島はアジア大陸の一部であった。大陸の大地を造っていた古い岩石は日本列島の背骨として残っているが、能登半島周辺にも図表6－7で「大陸地殻」と示した所に露出している。またこれまでの構

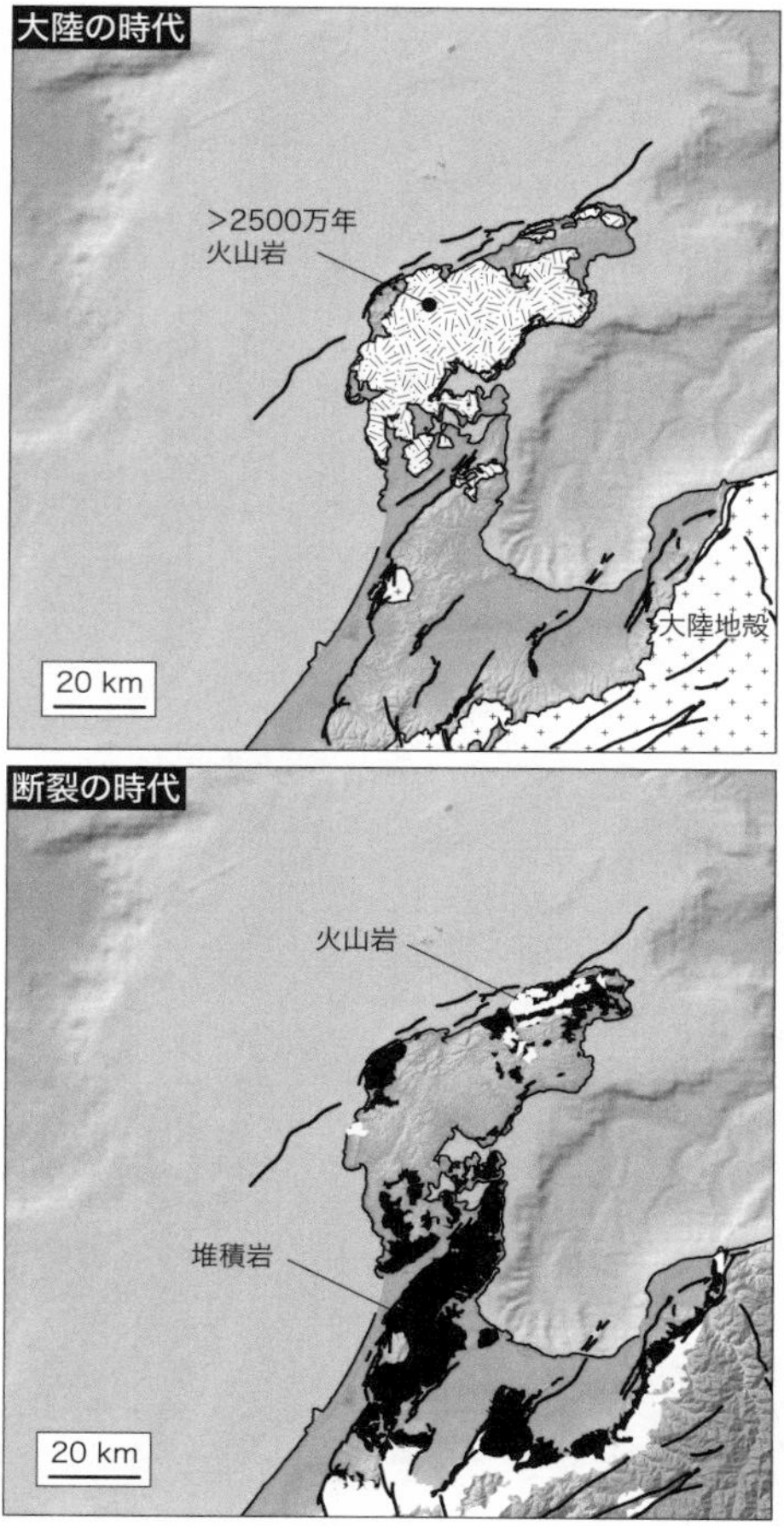

図表6-7　能登半島周辺に分布する日本海拡大前後の地層

出典）産業技術総合研究所地質図ナビをもとに作成。

造探査などで、能登半島沖に広がる海底台地もやはり大陸地殻からなることが分かっている（図表6－5、230ページ）。当時のアジア大陸東縁部ではプレートの沈み込みによる火山活動が活発で（図表6－4、225ページ）、能登半島にもこれらの火山から噴出した溶岩などが広く分布している（図表6－7）。

そして約2500万年前に大事件は起きた。アジア大陸の縁に断裂が走り、分裂した地塊は日本列島となって太平洋へと迫り出したのだ。そしてその背後に日本海が誕生したのである。現在の日本海には、当時の断裂帯が大和海盆や富山湾のような深海となって残っている（図表6－5）。また富山湾の延長上にある邑知《おおち》・砺波《となみ》低地も、このような断裂帯の名残が陸上に現れたものだ（同図表）。さらに大地分裂の痕跡は、能登半島周辺の断層としても残っている。いずれも北東－南西方向、すなわち断裂帯や地溝帯と同じ向きに配列し、日本海拡大時には「正断層」として活動していた（図表6－5、図表6－7）。

この断裂の時代には、太平洋側へ移動する日本列島とアジア大陸の間は断裂帯が発達して低地となった。ここには湖や時には侵入してきた海に堆積物がたまった。また断裂に伴うマグマ活動が起きて水底に溶岩が噴出した。能登半島周辺には、このような断裂の時代の堆積物や溶岩類が断裂帯と向きをそろえるように分布している（図表6－7）。2007年3月25

日に発生し、輪島市や七尾市で最大震度６強の揺れを観測したマグニチュード６・９の能登半島地震は、半島を隆起させている逆断層の活動であった（図表６－５）。

そして約１５００万年前に日本列島がほぼ現在の位置で大移動を停止して日本海の拡大が収まると、今度は日本列島の下にフィリピン海プレートが沈み込むようになった。これに太平洋プレートの影響も相まって日本列島全体が圧し縮められることとなったのだ（図表１－３：23ページ、図表１－４：28ページ）。この強烈な圧縮力によって、能登半島周辺に存在していた断層が、今度は「逆断層」として活動するようになり、その結果、かつての断裂帯に挟まれていた能登半島が隆起し始めたのである。こうして能登半島は日本海に大きく突き出すことになった。また３００万年前以降は、フィリピン海プレートの方向転換のせいで日本海溝が西進を始め、日本列島を東西方向に圧縮し始めた。このことで能登半島の隆起はさらに活発になったのである。

＊　＊　＊

今から約２５００万年前、アジア大陸の東縁部の大地に亀裂が走り、やがて大陸から分裂した日本列島が太平洋へと移動した。約１５００万年前にほぼ現在の位置に達した日本列島とアジア大陸の間には、断裂によって大地が引き裂かれて凹地が誕生して日本海となった。このように日本海が拡大した痕跡はあちらこちらに残っている。その一つが内陸まで深海が入り込んでいる富山湾である。また能登半島の沖合には拡大時に形成された断層が残っており、これらの断層はその後の地殻変動によって能登半島を隆起させ、富山湾を囲むような地形を造り出した。このような特有の地形が、富山湾や能登半島の絶品海産物を育んでいるのである。

しじみ ―宍道湖と日本海誕生の痕跡―

栄養たっぷりの黒いダイヤ

しじみは古代から日本人には馴染み深い食材だったようだ。全国各地の縄文時代の貝塚にはしじみの殻が見つかっている。海水と淡水が混じる汽水域に生息するヤマトシジミ、淡水域のマシジミ、それに琵琶湖特産のセタシジミ、いずれも縄文の人たちには欠かせないタンパク源だった。また、万葉集にはしじみを題材にした面白い歌がある。

住吉の粉浜のしじみ開けもみず隠りてにみや恋ひわたりなむ

しじみなどの二枚貝は一度殻を閉じてしまうとなかなか開かない。このことを、熱い思いを心に秘めたままにいる自分と重ね合わせているようだ。ただ私には、この歌のセッティングにちょっと納得がいかない点がある。「住吉の粉浜」とは現在の大阪市住吉区の粉浜にあたる。万葉時代のこの辺りは海岸沿いの景勝地だったそうだが、シジミは海には生息しないのだ。現在は近くを大和川が流れてはいるが、この流路は江戸時代に付け替えられたものだ。もっとも当時の粉浜から2～3㎞、上町台地を越えると汽水域（通称・河内湾）が広がっていた可能性はある。

そんなあら探しはともかくとして、しじみには肝臓に効くオルニチンやアラニン、貧血予防効果の高い鉄をはじめとする各種ミネラル分が含まれ栄養満点である。もっともしじみ汁で二日酔いが解消されるわけではないが、コハク酸が醸し出す旨味は食欲がない朝にはありがたい。

しじみ料理の定番は昆布のグルタミン酸との共演が美味いおすましや味噌を加えた汁物であろう。小振りなしじみは水から入れると出汁がよく出るが、大振りのものは身のプリプリ感を楽しみたいので茹だってから入れてさっと仕上げるのがコツである。また大振りのものは酒蒸しにするとワタの旨みまでも堪能することができる。酒蒸しの発展形で私の大の好物がボンゴレ・ビアンコだ。もちろん酒蒸し状態のしじみは一旦取り置いて、のちにパスタと合わせるとふっくら感を楽しむことができる。いずれの料理でも、新鮮なしじみにしっかりと砂を吐かせた上で、貝殻をこすり合わせて汚れを落とすことが大切だ。最近は砂出ししたしじみを急速冷凍したものを通販で手に入れることができる。冷凍することで旨味が増すともいわれるので、これは使い勝手が良い。

シジミは、青森県（十三湖、小川原湖）、茨城県（涸沼）や北海道（網走湖、鏡沼）などの漁獲量も多いが、なんといっても国内産の半分近くは島根県の宍道《しんじ》湖で水揚げされる。

宍道湖は周辺の河川から流れ込む淡水と、中海を通じて日本海から流れ込む海水が混じる汽水湖で、平均塩分濃度は約1・7％だ。塩水は淡水より重いために湖の深い部分（4〜6m）に溜まり、この部分はシジミにとっては塩分濃度が高すぎる。したがってシジミ漁は湖岸に近い水深4m以下のところで行われる。一時に比べると漁獲量は4分の1程度に減ってしまったが、資源管理や環境規制などの対策が功を奏することを期待したい。

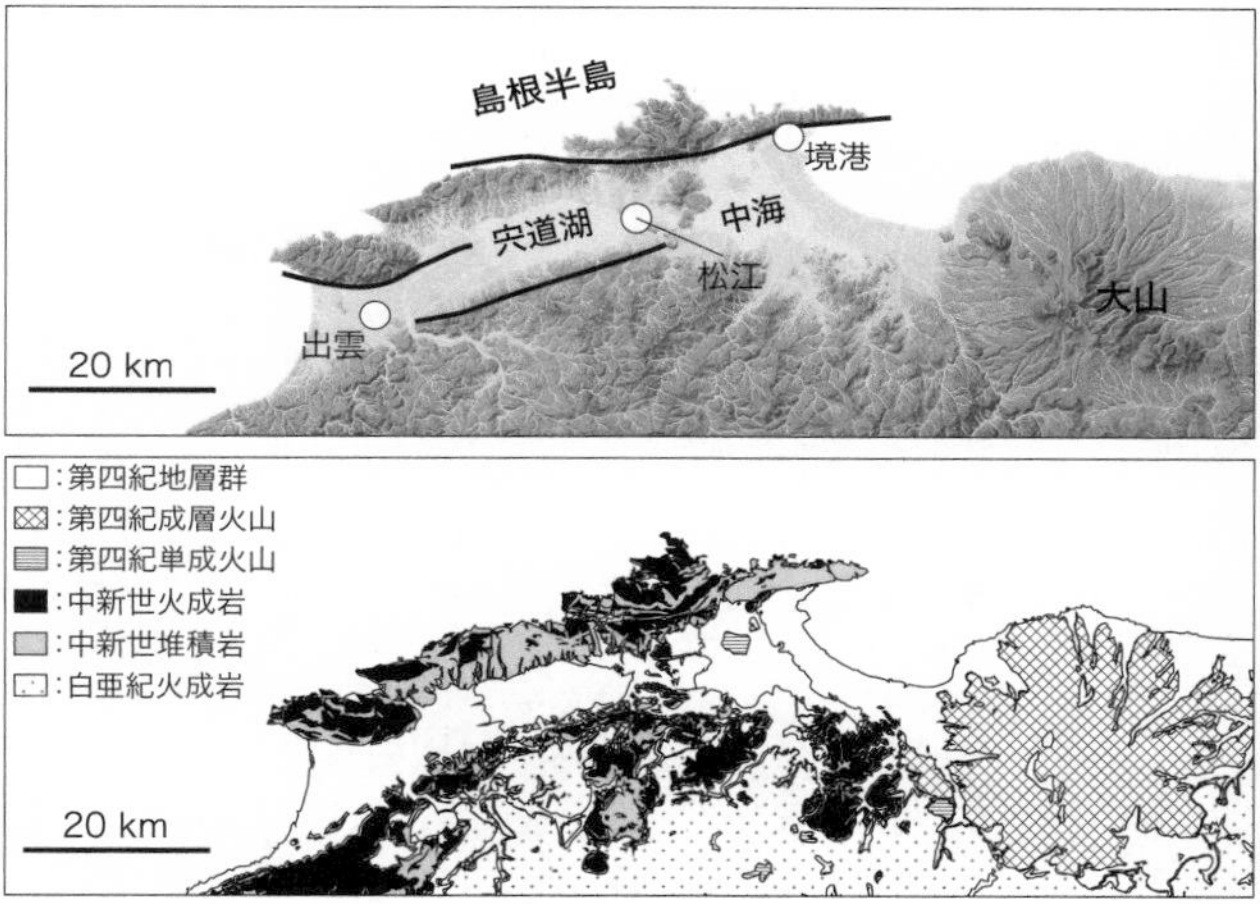

図表6-8　宍道湖周辺の地形と断層（上図）および地質概要（下図）

出典）産業技術総合研究所地質図ナビをもとに作成。

宍道地溝帯

宍道湖周辺の地形を見ると、出雲平野、宍道湖、中海の平野や湖沼などの低地が西から東へと続き、その北側には島根半島が、南側には中国山地へと続く高地がある（図表6－8）。そして、これらの低地と高地の境界付近には断層が走っている。

このような地形の特徴は、分布する地層の違いにも認められる。この地域の高地は約1億年前の白亜紀に大量に形成され、現在の日本列島の背骨をなす花崗岩類が基盤を造っている。そしてそれを、2000～1500万年前、つまりアジア大陸の断裂が始まり日本海が広がったころに活動した火山岩類や、日本海拡大直後の海域〜湖水域に溜まった堆積岩が覆っている。一方の低地は新しい地層で占められているが、ボーリングの結果を見ると、数十m以上の深さには、高地に露出する火山岩類や堆積物が存在している（同図表）。

このような地形や地質構造の特徴から、宍道湖が位置する現在の低地は、おおよそ2000万年前、日本列島がアジア大陸から分裂し始めたころに沈降するようになり、この沈降運動が現在まで続いていると考えられる。こうした沈降運動によって形成される溝状の凹地は「地溝帯（リフト帯）」と呼ばれる。地溝帯の代表格はエチオピアから大陸内部を通りモザンビーク海峡にまで達する東アフリカ地溝帯であろう。この巨大な谷地形の総延長は7000km、峡谷は平均40kmの幅で深さ（落差）は3000mであり、2つのプレートが東西に動くことでアフリカ大陸が分裂している現場である。もちろんこの大地溝帯と比べると「宍道湖地溝帯」は規模こそ小さいが、アジア大陸の大地が引き裂かれて日本列島、そして日本海が誕生するというダイナミックな事件の痕跡なのである。

日本海の海底にも、この大事件の痕跡が残っている。先に述べたように、日本海の中にはかつてのアジア大陸の一部であった陸塊が散らばっている（図表6－9）。そしてこれらの陸塊の間には、大陸が完全に分裂して新たな海洋地殻を造った「リフト」が走っている（同図

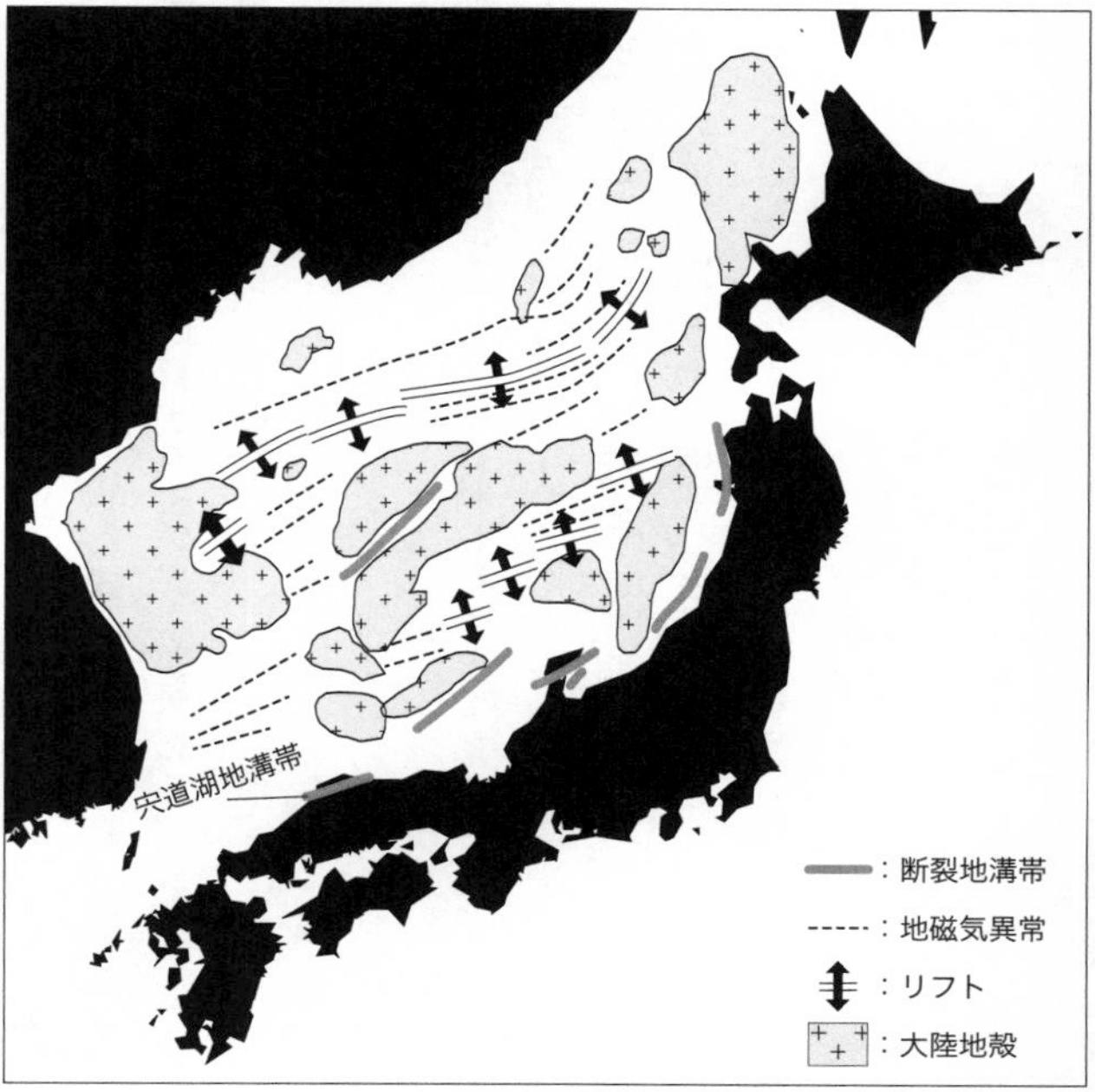

図表6－9　日本海の地質構造

出典）柳井ほか（2010：地学雑誌）をもとに作成。

表）。このような場所では、大陸地殻の裂け目を埋めるようにマグマが上昇して海洋地殻を形成するのであるが、マグマが冷える過程で地球磁場の影響を受けて磁気を帯びる。その結果、海洋地殻には拡大方向に直行する磁気異常が生じる。日本海でもリフトとほぼ並行な磁気異常が観測されている（同図表）。

＊　＊　＊

日本列島がアジア大陸から分裂・移動したことで形成された日本海の中には、リフトのように完全に大陸地殻の分裂には至らなかったものの、沈降が生じたと考えられる「断裂沈降帯」もあちこちに分布している。いわばリフトになり損ねた断裂帯である。宍道地溝帯もこのような、日本海の拡大に伴う傷跡の一つと考えることができよう。そしてこのような地溝帯が汽水域になることで、宍道湖の豊かな恵みが育まれているのである。

アユ　―紀伊半島を造った古の超巨大火山―

アユの聖地

香魚とも称されるアユは、夏の風物詩の一つである。かつてはアユが群れる清流の周囲には、キュウリやスイカに例えられる爽やかな香りが広がったという。もちろんこの香りを養殖アユに求めることはできない。河床《かわどこ》の藻を餌として、縄張りを守るために絶えず泳ぎ回る天然アユの特恵である。

アユは古来より日本人にとっては好物であったようだ。万葉集に収められた魚を詠んだ32首のうち、半分がアユを謳っている。太宰府へ赴任させられた大伴旅人も「隼人の　瀬戸の巌も　鮎走る　吉野の滝に　なほしかずけり」と、アユの泳ぐ吉野川を懐かしんでいる。

吉野川もそうであるように、アユは急流を好む。流れの勢いが強いと細かい砂や泥は流されてしまうために水が澄み、その結果、太陽光が川床の石に届いて、光合成を行う藻が生育するのだ。夏の間に清流域でたっぷりと栄養をとったアユは川を下り（落ちアユ）下流域で産卵する。仔稚魚期を餌が豊富な海で過ごし、初夏になると再び川を上がってゆく。このような回遊は「両側回遊」と呼ばれる。一方で先に述べたように琵琶湖のコアユは、琵琶湖を海とみなして過ごす。

アユは全国各地の清流に生息するが、中でも鵜飼で有名な長良川、早期解禁の和歌山県・日高川、奇跡の清流と呼ばれる高知県・仁淀川、それに300年以上の伝統あるやな漁で知られる宮崎県・五ヶ瀬川は、「アユの聖地」として名を馳せる。そしていずれの河川もその源流域には急峻な山地にあり、そのために流れが速くアユの生育に適した清流となるのだ。

木曽三川の一つである長良川は、下流域の濃尾平野では流れが緩やかだが、中上流域は山地を流れることから急流かつ清流となり、岐阜市・関市・美濃市の長良川水系は日本名水百選にも指定され、郡上市は水の町として知られる。そしてその源流は岐阜・富山・福井の県境をなす両白山地の一つ大日ヶ岳（標高1709m）だ。この山はおおよそ100万年前に活動した火山であり、活火山である白山など9座の火山からなる「白山火山群」の一つである。

一方で、ほかの3カ所の聖地は火山とは縁のない場所だ。また、これらのいずれも西日本にあり、東日本から中部日本の山地形成の原動力となった日本海溝の西進による強烈な東西圧縮の影響を受けているわけではない。それにもかかわらず、これらの川の背後には山地が

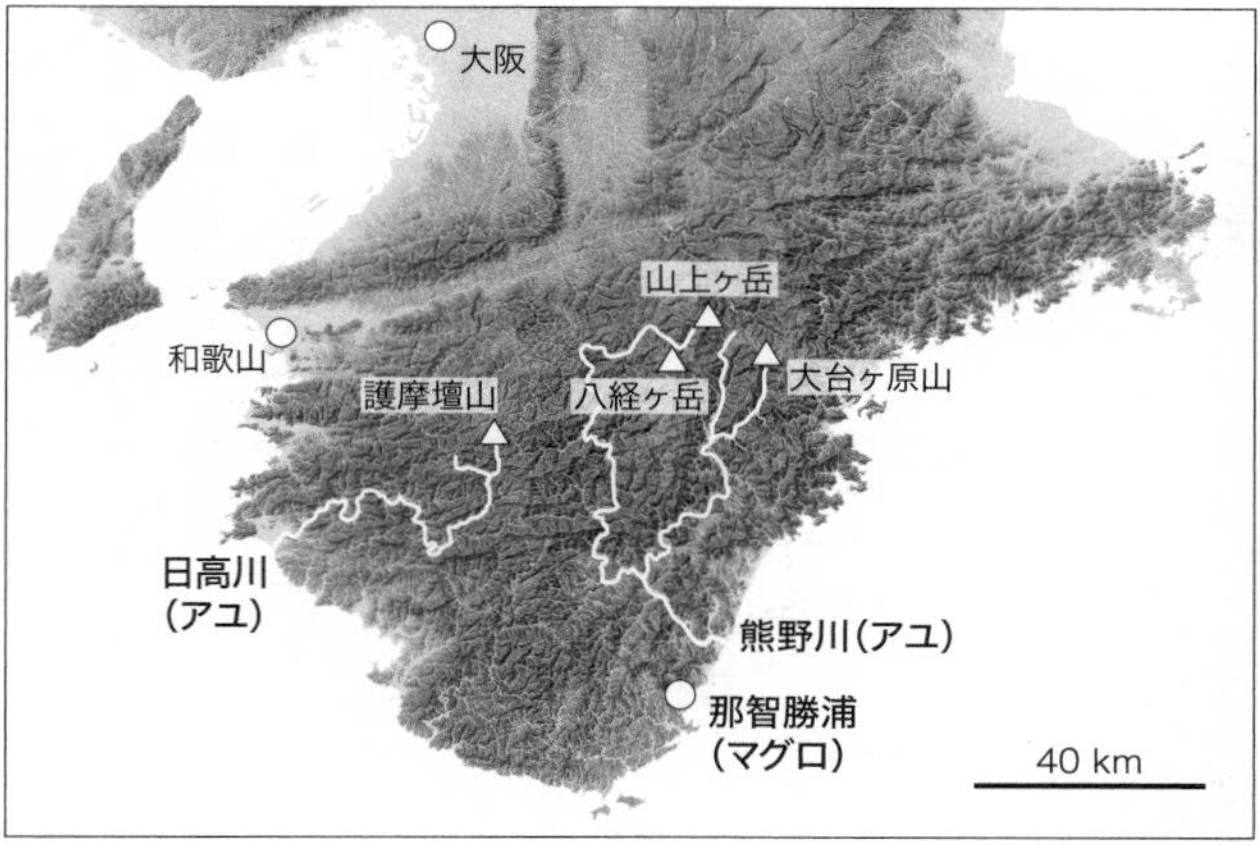

図表6-10　紀伊半島の山々と河川、および秀逸な食材

出典）産業技術総合研究所地質図ナビをもとに作成。

控え、そして山は今も隆起を続けている。その様子を、日高川のほかにも熊野川というアユの清流がある紀伊半島を例にとって眺めてみよう（図表6－10）。

森の恵みが育む海と川の幸

紀伊山地は紀伊半島の大部分を占める山岳地帯であり、最高峰の八経ヶ岳（1915m）をはじめとして1500mクラスの尾根が連なる。私がまだ子供のころに、海の遥か彼方に〝富士山〟の姿を見つけて飛び上がったのも、この山塊の一つ、大台ヶ原山だった。

見方を変えると、この巨大な山塊があるからこそ紀伊半島は太平洋に大きく突き出しているということもできる。そして夏季には太平洋の水分をたっぷりと含んだアジアモンスーンが紀伊山地へと吹きつけ、大量の雨を降らせる。大台ヶ原山の年間降水量は5000㎜にも達し、国内で一、二を争う豪雨地帯である。そしてこの雨が急峻な山塊から海まで一気に流れ下るために、美味なるアユを育むのである。

和歌山県の古名である紀伊国は、その由来が「木の国」だといわれる。それほど紀伊半島は森林地帯である。県南部に生育するウバメガシは、硬くて火持ちが良いために焼き物を扱う店に絶大な人気を誇る紀州備長炭の原料となる。また日本三大美林（人工林の部）のうち2つ、吉野杉と尾鷲ヒノキの産地でもあり、古くから国内林業の中心地であった。

森林の土壌は落葉や落枝、下草、地中の小動物、根の働きによって隙間が多く、水が浸み込みやすい。そのために雨水は土の中をゆっくり移動して長い時間をかけて川に流れ込む。森林地帯が「緑のダム」ともいわれる所以だ。そしてこの水は森の栄養分である窒素やリンをたっぷりと含んでいる。紀伊半島の中央部からいくつかの支流を集めて熊野灘へ注ぐ熊野川は、このようにして森の栄養分を海へと運んで動物プランクトンを育み、小魚、大型魚という生態系のピラミッドを作り上げるのだ。

そしてその頂点に立つのがマグロである。古来から「マグロは熊野の水を飲みに来る」と言われ、那智勝浦漁港が日本トップクラスの近海マグロの水揚げを誇っている。太平洋沿岸の港町所属のマグロ漁船の多くが那智勝浦で水揚げを行い、このマグロを好んで仕入れる江戸前寿司の名店も多い。

マグロのことを語り出すと、それだけで１章は費やさなければいけなくなってしまうのでごく簡単に述べるに留めるが、急速冷凍技術の発展によって遠洋冷凍マグロが主流を占めるようになった今日このごろでも、那智勝浦の近海生マグロは格別である。その原因の一つが、テレビでドラマ仕立てで放映されるような一本釣りや、断トツの漁獲量を誇る日本海マグロのような巻き網ではなく、延縄漁法と活け〆が徹底されていることだ。ほかの漁法ではマグロが暴れて旨味成分であるＡＴＰを消費してしまうのに対して、延縄では長さ20ｍほどの枝縄を使うので、掛かったマグロは吊り上げるまで泳ぎ続けて呼吸することでＡＴＰを再生させることができるのだ。

このようにアユやマグロという紀伊半島の絶品食材は、半島の大部分を占める山塊の恵みなのである。

紀伊半島の信仰・温泉文化

紀伊半島は、神話の時代から特別な地であったようだ。例えば、アマテラスがニニギを高千穂に天下らせた天孫降臨から三代、九州のみでなく日本全体を平和に治めるためにカムヤマトイワレビコ（のちの神武天皇）は「神武東征」へと旅立つ。しかし、瀬戸内海を経て近畿へ入った一行は、河内豪族の抵抗にあい熊野へと迂回したというのだ。その後、態勢を立て直し、アマテラスが差し向けた「八咫烏《やたがらす》」の導きもあって、熊野川から紀伊山地を越えて大和へと入り、畝傍山《うねびやま》（奈良県）近くの白檮原宮《かしはらのみや》で初代・神武天皇として即位したという。

仏教伝来以前の日本では、八百万神《やおよろずのかみ》で表されるように、山や森、木、それに奇岩・巨岩など、いわゆる「神奈備《かんなび》」や「磐座《いわくら》」が信仰の対象とされていた。紀伊半島には、ゴトビキ岩、獅子岩、橋杭岩、花の窟、それに133mの断崖絶壁を落下する那智滝など、磐座信仰の対象となる岩があちこちに点在している。このような紀伊半島の「聖域」に、熊野三山（熊野本宮大社、熊野速玉大社、熊野那智大社の3つの神社）が置かれた（図表6－11）。

このようないわば「山岳信仰」はやがて仏教と習合し、のちに伝来した密教の影響も強く受けた。こうして誕生したのが「修験道」だ。その開祖といわれる役小角《えんのおづの》が飛鳥時代に開いた行場が紀伊山地の北部から中央部にかけての吉野・大峯《おおみね》だったといわれる（同図表）。

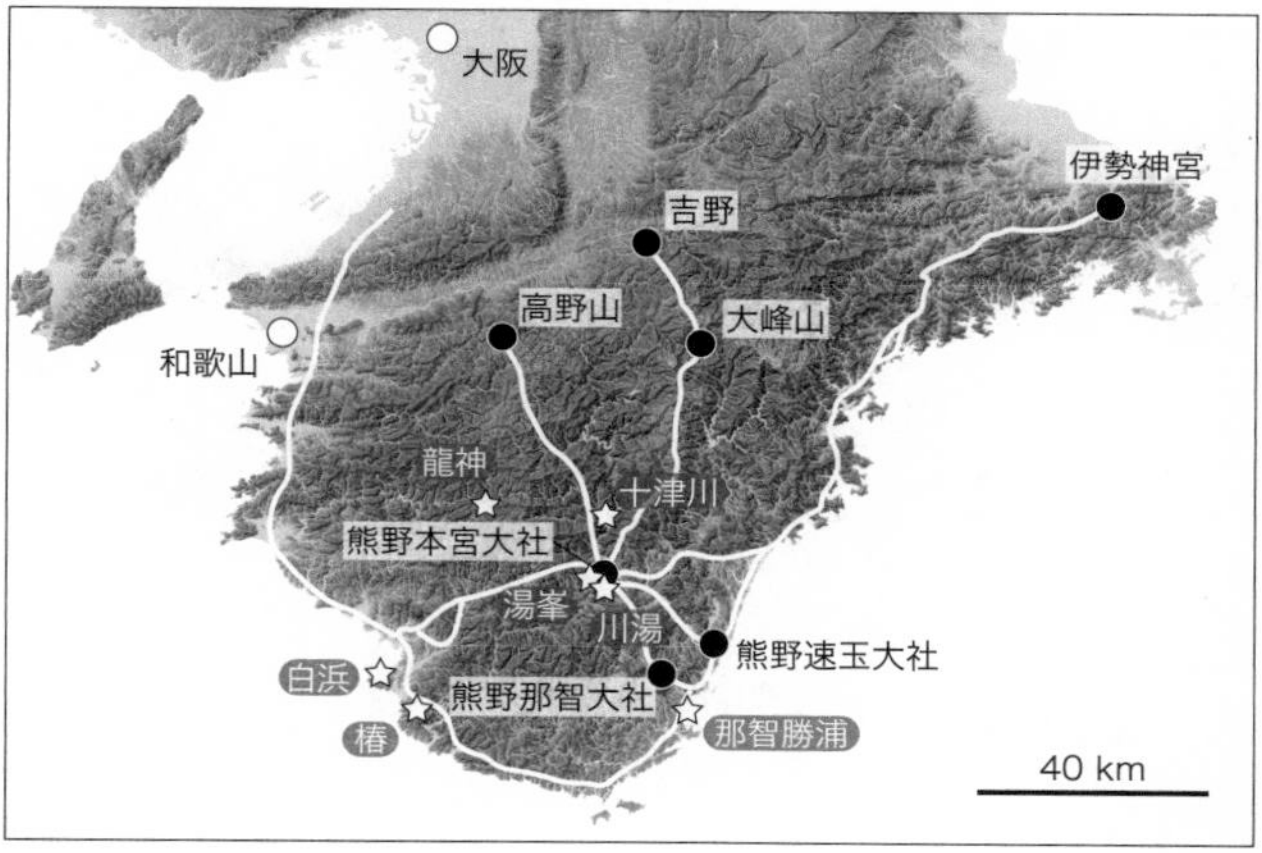

図表6-11　紀伊半島の文化遺産と熊野古道（白線）および非火山性温泉（星印）

出典）産業技術総合研究所地質図ナビをもとに作成。

深く険しい紀伊の山々は、山へ籠もって厳しい修行を行うことで悟り開くことを目指す修行場として最適の地であったのだろう。また平安時代には真言密教の祖である空海が、高野山に修行場を開いた。

その後、このような霊験あらたかな紀伊・熊野へは、天皇をはじめ多くの人々が訪れるようになった。熊野詣である。当時は、険しい山道を経て熊野へたどり着くことすら難行苦行であった。そして難儀の末に見た熊野の山紫水明の風景はいかにも美しく、気高く感じたに違いない。おまけにこの地にはあちこちに温泉が湧き出ていた（同

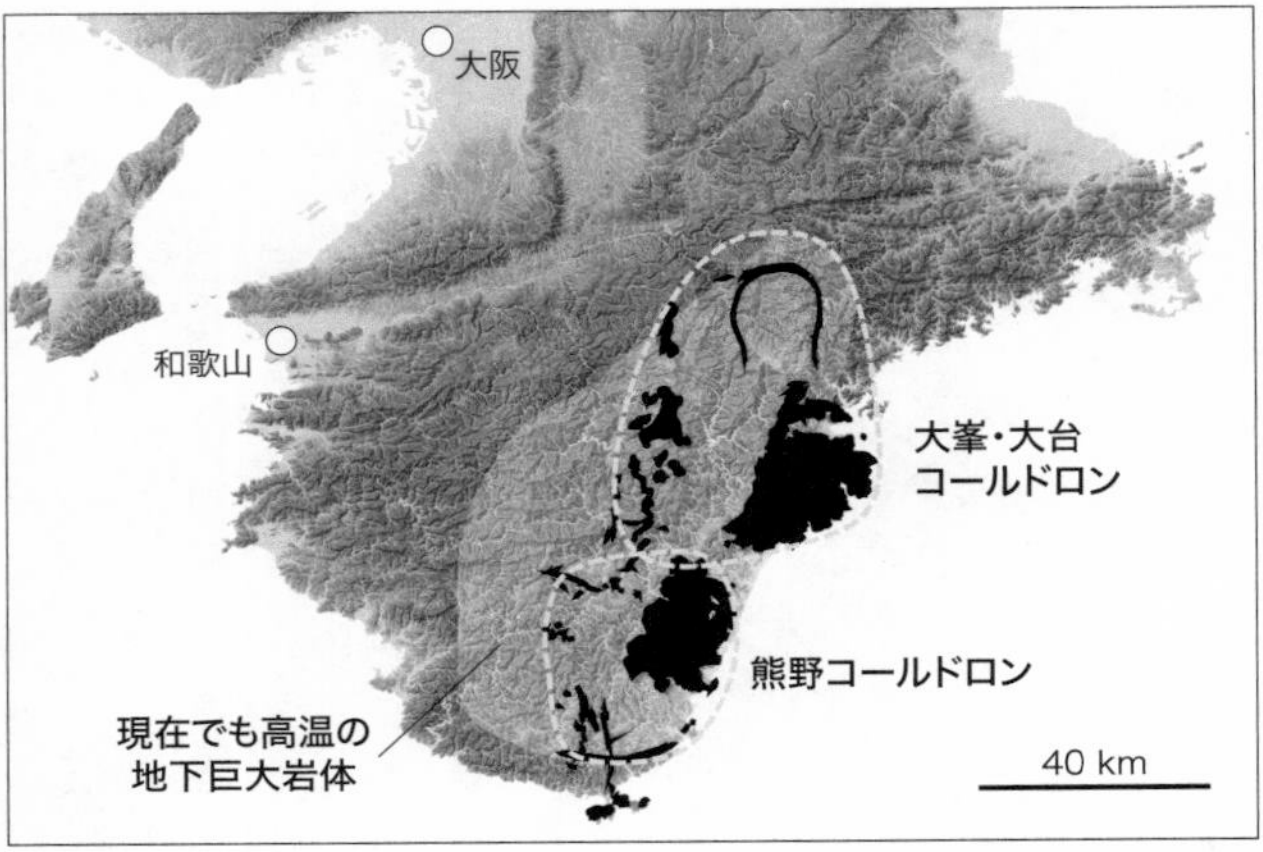

図表6-12　紀伊半島の食材、信仰、温泉文化を育んだ1400万年前のマグマ活動　黒色が火成岩体の分布を示す。

出典）産業技術総合研究所地質図ナビをもとに作成。

図表）。これらの温泉の中には万葉集にも詠まれている白浜（牟婁《むろ》）温泉や、役小角が見つけたといわれる龍神温泉も含まれる。熊野詣を成し遂げた人々にとって、熊野の自然は極楽浄土と呼べるような存在ではなかっただろうか？

こうして紀伊山地には、もともとは成り立ちの異なる「熊野三山」「高野山」「吉野・大峯」という3つの霊場と温泉場、そしてこれらをつなぐ「熊野古道」が誕生した。そして都をはじめ各地から多くの人々が神秘的な憧れを持って訪れる地となり、日本の宗教・文化の発展に大きな影響をおよぼしたのである。このような信仰・温泉文化を生み出したキーワードは、先の紀伊の食材と共通の「山」「川」「森」、それに加えて「岩」と「温泉」である。

地下に潜む高温巨大岩体

紀伊半島の食材と文化の成立は、大地が隆起して山地を形成し、これが多雨を引き起こして森や川を発達させたり、巨岩や奇岩を露出させたことが背景にある。だが、あと一つのキーワードである温泉は、この山地の形成と関連があるのだろうか？　私はこの謎を解く糸口は紀伊半島南東部に広く分布する火成岩体（マグマ起源の岩石）にあると睨んでいる（図表６－12）。

この火成岩体には、花崗岩類とともに、火山灰などマグマが噴出する際に形成される火砕岩や溶岩も分布することから、この花崗岩体は火山活動の名残りであると考えられてきた。なぜこのような巨大な岩体が形成されたのか。そのメカニズムは長い間の謎であったが、次第にそれを考える上で重要な地質学的な事実が明らかになっている。次の通りだ。

・これらの花崗岩は巨大なマグマ溜まりが冷え固まったものであること

・このマグマ溜まりから噴出した火砕流は、数十km離れた室生《むろう》でも100m以上もの厚さがある大規模なものであること

・このような超ド級の火山活動によって、少なくとも2つの、日本列島でも最大規模の巨大カルデラ（コールドロン：陥没地形が侵食などで残されていないカルデラ）が形成されていたこと（同図表）

・これらのマグマ活動は約1400万年前に起きたこと

つまり、紀伊半島には約1400万年前に日本列島の長い歴史の中でも最大級の「超巨大火山」が活動していたのである。

さらに、地震波や電磁気の観測によって、紀伊半島の地下には、地震波の伝わる速度が遅く、電気抵抗の低い異常な領域が存在することも分かってきた。この異常域の形成については、沈み込むフィリピン海プレートから絞り出された水の上昇が原因だとの説が有力だったが、最近私たちが行ったプレートに含まれる水の挙動に関するシミュレーションの結果から、この異常域にはプレートから水がそれほど多量に供給されないことが分かった。したがってこの領域の異常な特性は、周囲よりも温度が高いことに起因する可能性が高い。すなわち、

約1400万年前に活動した超巨大火山のマグマ溜まりがゆっくり冷えて、もはやマグマが残っていないほどには固まったものの、まだ周囲よりは高温状態にあるのだ（図表6－12）。そうだとすると、現在は火山活動が認められないこの地域に、高温の温泉が湧出するのもうなずける。

超巨大火山誕生のドラマ

ではなぜ約1400万年前に、このような超巨大火山が紀伊半島に誕生したのであろうか？ その原因は、現在の日本列島の形を造った、地球史上でも稀に見る大事件にある。それは、アジア大陸の東端で起きた大陸分裂、それに引き続く日本列島の大移動だ（図表1－3、23ページ）。

これまで何度か述べてきたように、現在の日本海は、日本列島が大陸から分裂・移動したことで誕生した。今からおおよそ2500～1500万年前のことである。こうして、太平洋へと迫り出した西日本の下へは、北上してきたフィリピン海プレートが沈み込むことになる。しかし、ただ単にプレートが沈み込んだだけでは、紀伊半島のような海溝近くで火山活動は起きない。現在の西日本にある活火山のように、南海トラフから離れた場所、プレートが深さ100kmに達した所で火山活動が起きるのだ（図表6－13）。

ここで重要なことは、沈み込んだフィリピン海プレートの一部である四国海盆が、その直前まで海洋底拡大をしていた、つまり生まれたての若くて熱いプレートであったことだ（図表1－3）。そのために西日本の下へ沈み込んだ時に浅い所でプレート自身が融けてしまい、それがきっかけで異常なほどに多量のマグマが発生したのだ。こうして超巨大火山が中央構造線の南側である「外帯」と呼ばれる地域の太平洋沿岸に点々と誕生した（図表6－13）。形成された多量のマグマは地表に達して火砕流を発生するだけでなく、地下で固まって巨大な花崗岩体を形成した。この花崗岩は周囲の岩石より軽い上に、現在でも冷えきっておらず、周囲よりも高温であるために上昇し続けているのだ。その結果、紀伊山地や四国山地、それに九州山地を隆起させ、アユを育む急流の源流域となった（図表6－13）。

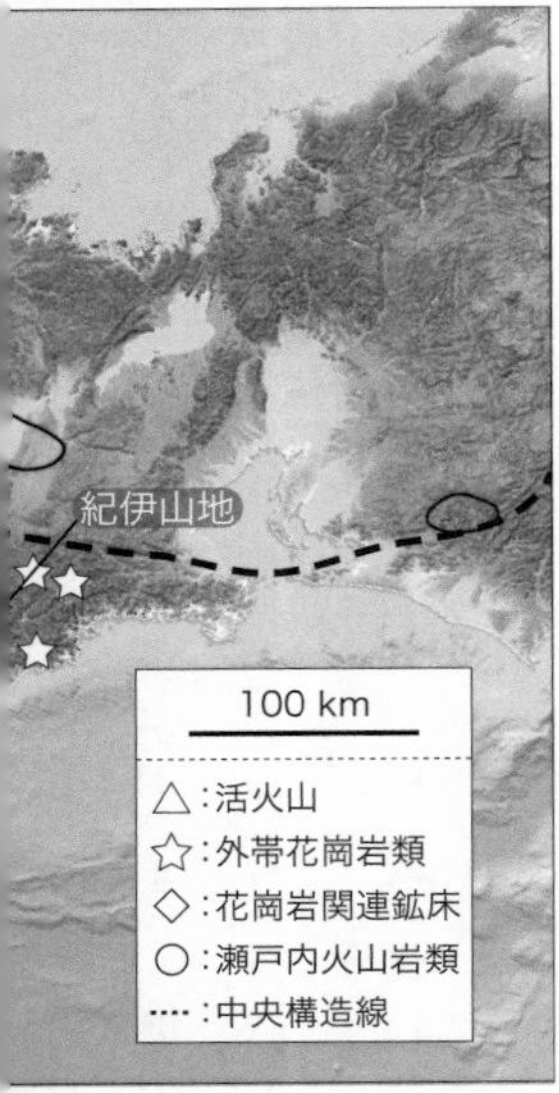

外帯花崗岩は、東は紀伊半

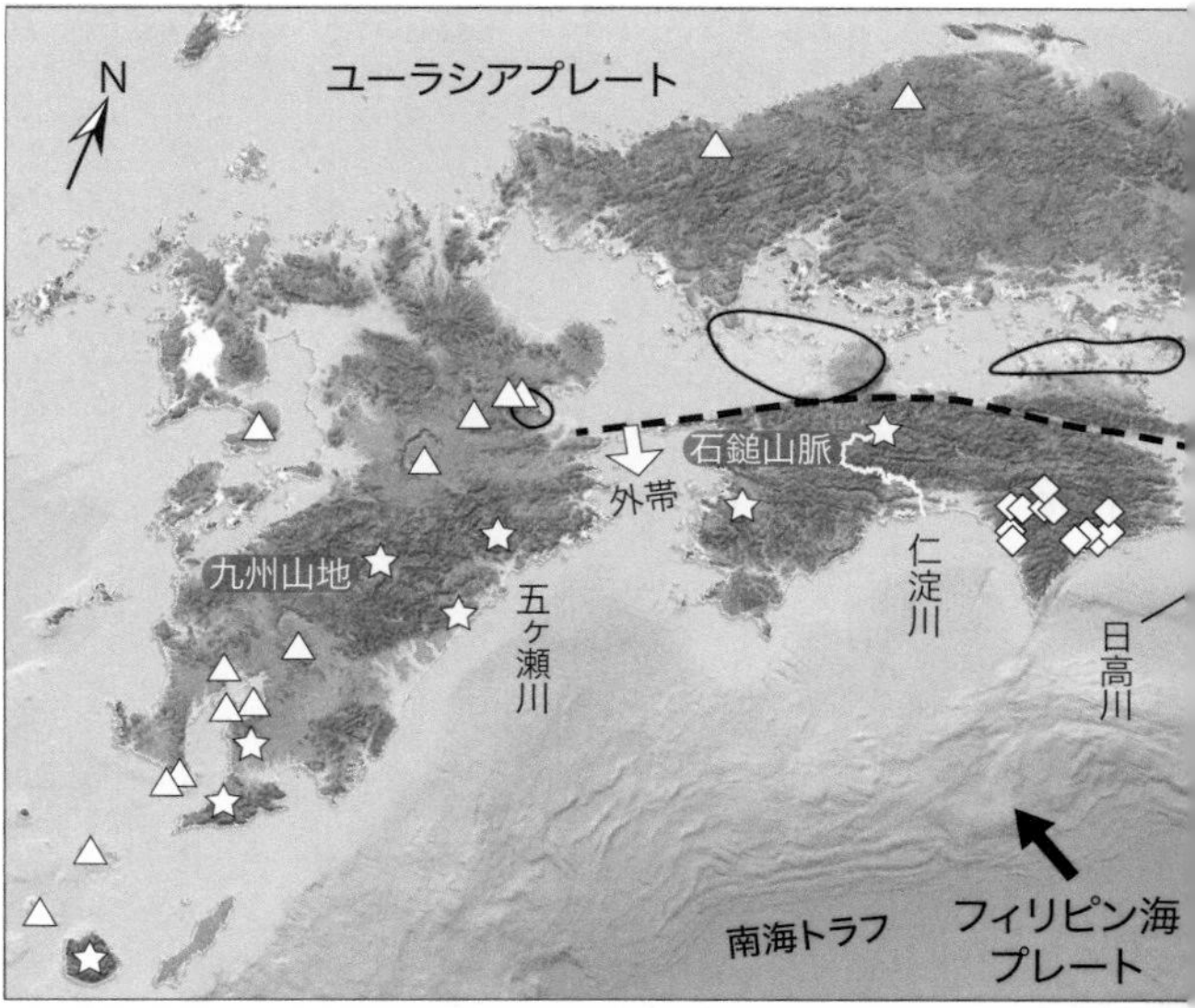

図表６-13　アユの聖地を生み出した1400万年前のマグマ活動

出典）産業技術総合研究所地質図ナビをもとに作成。

島から西は屋久島まで点々と分布しているが、四国南東部の室戸岬周辺には露出していない。一方でこの地域には、外帯花崗岩と密接な成因関係にある鉱床が点在する。地表には露出していないものの、地下には巨大な花崗岩体が潜んでいて、ほかの地域と同様に隆起しているために室戸半島へ延びる地形を形成しているのであろう。

外帯の超巨大火山の活動にやや遅れて、今度は中央構造線の北側の瀬戸内海沿いで、カンカン石として知られるサヌカイト（讃岐石）などを含む特異な火山活動が起きた。これらは「瀬戸内火山岩類」と呼ばれる（同図表）。この火山活動も外帯花崗岩類と同様に、沈み込んだ熱いフィリピン海プレートが融けたことがきっかけとなったことが明らかになっている。

＊　＊　＊

今から約１５００万年前に、アジア大陸から分離した日本列島はほぼ現在の位置まで移動してきた。その時、西日本の前面に位置していた誕生間もない四国海盆（フィリピン海プレートの一部）と出会った（図表１－３、23ページ）。移動してきた西日本がこのでき立てホヤホヤの「熱い」プレートの上へのし上がったことで、大量のマグマが発生し、現在の紀伊半島から九州南東部にかけての広い範囲で大規模なマグマ活動が起きた。紀伊半島ではこの時に生じた巨大なマグマ溜まりを造っていた岩体がその後、隆起して紀伊山地を造り、豊かな森と水が海へと運ばれて、アユやマグロという名産を育んだ。さらにこの巨大なマグマ活動は、紀伊半島のあちらこちらに奇岩・巨岩を生み出し、これらは熊野信仰の中核をなす磐座信仰の対象となった。大地の変動は食文化のみならず、人々の心の文化をも育んできたのである。

第7章

地球規模の大変動と和食

日本酒　―地球の暴走が生んだ酒に適した水―

酒中仙李白よろしく「百年三万六千日、一日すべからく傾くべし」だった私だが、最近になってたまに飲まぬ日を作るようになった。決してγ－ＧＴＰの数値が悪く医者に勧められたわけではない。翌日の酒が格別に美味いことを知ってしまったのだ。人類が１万年以上もの酒と付き合う中で抱き続けてきた、愛おしさに近い感覚といえば少々大げさか……。

だからそんな特別な日には、酒との相性と旬を考えながら料理を準備して、マリアージュを楽しむことになる。世界中には少なくとも民族の数と同じくらいの種類があるともいわれる酒であるが、やはり和食といえば日本酒だろう。淡白な中にも上品な旨味がある明石鯛やふぐの刺身はソービニヨン・ブランの軽やかな香りとの共演も魅惑的だが、これはアバンチュールのようなもの。私には、灘の辛口が最良のパートナーに思える。世界一の「変動帯」日本列島からの贈り物である和食に欠かせない日本酒。その誕生の背景を眺めてみることにしよう。

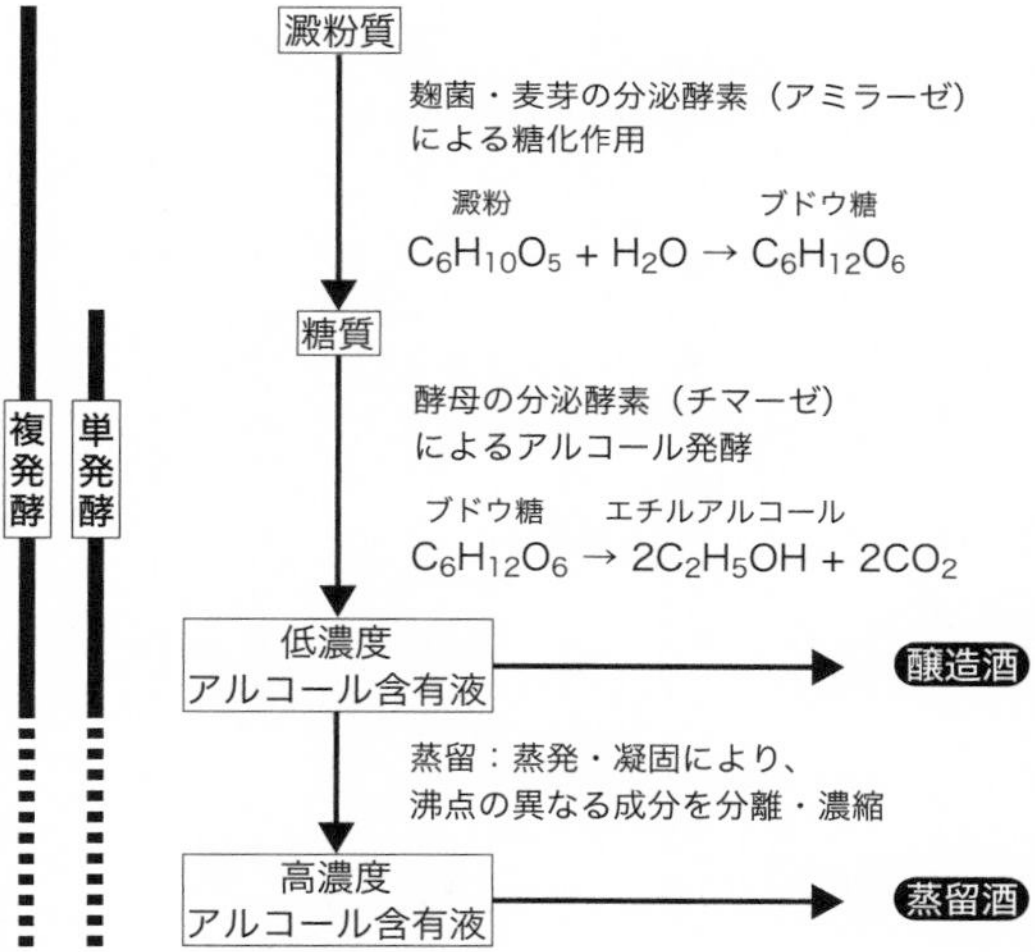

図表７－１　酒造りの原理

酒造りの原理

「酒」とは、アルコール（エチルアルコール）を含む飲料の総称である。原料や製造方法こそ多様だが、原材料から発酵によってアルコールを生成することで酒は誕生する。

　酒類に含まれるアルコールは、糖質（炭水化物）の一つであるブドウ糖（グルコース：$C_6H_{12}O_6$）が、チマーゼと呼ばれる「酵素」によってアルコールと二酸化炭素に分解される「アルコール発酵」によって生成される（図表７－１）。

　アルコール発酵を担うチマーゼは「酵母（イースト）」と呼ばれる微生物

が分泌するので、酵母の活動を活性化することが酒造りでは重要となる。

ワインの原料となるぶどうには糖質が含まれているため、そのままアルコール発酵を行うことができる。このような発酵方法が「単発酵」だ（同図表）。一方、米・麦などの穀類にはブドウ糖が含まれていないために、アルコールを生成するには穀類に含まれるデンプン（スターチ）をまず糖化し、そのあとにアルコール発酵を行うという2段階の過程が必要となる（同図表）。このような発酵方法は「複発酵」と呼ばれる。この糖化を担うのが、麹菌や麦芽が作る「アミラーゼ」と呼ばれる酵素である（同図表）。

酒の分類

酒類は、その製造方法に基づいて、醸造酒・蒸留酒・混成酒に分類することができる（図表7－1、図表7－2）。

醸造酒とは、糖質原料、または糖化したデンプン質原料をアルコール発酵して造られる比較的低アルコール濃度の酒で、先にも述べたように、醸造酒の製造過程で原料を直接利用するものを「単発酵酒」、一旦糖化させるものを「複発酵酒」と呼ぶ。さらに複発酵酒のうちビールのように糖化終了後にアルコール発酵を行うものが「単行複発酵酒」、日本酒のよう

種類	原材料	糖化作用	代表的酒類
醸造酒	糖質（単発酵）		ワイン・シードル
	澱粉質（複発酵）	麦芽	ビール
		黄麹菌	清酒
		クモノスカビ	黄酒（紹興酒）
蒸留酒	糖質（単発酵）		ブランデー・ラム・テキーラ
	澱粉質（複発酵）	麦芽	ウィスキー・ウォッカ・ジン
		黒麹・白麹・黄麹菌	焼酎（泡盛）
		クモノスカビ	白酒
混成酒	醸造酒 蒸留酒 その他		酒精強化ワイン（シェリー・ポートワイン）
			リキュール・みりん・カクテル・合成清酒
			梅酒・はぶ酒

図表7-2　酒類の分類

に麹菌と酵母を用いて糖化と発酵を同時に行うのを「並行複発酵酒」と呼ぶ。

蒸留酒（スピリッツ）はアルコール発酵で得られたアルコール含有液を、沸点の異なる成分を分離・濃縮する目的で蒸留して造られる酒類で、その蒸留方法によって2つに区分される。蒸留装置の中へ連続して供給されるアルコール含有物を蒸留しつつ不純物を取り去り、より純度の高いアルコール含有物を得る方法が「連続式蒸留」だ。これに比べて単純な蒸留法を用いるものは「単式蒸留」という。単式蒸留はさらに、大

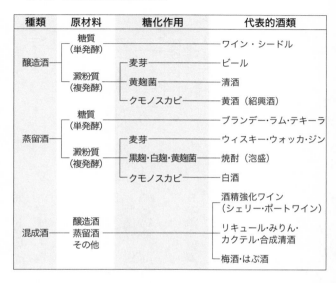

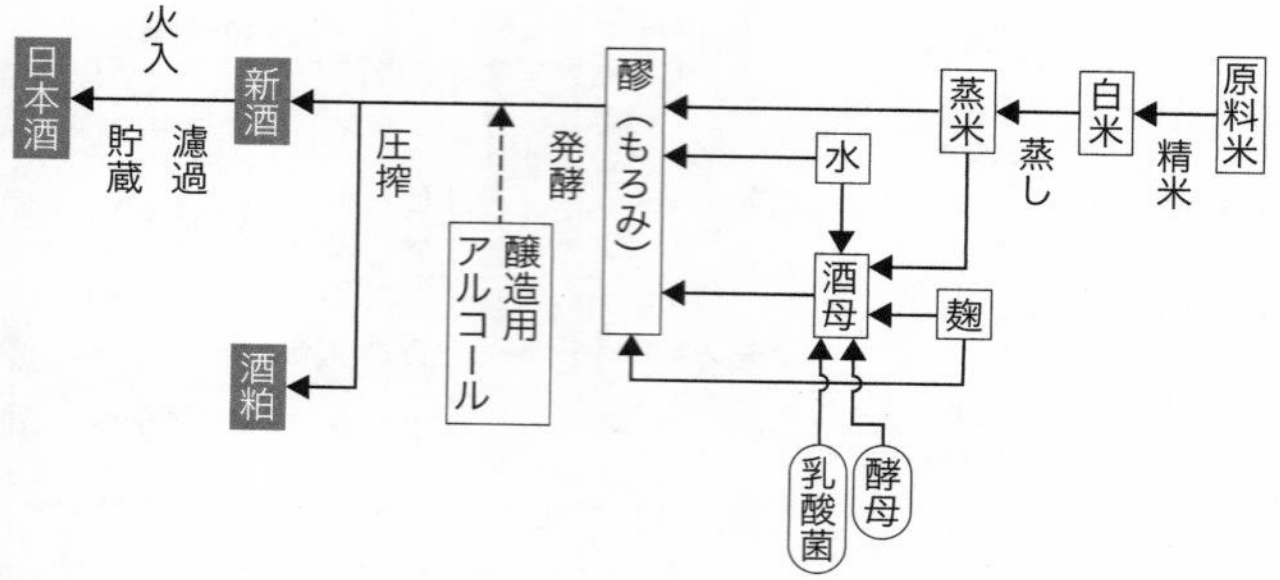

図表7−3　日本酒製造工程

気圧下で蒸留を行う「常圧蒸留」と、加熱の抑制や低沸点芳香成分の選択的な凝集を目的として、圧力を下げて蒸留を行う「減圧蒸留」に区分される。また混成酒は、前記の酒類にほかの原料の味・香りをつけたり、糖分や色素を加えて造った酒類をさす。

図表7−2には、ここに述べた基準に基づいて、比較的馴染み深い代表的な世界の酒類を分類してある。

日本酒の製造工程

日本酒は米を原料とする並行複発酵酒で、その味わいを生み出す製造工程は、酒類の中でも最も複雑かつ繊細なものの一つである（図表7−3）。紙面の関係上詳細を述べることはできないので、要点のみを述べることにしよう。

清酒の原料はジャポニカ米だ。この米は、東南アジアに比べて寒冷な日本の気候に適したことで我が国の主力米となった。その中で次のような特徴を持つものが「酒造好適米」として酒造りに使われる。まず、米粒の中央部分にデンプンに富む心白部分を持つ大粒米（心白米）であること。2つ目に、酒の雑味の原因となるタンパク質が少ないこと。そしてさらに、軟らかく吸水性に優れ、麹菌の繁殖に適すること。山田錦・五百万石・美山錦などの品種が、これらの特徴を備えた代表的な酒造好適米である。

酛《もと》とも呼ばれる酒母《しゅぼ》は、麹・水の混合物の中にアルコール醗酵を行う酵母を大量かつ純粋に培養したもので、酒母造りは日本酒製造において最も重要な工程の一つといわれる。デンプンの糖化を担う麹菌には、日本麹菌（アスペルギルス・オリゼー）、黒麹菌、白麹菌などがあるが、日本酒の製造には、デンプンの糖化能力が高く、味噌や醤油の製造にも用いられるために我が国の「国菌」にも指定されている日本麹菌が一般に用いられる。一方で、この麹菌は酒母やもろみの腐敗を防ぐクエン酸を生成できないので、天然に存在する乳酸菌を取り込むことや乳酸菌を加えることが必要になる（同図表）。

蔵付きの乳酸菌の活躍を促す伝統的な方法は「生酛」と呼ばれる。またもろみ造りの段階で、純米酒以外の本醸造酒などでは、醸造用アルコールを添加する。これは、もろみを腐敗させる火落菌の増殖を抑えることが本来の目的であるが、その結果、キレがあり米の香り

（吟香）豊かな味わいを生み出す（図表7－3）。最近、「純米酒＝上等の酒」との風潮を煽る向きもあるが、筆者は遺憾に思えてならない。「何も加えない米だけで造った酒」というプロパガンダは、まるで「本醸造酒」を貶《おとし》めるかのようだ。「当店は蕎麦に合う入手困難な純米酒しかお出ししておりません」などと嘯《うそぶ》く今風の店のオーナーは、頑なまでに灘の本醸造酒を提供する下町蕎麦屋の親父の言い分をご存じなのだろうか？

美味い日本酒造りには良い水が不可欠である。この点が同じ醸造酒であるワインとは決定的に異なる点だ。では良い水とは何だろう？　酒造りに適した水の第一条件は、麹菌や酵母菌の活動を促すために鉄分が少なくカリウムなどの栄養分を含むことである。また一般に、水の硬度が高くなるほど麹菌の活動が盛んになり、糖化が進む結果として発酵が促進されるために、しっかりした辛口の酒になる傾向がある。

日本酒と紹興酒

東アジアの海岸沿いにはアジアモンスーンがインド洋や西太平洋から吸い上げた水分を大量にもたらす。だからこの一帯では豊富な水を使った米作が盛んである。そして当然のように米を使った酒が誕生した。日本酒もその一つだが、中国には4000年以上も前から人々を虜にしてきた「黄酒《ホアンチュウ》」がある。その代表格は、もち米を原料とする浙江《せっこう》省紹興市の銘酒「紹興酒」だろう。

しかし、これらの黄酒と日本酒には決定的な違いがある。米のデンプンを発酵可能なブドウ糖へと糖化させる微生物（カビ）が異なるのだ。黄酒では、インドネシアの納豆とも呼ばれる大豆発酵食品「テンペ」と同様に「クモノスカビ」が糖化を担う。一方で日本酒では、我が国の「国菌」にも指定された「日本麹菌」が活躍する。アルコール発酵を進める微生物は、黄酒も日本酒も、パン酵母やビール酵母と同種の出芽酵母であるが、黄酒酵母は日本の本格焼酎の製造に用いられるものに近いそうだ。かたや日本酒では清酒酵母、中でも発酵過程を安定させるために日本醸造協会が頒布する「きょうかい酵母®」が広く用いられる。もちろんそれぞれの蔵元さんで個性ある香りや味を出すために、花酵母などの酵母が使用される場合もある。

このような特徴を持つ日本酒が、なぜこの国で造られるようになったのか？　それには日本列島の地質が大きく関わっている。

日本列島の背骨、花崗岩

アジア大陸の東縁に位置し、太平洋に弓形に張り出す日本列島。古来この列島はしばしば竜に見たてられてきた。そこでこの列島の地質をざっくりと竜に例えると、その背骨をなすのが花崗岩、筋肉が堆積岩であろう。

花崗岩とは白っぽい粗粒の岩石で、石材としては国会議事堂や城の石垣、それに墓石としてもよく使われる。「御影石」はかつて六甲山系の麓にあった神戸市・御影の採石場で取れた均質な花崗岩で、石材のトップブランドとして全国で用いられたことから広まった名である。

六甲山系の花崗岩は、約1億年前にプレートの沈み込みに伴って発生したマグマが、地下でゆっくり冷え固まったものだ。当時の地上では激烈な火山噴火が起き、現在の阿蘇山に匹敵する巨大カルデラも造られた。一方、竜の筋肉をなす堆積岩の多くは、海底や海溝に溜まった砂や泥がプレート運動によって陸地に掃き寄せられた「付加体」と呼ばれる地層群が由来だ。つまり〝日本竜〟は、プレートの沈み込みが生み出したものといえよう。

太陽系の惑星の中で「地球型惑星」と呼ばれる水星、金星、地球、そして火星は、組成や構造がよく似ているのだが、花崗岩は火星にほんの少しだけ見つかっているものの、水星や

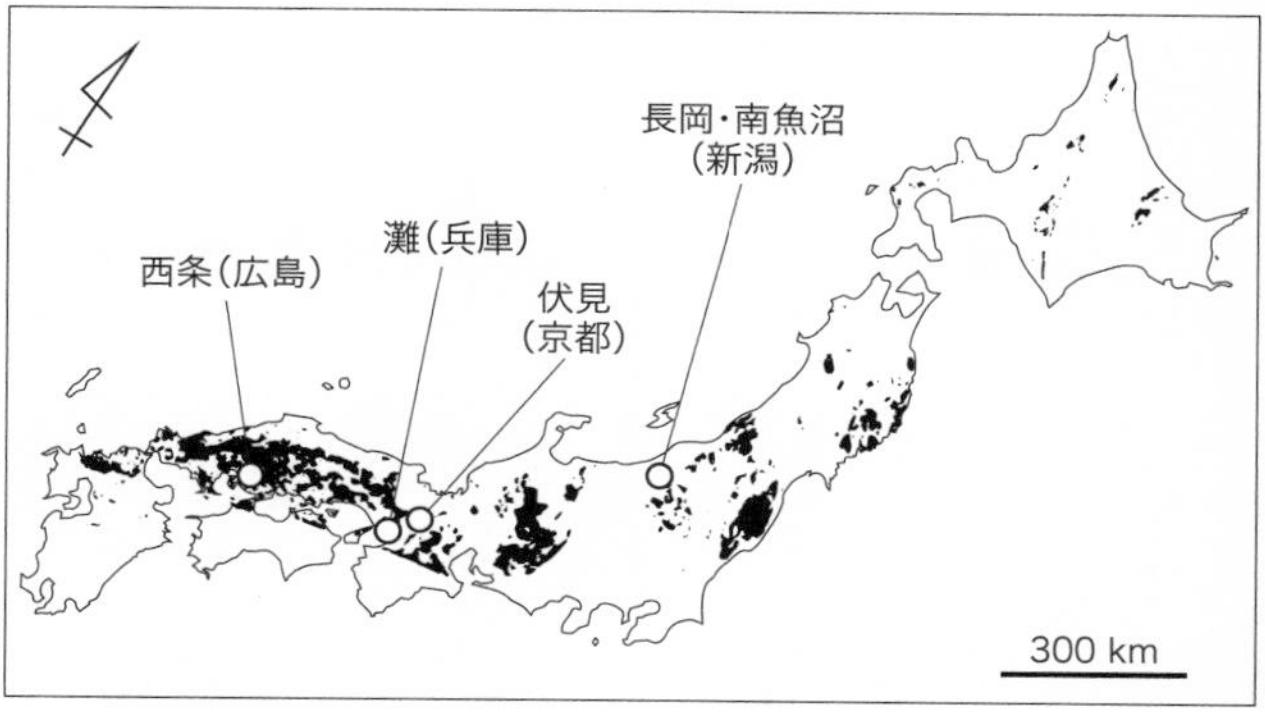

図表７－４　日本列島の白亜紀花崗岩類分布（黒塗り）と酒どころ

出典）産業技術総合研究所地質図ナビをもとに作成。

金星にはおそらく存在しない。一方の地球では、この岩石は地球表面の約３割を覆う「大陸」の地下の浅い部分を占めている。

ヨーロッパのような「安定大陸」では堆積岩などに覆われているために、この花崗岩の露出はごく一部に限られる。一方で日本列島のようにプレート運動による地殻変動が激しい「変動帯」では、地下の花崗岩が持ち上げられて山地となって地表に露出することが多い。日本列島では、地表の10％以上が花崗岩類で占められている（図表７－４）。

この花崗岩は鉄に乏しく、比較的カリウムに富むことが特徴だ。したがって、日本列島の「花崗岩地帯」から湧き出る伏流水にも、このような特徴が受け継がれることになる。一方で堆積岩地帯では鉄鉱物などが含まれるために、一般的に鉄分の多い水となる傾向がある。

この花崗岩地帯の水こそが、日本酒の製造にうってつけなのだ。ワインと異なり、日本酒では洗米から始まって糖化・発酵などの醸造工程で多量の水が必要である。そして糖化を担う麹菌は鉄分を極端に嫌い、またカリウムは酵母菌の活動の栄養分となる。つまり、日本酒の製造に必須の麹菌や酵母菌は日本の水だからこそ、その役割を全うすることができるのだ。

日本有数の酒どころとして名を馳せる、灘（兵庫県）や西条（広島県東広島市）、それに新潟長岡・魚沼地方では、いずれもその背後には花崗岩の山が控えている（図表7－4）。また、日本列島の背骨をなす花崗岩が侵食されると粗粒の砂となって周囲に堆積することが多い。このような花崗岩質の砂も含めると、花崗岩は「変動帯・日本列島」を代表する岩石種であり、そのおかげで日本酒が誕生したといっても過言ではない。

一方、酒どころとして有名な伏見（京都）の周辺には花崗岩は分布していない（同図表）。伏見には名水として名高い「御香水《ごこうすい》」などが湧き出ているが、酒造りにも用いられるこれらの水は、背後に広がる丘陵地帯から流れてくる。この丘陵をなす地層は「チャート」と呼ばれる石からなるが、この岩石はほぼ二酸化ケイ素のみからなっており、鉄分はほとんど含まれていない。

灘の宮水

江戸下町の食といえば蕎麦。居酒屋が出現するまで、蕎麦屋は庶民の酒場だった。そんな下町蕎麦屋の多くがこだわり続ける酒がある。「灘の本醸造酒」だ。「男酒」とも称される辛口で力強いこの酒は、喉ごしが命の江戸前蕎麦を引き立て、さらには升の角塩や凍結酒でも辛党を魅了する。

神戸市灘区から西宮市にかけてのいわゆる「灘五郷（西郷、御影郷、魚崎郷、西宮郷、今津郷）」は江戸時代から日本の酒造りの中心地だ。現在でも国内の日本酒の約3割を生産する。この地域は六甲山系の麓にあたり、冬季には阪神タイガースの球団歌としても知られる「六甲おろし」と呼ばれる寒風が吹き抜ける。この風を蔵の中に通して、酒造りの大敵である腐敗を防ぐのだ。

この灘の男酒を支えるのが「宮水」（西宮の水、の略）である。花崗岩からなる六甲山系の伏流水が湧き出るこの水は、国内でも最も鉄分が少なく、最高の酒造好適水である。さらに、宮水の宮水たる所以はその「硬度」にある。以前に述べたように、山国日本には軟水が多くそれが出汁文化を育んだのであるが、宮水は国内では珍しい中硬水に分類される。六甲山系

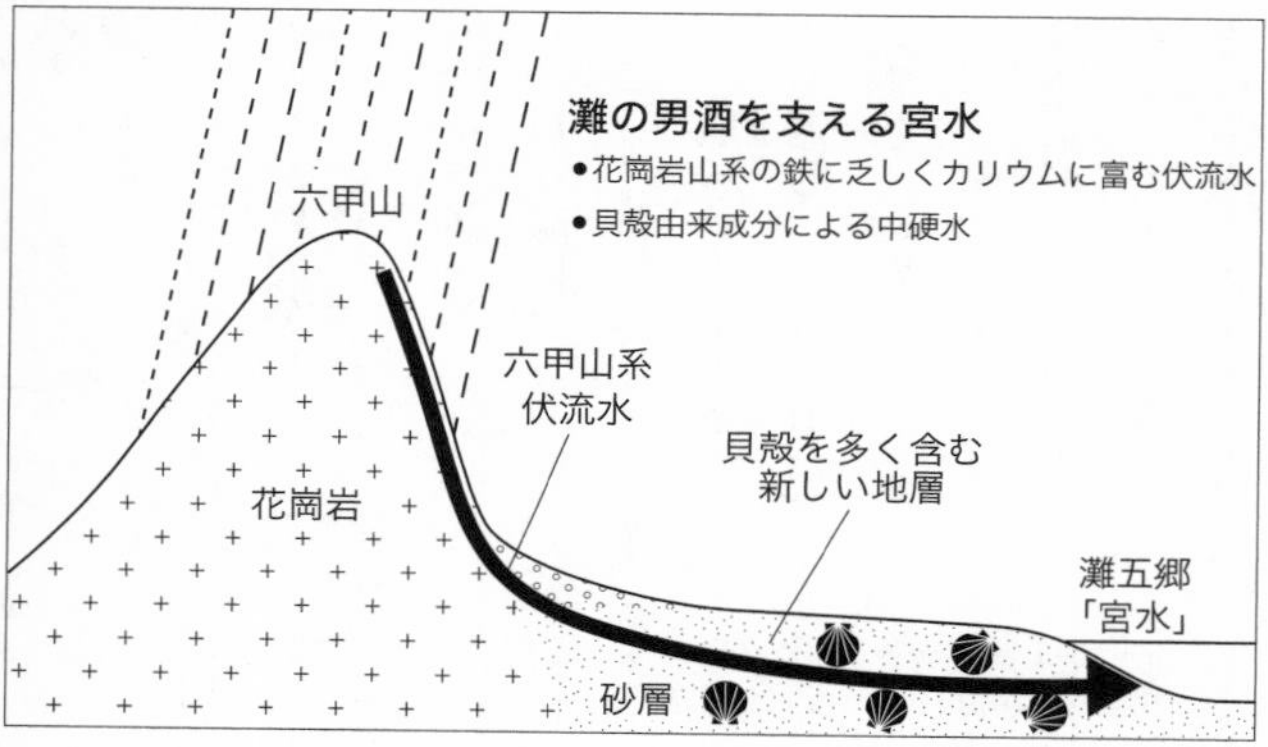

図表7-5　花崗岩と砂層中の貝殻が生み出す灘の宮水

伏流水が山麓の砂層を流れる間に、この地層に多く含まれる貝殻（主成分は炭酸カルシウム）の成分を溶かし込むのが原因であろう（図表7－5）。そして、このカルシウムが麹菌の働きを活性化するために発酵が進み、力強い酒が誕生するのだ。

ところで、財務省所管の酒類総合研究所をご存じだろうか？　広島の酒どころである西条に明治時代に設立された由緒ある研究所だ。科学的に酒造の研究を行ってきたこの研究所は、山廃酛（米、麹、水をすりつぶす山卸の廃止）や速醸酛の開発、鉄分対応策開発などで日本酒製造に多大な貢献をしてきた。そして、この研究所の中心的な課題の一つが、発酵や酒の味わいに及ぼす仕込み水の特性、特に硬水と軟水の違いの影響評価であった。その成果もあって現在では、軟水を用いても麹や酵母の働きを活発に保ちながら完全発酵を行う醸造技術が発達し、軟水仕込みでも辛口、いわゆる「淡麗辛口」の酒を造ることができるようになってきた。それでもなお、灘の男酒は異彩を放つ。

軟水の国・日本では、硬水系の仕込み水を用いている酒造所は数少ない。しかし、近くに石灰岩が分布する地域では中硬水を用いた力強い酒も造られている。また、岐阜県の飛騨高山や青森県の八戸、それに新潟県の糸魚川のように、市内に硬度の異なる水源が存在する場所もある。このような水の違いも念頭において酒とそれに合う料理を楽しむことも一興であろう。

日本酒を育む花崗岩の成因

最近では海外でも日本酒への関心が高まってきた。そして和食以外の料理とのマリアージュも人気である。このように醸造酒として世界的な地位を築きつつある日本酒だが、その誕生の背景には、日本列島に広く分布し、鉄分をほとんど含まない花崗岩の存在があった（図表7－4、269ページ）。そして、そのほとんどがこの列島がまだアジア大陸の一部だったころの「白亜紀」に形成されたものだ。白亜紀花崗岩類は日本列島のみならず、極東アジア

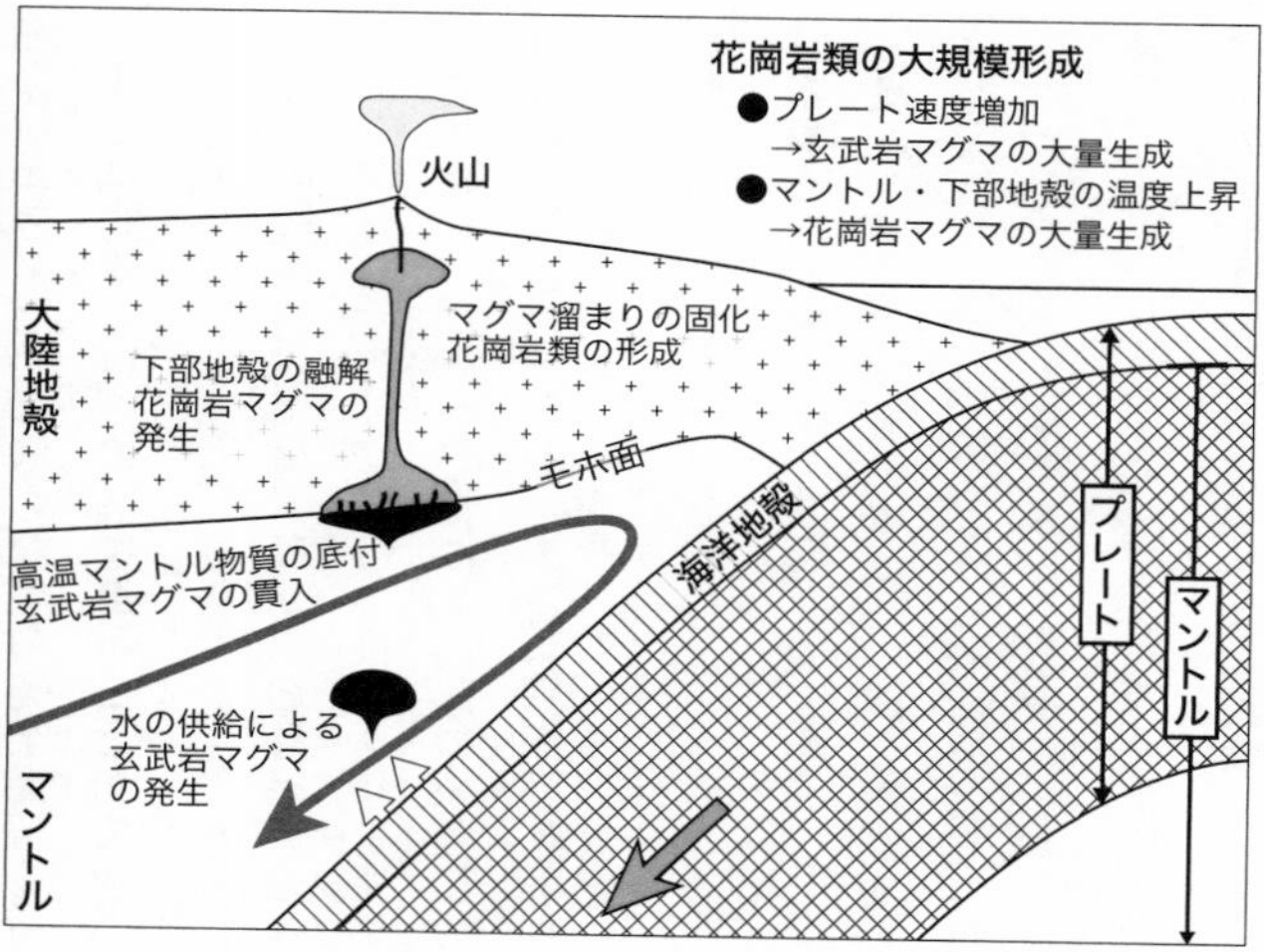

図表７－６　花崗岩質マグマの生成メカニズム

沿海周辺などを含めてアジア大陸東縁部に約３０００㎞にわたって分布している。このようにほぼ同時期に、大規模に花崗岩類が形成されたのはなぜだろうか？

日本列島は白亜紀以前から、アジア大陸東縁部の沈み込み帯に位置していた。現在の日本列島がそうであるように、海洋プレートが地球深部へと沈み込む地域ではマグマ活動が活発だ。その原動力となるのが、海嶺、すなわち大洋の大火山山脈で造られる海洋プレートが含む「水」である（図表７－６）。

水を含んだスポンジをギュッと握ると水が出てくるように、海洋プレートがマントル内へ落下すると圧力が上がるために、岩石中に含まれていた水が吐き出される。多くの沈み込み帯ではその深さは１００～１５０㎞である。このような高圧、しかもマントル内の高温状態では、H_2Oはいわゆる「水」ではなく、「超臨界状態（気体と液体の区別がない状態）」の流体として振る舞う。そしてこの流体は、周囲の物質（岩石）の融点を下げる、すなわち融けやすくする性質を持つのだ。このことで、沈み込むプレートの上にあるマントル物質が融けて、玄武岩マグマが発生する（同図表）。マグマは固体のマントルに比べて軽いために、マグマを含む融解したマントル物質には浮力が働き、「ダイアピル」と呼ばれる塊となって上昇する。

そしてこのマントルダイアピルは、地殻の底「モホ面」に達すると停止する（同図表）。地殻を構成する岩石の方が密度が低く浮力を失うからだ。

停止したダイアピルからは軽い玄武岩マグマのみが地殻内へ上昇し、火山活動の源となる。さらに、この玄武岩マグマやマントルダイアピルは下部地殻を構成する岩石（玄武岩質の深成岩や変成岩）の融点より高温であるために、下部地殻は融解して、より二酸化ケイ素成分に富む花崗岩マグマが造られる。この花崗岩マグマは地殻内を上昇して噴火を起こす一方で、多くは地下で冷え固まってしまう。これが「花崗岩」である。

花崗岩パルス

通常の沈み込み帯におけるマグマ活動は、図表7－6に示したようなメカニズムで起こっているのだが、このメカニズムだけでは、大量の花崗岩マグマの形成を説明するのは困難だ。そこで、白亜紀にはアジア大陸の東縁部に熱い海嶺そのものが沈み込んだとする説が唱えられた。日本列島、特に西日本の花崗岩の形成年代を見ると、西から東へと新しくなる傾向があるように見えないこともない。このことに注目して、海嶺が西から東へと移動しながら沈み込んだというのだ。なかなかダイナミックな考えであるが、この説では近畿地方の花崗岩が最も古いことが説明できないし、その後の研究でマグマ活動の東進はそれほど顕著でないことも分かってきた。とすると別のメカニズムが必要だ。

大量の花崗岩マグマを造る鍵は、プレートの沈み込み速度とマントルや地殻、すなわち地球内部の温度にある。プレートの沈み込みが高速になると、大量の水が絞り出されて大量の玄武岩マグマが発生する。その結果、下部地殻の融解も加速されて大量の花崗岩が形成する可能性がある。また地球内部全体が高温状態になれば、当然下部地殻でもマグマの発生が容易かつ活発になると予想できる。

ただし、これらの現象は東アジア地域に限られたものではなく、地球規模であるはずだ。

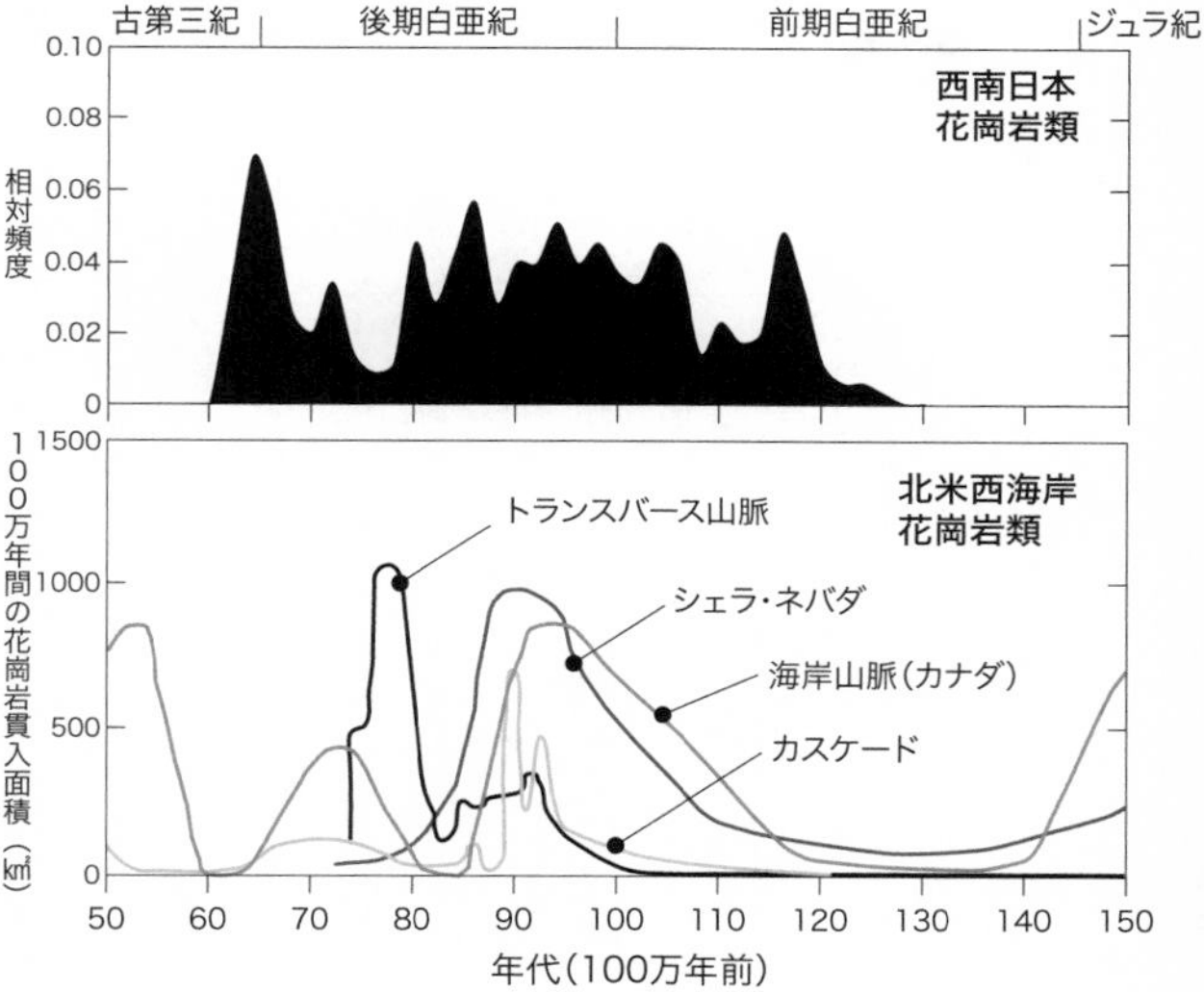

図表７-７　白亜紀に太平洋を挟んで同時に起きた花崗岩マグマの生成

そこで日本列島と太平洋を挟んだ対岸の北米西海岸に広く分布する花崗岩類の形成年代とを比較してみると、両地帯で見事に活動年代が重なる（図表７－７）。やはり、「花崗岩パルス」は汎地球的な現象であるに違いない。

では、当時のプレート拡大・移動速度を調べてみよう。海嶺でマグマが冷却固結して海洋プレートの表層に海洋地殻が造られる際に、岩石に記録される当時の地球磁場の方向を解析すると、海洋底の形成年代を推定することができる。

このような研究に基づくと、白亜

紀はほかの時代に比べて海洋プレートの生産速度、言い換えるとプレートの移動速度が速かったことが分かってきた。このような高速の沈み込みによって、大量の花崗岩マグマの生成を引き起こした可能性が高い。

プレートの落下速度の増大は、視点を変えるとマントル対流の下降流の活性化である。そこで、マントル上昇流の指標ともいえるマントル深部からの上昇流（プルーム）によって起きる火山活動を見ると、やはり白亜紀にはマントル上昇流も活発であったことが分かる。例えば南太平洋では超ド級のプルーム火山活動によって、多くの海底火山（海台）が形成された（図表7－8）。このようなマントルプルームは、高温のマントル物質を地表近くまで運ぶので、当時の地球内部は異常高温状態であった可能性が高い。このことで、沈み込み帯の下部地殻が融解しやすくなり、大量の花崗岩マグマが発生したと考えられる。

このように日本の宝ともいえる日本酒は、地球規模で起きた白亜紀パルスと呼ばれる大変動が生み出したものということができる。そこでこのパルスのことをもう少し詳しくお話しすることにしよう。

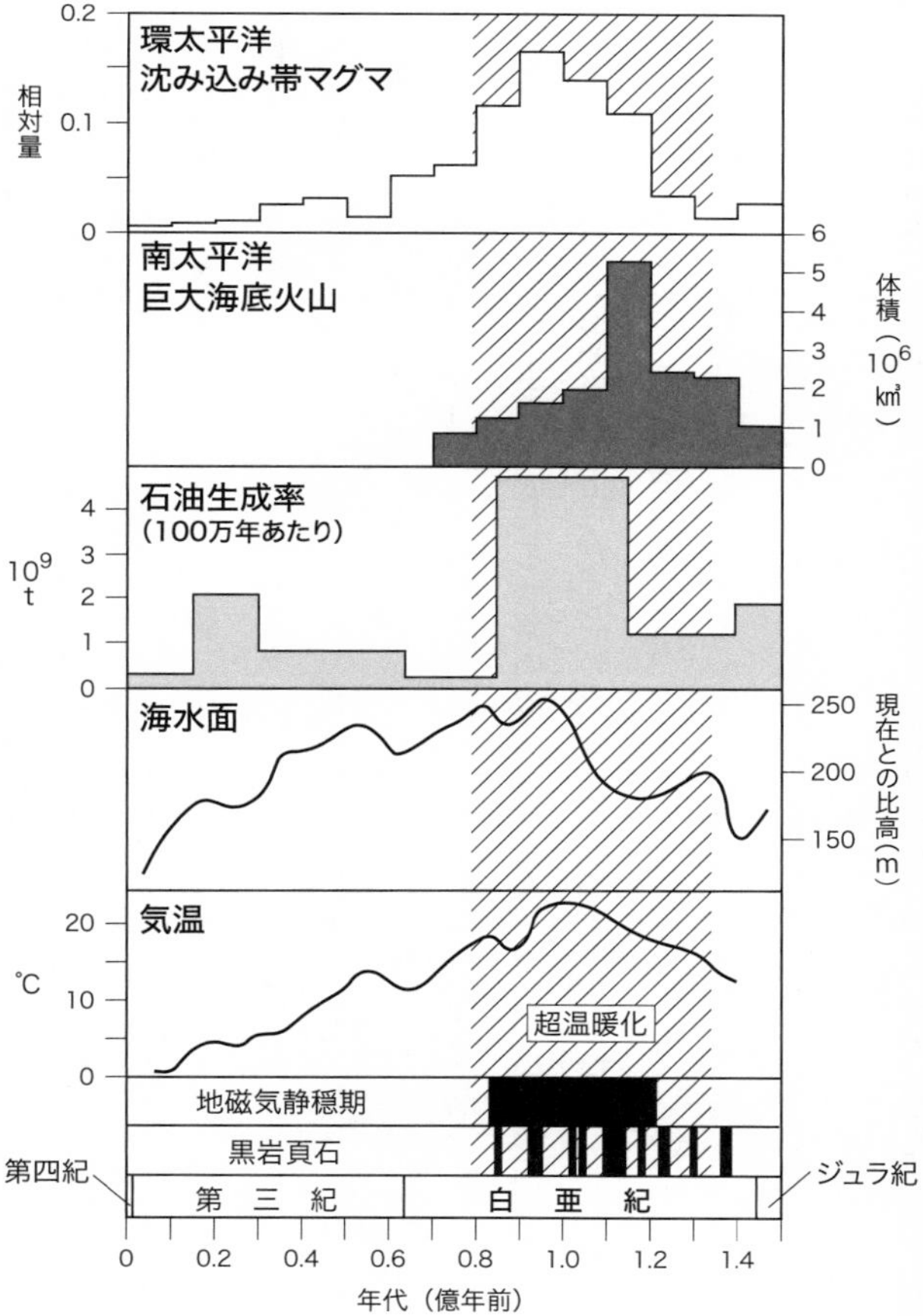

0.2
環太平洋
沈み込み帯マグマ
相対量
0.1
0
南太平洋
巨大海底火山
6
5
4
3
2
1
0
体積（10^6 ㎦）
石油生成率
（100万年あたり）
4
3
2
1
0
10^9 t
海水面
250
200
150
現在との比高（m）
気温
20
℃
10
0
超温暖化
地磁気静穏期
黒岩頁石
第四紀
第　三　紀
白　亜　紀
ジュラ紀
0
0.2
0.4
0.6
0.8
1.0
1.2
1.4
年代（億年前）

図表７−８　白亜紀パルス

超温暖気候と海洋無酸素事変

大人になって振り返ると、黒板とチョークは「学生時代」の記憶の一つだという人も多いだろう。このチョークという呼び名は、ドーバー海峡の両岸から地中海沿岸に広く分布する白色で石灰質の地層「チョーク（白亜）層」に由来する。青い海と空と白い地層のコントラストは地中海を象徴する光景だ。この地層は、あのティラノサウルスをはじめとする恐竜が闊歩し、植物が花をつけ始めた「白亜紀」と呼ばれる地質時代（約1億4500万年から6600万年前）を特徴づけるものだ。主に「ココリス」という植物性プランクトンの石灰質の殻が海底に降り積もったもので、この時代が温暖な気候であったことが分かる。殻の中に含まれ、水温変化によって重さが変わる酸素の組成などを調べると、当時の地球では現在より15度以上も平均気温が高かったようだ。そのために極域にも氷床はなく、その分海水面は今より250mも高い時があった（図表7－8）。

白亜紀のチョーク層には、所々に厚さ1mほどの真っ黒い地層（黒色頁岩《こくしょくけつがん》）が挟まれている。白黒のコントラストがはっきりしているので、とにかく目立つ。黒い色は炭素を含む有機物が濃集していることによる。

生物の死骸である有機物は、通常ならば海水中の酸素と反応して二酸化炭素や水に分解されてしまう。だから黒色頁岩の堆積は、このような有機物の分解が進まない、つまり海水が無酸素状態にあったことを示す。いわゆる「ヘドロ」と同じような環境だ。

ここで注目すべきことは、この白亜紀の黒色頁岩層が地中海沿岸のみならず世界中に分布することだ。太平洋の海底をはじめ、北米大陸の内湾やオーストラリア大陸の沿岸で堆積した地層、日本では北海道や高知県にも見つかる。さらには、私たちにとって重要なエネルギー資源である石油は、この黒色頁岩層に含まれるような有機物がじっくりと熟成されたものだ。だから石油の生成率を見ても白亜紀はダントツである（同図表）。

世界各地の黒色頁岩の年代を詳しく調べると、この層の堆積は少なくとも10回以上繰り返されたことが分かってきた（同図表）。すなわち白亜紀には、地球規模の海洋無酸素事変が何度も起きたのだ。

このような白亜紀海洋大異変の直接的な原因は、当時の極端に温暖な気候にある。現在のような「普通の地球」では極域付近の海水は冷たい。また氷には塩分はほとんど含まれないので、この付近の海水は塩分濃度が高い。これら2つの理由で重くなった極域の表層海水は海底まで沈み、そこから底層水となって世界中の海へと広がってゆく。まるで、熱すぎるお風呂に蛇口から冷たい水を勢い良く入れるようなものだ。この「海洋循環」では、極域の海面で大気から取り込まれた酸素も全海洋へと運ばれる。ところが超温暖な地球では、極域でも海水温が上昇し塩分濃度も低いために、表層水が安定化してしまう。そのために海洋循環は停止し、その結果、海中への酸素の供給がストップして大規模な無酸素状態となるのだ。

では、なぜ白亜紀にはこのような「超温暖化」が進んだのであろうか？

地球内部の異変

地球温暖化の主な原因は、大気中の二酸化炭素などの温室効果ガス濃度の上昇である。このガスが地表から放射された赤外線の一部を吸収するために、熱がこもってしまうのだ。実際、白亜紀には、大気中の二酸化炭素濃度は１０００～３０００ｐｐｍと現在の２・５～７・５倍もあったらしい。このことは、地層中に残された有機物の炭素の特性を解析することで分かったことだ。

現代地球を悩ます温暖化は、化石燃料の消費による温室効果ガスの放出が元凶である。一方で白亜紀温暖化を引き起こした原因は火山活動にあると考える研究者が多い。というのも、この時期には南太平洋をはじめ世界各地で超巨大な海底火山の活動が起きたのだ（図表７－８、図表７－９）。その規模はハンパではない。例えば約１億２０００万年前に誕生したオン

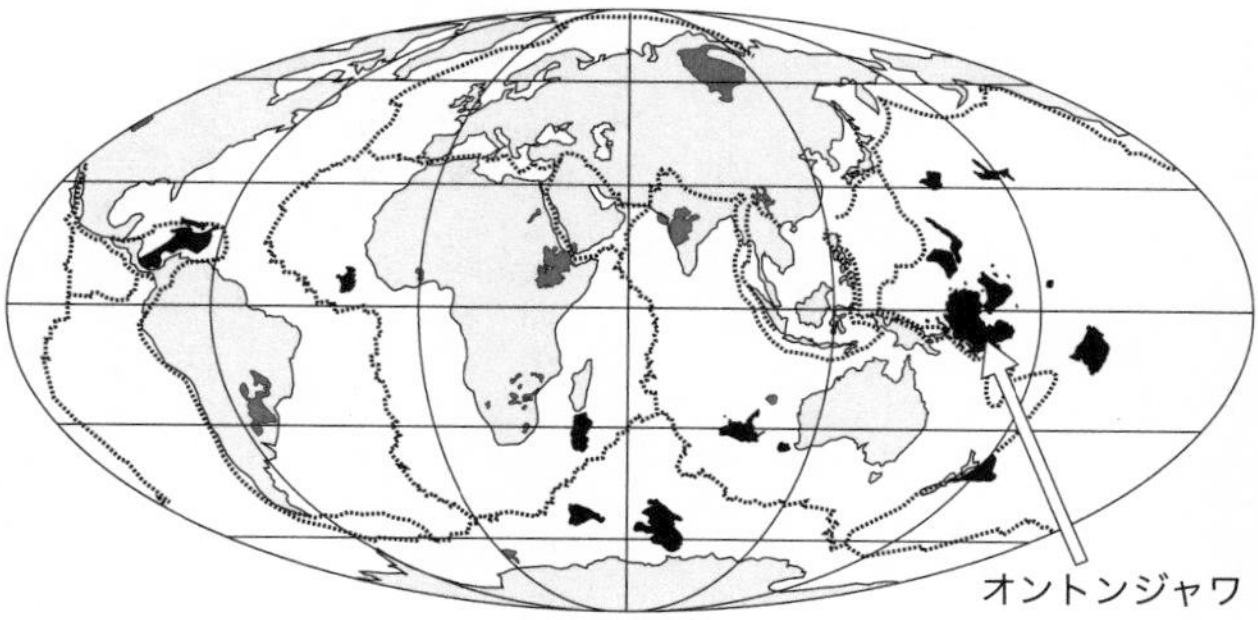

図表7－9　超巨大火山の分布　黒色が白亜紀、濃い灰色は他の時代に形成された。破線はプレート境界を示す。

トンジャワ海底火山の体積は2000万㎦。日本列島全体にこのマグマを流すと約50㎞もの厚さになる。こんな超ド級の火山がいくつも噴いたのだから、桁外れに多量の火山ガスが放出され、大気中の二酸化炭素が増加した可能性がある。さらに最近では、白亜紀の黒色頁岩の中に、超巨大火山の溶岩に特有の化学成分が含まれているという研究成果も報告されている。

では、なぜ巨大な火山活動がこの時期に集中するのだろうか？　それは、マントル対流が活発になったことが原因と思われる。地球の表面と中心には5000度を超える温度差があり、地球内部の熱はどんどん表面へと運ばれる。この熱輸送を担っているのがマントル対流だ。

マントルの大部分は固体だが、地球時間ではねっとりと「流れる」。この対流の湧き上り口では、地球深部から物質と熱が運ばれてくるので火山活動が起きる。現在の地球では、ハワイから南太平洋のポリネシア周辺でこのような火山活動が見られる。しかし白亜紀にはこの対流が異常に活発だったために、超巨大火山が活動したのだ。ただ、マントル対流が活性化した理由はよく分かっていない。

一方で、マントル対流の活性化は、下降流、すなわちプレートの沈み込みも盛んにする。その結果、現在の太平洋の周辺地域でも活発なマグマ活動が起こった（図表7－8、279ページ）。日本列島では、日本酒を生み出した花崗岩がこの活動の痕跡だ。

マントル対流の活性化は、地球の中心をなす金属核にも異変を起こす。コンパスが北を指すのは地球中心核の対流が生み出す地球磁場のせいなのだが、この磁場は結構頻繁（おおよそ数十万年ごと）に反転、つまりN極とS極が入れ替わる。ところが白亜紀には、この地球磁場が活発なマントル対流のせいで異常に安定化してしまったのだ。「白亜紀磁場静穏期」と呼ばれている（同図表）。

このように、今からおおよそ1億年前は地球の中心から表層の海洋や大気まで、いわば地球全体が暴走状態にあった。驚くことに、その後、地球は自らの力で超温暖化や海洋無酸素事変、それにマントルや核の対流などを元の状態へと戻したのだ。しかしながら、どのような自己制御機能が働いたのかはよく分かっていない。この惑星は、不思議な生き物である。

＊　＊　＊

花崗岩が広く分布するのは、太陽系の惑星の中で組成や起源、それに進化過程がよく似た「地球型惑星」の中で、唯一地球だけである。その理由は、大規模に花崗岩を形成するためにはプレートテクトニクスが作動することが必要で、このプレートテクトニクスが地球にしか存在しないからである。そして、地球だけにプレートテクトニクスが作動する理由は、その表面に液体の水、つまり海が恒常的に存在するために、岩盤が割れやすくなってプレート境界ができるからである。

さてこんな花崗岩は日本列島の背骨を成しているが、これらはマントル対流の活性化という地球規模の変動によって、おおよそ1億年前に造られたものだ。花崗岩が日本列島を広く覆うことで、日本列島では比較的容易に鉄に乏しい水が手に入るようになった。このことと、麹菌という日本列島に特徴的に生息する微生物の営み、それに美味い酒を呑みたいという人類共通の情熱によって日本酒が誕生したのである。日本列島、地球、麹菌、それに先人に乾杯である。

エピローグ

２０１３年12月、「和食」がユネスコ無形文化遺産に登録された。急速に食の多様化が進み、作物の栽培技術や魚介の養殖技術や冷凍技術が発達したことで食材はいつでも手に入るようになってきた。このような流れの中で、自然に抱かれるようにして育まれてきた和食という食文化が失われつつあるという危機感から、官民挙げての総力戦が展開されたのだった。

文化遺産としての和食の特徴を示す際に必ず使われるフレーズがある。農林水産省は次のように表現している。

日本の国土は南北に長く、海、山、里と表情豊かな自然が広がっているため、各地で地域に根差した多様な食材が用いられています。

そうだと思う。しかしちょっと考えれば分かることだが、「表情豊かな自然」は何も日本だけに限られたものではない。「日本」をほかの国に置き換えた文脈も成立する。つまり、このフレーズでは、和食が世界の様々な食文化の中でオンリーワンの存在であることを述べていないことになる。

しかし、美食地質学の旅を終えた読者諸氏には、例えば和食の基本となる出汁が、プレート運動に伴う地殻変動や火山活動が山地を形成したことで成立したことをご理解いただいたはずだ。世界一の変動帯である日本列島は、地震や噴火などの過酷な試練を人々に与えてきたのだが、人々は黙々と試練を甘受するだけでなく、しっかりとその恩恵を享受してきたのである。

また、国内各地の名産品についても、しばしば言われる「○○はこの地方の豊かな自然に育まれてきました」という自慢はほとんど意味をなさないこともお分かりいただけたであろう。例えば明石海峡は全国屈指の高速潮流が発生し、そのため筋肉質で旨味成分豊富な明石鯛を育むことはこれまでもよく知られてきた。一方で、美食地質学を紐解くと、この高速潮流は、フィリピン海プレートの大方向転換によって中央構造線が動き出し、瀬戸内地方にシワ状の地形を造り出したことで発生する。だからこの恩恵と引き換えに私たちは阪神・淡路大震災という試練を受けたのであり、今後も同様の試練に必ず見舞われるのである。

つまり美食地質学は、我が国や地方を特徴づける食材や食文化のオンリーワン性を浮かび上がらせ、人々にこれまで気づかなかった地元の魅力を再発見してシビックプライドを高めるための一助となるに違いない。同時に、これまで幾度となく試練に見舞われ、それを与えてきた日本列島の自然に対して畏敬の念を抱きながらも、感謝の気持ちを忘れずに暮らしてきた先人の営みやその精神性を改めて見つめ直すきっかけにもなれば望外の喜びである。

この本では美食地質学の観点から、全国各地の絶品食材を例にとって、それらを成立させた日本列島の変動現象を紐解いてきた。しかし、これが美食地質学の最終目標ではない。まだまだ先人たちの自然との付き合い方についての講究が不十分だと感じている。さらには、寺田寅彦流にいえば厳父の如き厳しさで試練を与える日本列島に対して、畏敬と尊敬とともに諦念を持ってひたすら耐え忍んできた先人たちの自然観、もしくは倫理観の危うさも感じている。

なぜならば、これまで日本人が有史時代に経験してきたものとは比べものにならないほど破局的な試練が、日本列島の進化というタイムスケールでは必ず起きるのだ。例えば、ひとたび起きれば日本喪失を引き起こしかねない超巨大噴火は、今後１００年間に約１％の確率で発生する。和食という唯一無二の食文化の素晴らしさを、私たちの子々孫々も楽しめるようにすることは、今を生きる日本人の責任であると感じる。そのためにも、美食地質学をさらに深めていきたいと考えている。

巽好幸

２０２２年９月

巽好幸（たつみよしゆき）

1954年、大阪府生まれ。東京大学大学院理学系研究科博士課程を修了。京都大学総合人間学部教授、東京大学海洋研究所教授、国立研究開発法人海洋研究開発機構地球内部ダイナミクス領域・プログラムディレクター、神戸大学海洋底探査センター教授などを歴任。現在はジオリブ研究所所長。地球の進化や超巨大噴火のメカニズムを「マグマ学」の視点で探究している。2003年に日本地質学会賞、'11年に日本火山学会賞、'12年に米国地球物理学連合（AGU）N.L.ボーエン賞を受賞。著書に『地球の中心で何が起こっているのか』（幻冬舎新書）、『地震と噴火は必ず起こる』（新潮選書）、『和食はなぜ美味しい』（岩波書店）などがある。

「美食地質学《びしょくちしつがく》」入門《にゅうもん》
和食《わしょく》と日本列島《にほんれっとう》の素敵《すてき》な関係《かんけい》

2022年11月30日初版1刷発行
2024年9月30日　　5刷発行

著　者 ── 巽好幸
発行者 ── 三宅貴久
装　幀 ── アラン・チャン
印刷所 ── 萩原印刷
製本所 ── ナショナル製本
発行所 ── 株式会社光文社
東京都文京区音羽1-16-6（〒112-8011）
https://www.kobunsha.com/
電　話 ── 編集部03（5395）8289　書籍販売部03（5395）8116
制作部03（5395）8125
メール ── sinsyo@kobunsha.com

 ISBN 978-4-334-04637-8

1207
データ管理は私たちを幸福にするか？
自己追跡《セルフトラッキング》の倫理学
堀内進之介
スマホなどを通じた利己的な自己管理はどのように利他や社会へと接続可能か。リスクを検討しつつも「人文的な」批判に終始せず、慎重で開放的なスタンスから改革を提言する。
978-4-334-04579-1

1208
牟田口廉也とインパール作戦
日本陸軍「無責任の総和」を問う
関口高史
いつ、誰の、どのような意思決定で計画・実施されたのか？失敗の原因はどこにあるのか？　軍事研究のプロが緻密な分析で、従来の牟田口像とインパール作戦の「常識」を覆す。
978-4-334-04616-3

1209
検証　内閣法制局の近現代史
倉山満
首相官邸や財務省を抑え込むほどの力を持つ内閣法制局。その力の源はどこにあるのか？　ロングセラー『検証　財務省の近現代史』『検証　検察庁の近現代史』に次ぐ、三部作完結編！
978-4-334-04617-0

1210
エベレストの空
上田優紀
緑溢れる麓の街道、標高8000mからの夜明け、天空に突き刺さる黒い頂――。挑戦した人だけが知るエベレストの全貌をネイチャーフォトグラファーが鮮やかな写真とともに描く。
978-4-334-04618-7

1211
鎌倉幕府抗争史
御家人間抗争の二十七年
細川重男
源頼朝亡き後、鎌倉幕府は異常ともいえる内紛と流血の時代を迎えた。御家人同士の抗争劇から浮かび上がる鎌倉時代初期の政治史と、武士たちのリアルな生き様を活写する。
978-4-334-04619-4

1212
萩尾望都がいる
長山靖生

『ポーの一族』『トーマの心臓』『11人いる!』『イグアナの娘』……SF、ジェンダー、多様性、親子関係etc.、常に時代の先を行くその表現に我々は何を学んだのか。魅力と活躍の軌跡を辿る。

978-4-334-04620-0

1213
いままで起きたこと、これから起きること。
「周期」で読み解く世界の未来
高城剛

社会は循環し、万物に周期が存在する。2020年代の現在、あらゆる分野のサイクルが幾重にも重なる転換点に立っている。時代の大波を知り、サバイブするためのヒントを共有する。

978-4-334-04606-4

1214
IoTと日本のアーキテクチャー戦略
柴田友厚

いま、なぜアーキテクチャー戦略が重要なのか？　トヨタ、ダイキン、コマツ……世界で成功している企業から何が学べるか？　二つの重要なキーワードから、日本企業が採るべき道を探る。

978-4-334-04621-7

1215
会話を哲学する
コミュニケーションとマニピュレーション
三木那由他

会話とは言葉をもって互いに影響を与え合う営みなのか？　漫画や小説などを題材に、コミュニケーションとマニピュレーションという二つの観点から、会話という行為の魅力を解き明かす。

978-4-334-04622-4

1216
昭和の東京郊外　住宅開発秘史
三浦展

戦後、住宅難から発生した土地開発バブルによる悲喜こもごものドラマを経て郊外は発展していった。当時の不動産チラシをもとに跡地を訪ね、家と町の歴史を考証する新しい住宅史。

978-4-334-04623-1

光文社新書

1217
農家はもっと減っていい
農業の「常識」はウソだらけ
久松達央

「農家」の8割が売上500万円以下という残念な事実／農地転用という農家の「不都合な真実」／――農業に関する様々なウソに丁寧に反論し、これからの日本の農業のあり方を考える。

978-4-334-04624-8

1218
宇宙を動かしているものは何か
谷口義明

約一三八億年前に生まれ、膨張を続ける宇宙。謎が多いこの宇宙は、私たちが思っている以上にシンプルだ――。鍵を握るキーワードとは？　天文学者が「宇宙のエンジン」を総点検。

978-4-334-04625-5

1219
射精道
今井伸

射精は一日にしてならず――思春期から中高年まで、知っておくべき正しい扱い方と心構え、練習の重要性とは。性機能と生殖医療の専門医が、各年代で現れやすい問題と対策を解説。

978-4-334-04626-2

1220
日本の高山植物
どうやって生きているの？
工藤岳

乾燥、強風、のちに豪雪――。過酷な環境に咲く可憐な高山植物には、したたかな生存戦略があった。この道三十年の植物学者が語り尽くす〝高嶺の花〟の秘密と魅力。

978-4-334-04627-9

1221
痛みが消えていく身体の使い「型」
伊藤和磨

日常動作の「型」を知り、実践し続けることで、慢性痛や不調が消えていく――「伝統＋科学」で正しい姿勢とフォームを身につける。すべての「型」やエクササイズを動画で解説。

978-4-334-04628-6

光文社新書

1222
「友だち」から自由になる
石田光規

「友だち」とはメッセージ性が強すぎる概念だ！　古代ギリシアの時代から「友だち」がいかに変質してきたかを示しつつ、それでもなお成立する友情について探る。現代人のための新しい友人論。

978-4-334-04629-3

1223
アメリカの教会
「キリスト教国家」の歴史と本質
橋爪大三郎

福音派って何？　宗教右派って何？？　数多《あまた》ある宗派、分裂、統合、栄枯盛衰……現代アメリカの「なぜ？」を理解するために、植民地時代から現在に至るまでを丁寧に辿り解きほぐす決定版。

978-4-334-04631-6

1224
死は存在しない
最先端量子科学が示す新たな仮説
田坂広志

死後、我々はどうなるのか。「肉親」と再会できるのか。なぜ、「最先端の科学の知見」と「最古の宗教の直観」が一致するのか。この本を読み終えたとき、あなたの人生が変わる。

978-4-334-04630-9

1225
日本のピアニスト
その軌跡と現在地
本間ひろむ

「ピアニスト」という言葉の響きが放つ魔力――。日本のピアニストたちが歩んできた軌跡を辿りながら、今日、私たちが目にしている「新しいピアニスト像」までを射程に入れて考察。

978-4-334-04632-3

1226
観光立国・日本
ポストコロナ時代の戦略
箱谷真司

外国人訪日客99％減――。インバウンド受け入れの本格再開後、どのように観光産業を再生するか。日本各地を巡りDXやSDGs、観光公害対策など、現場の挑戦と葛藤を追う。

978-4-334-04633-0